高等学校教材

物理化学实验
第二版

王健礼 赵 明 主编

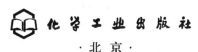
化学工业出版社

·北京·

本书共分为 6 个部分：绪论、物理化学实验的测量误差和数据处理、实验测量技术及仪器设备、基础物理化学实验、综合及设计实验、附录。结合目前各院校教学设备情况选编了 44 个实验，每个实验包括：关键词、目的、基本原理、药品试剂与仪器、实验步骤、数据记录和处理、思考题等。本书力求能够更好地反映物理化学的最新研究成果和培养研究型人才，在实验内容和实验技术上进行更新，注重内容的新颖性、综合性和趣味性，以使学生在实验中获得更多的知识。

本书可作为高等院校化学、应用化学、化工、材料、生物、医学、药学、食品、环境等专业的物理化学实验教材，也可供相关专业的实验人员和科研人员参考使用。

图书在版编目（CIP）数据

物理化学实验/王健礼，赵明主编. —2 版. —北京：
化学工业出版社，2015.6（2024.8重印）
高等学校教材
ISBN 978-7-122-23916-7

Ⅰ.①物… Ⅱ.①王…②赵… Ⅲ.物理化学-化学
实验-高等学校-教材 Ⅳ.①O64-33

中国版本图书馆 CIP 数据核字（2015）第 095044 号

责任编辑：宋林青　　　　　　　　　　　装帧设计：王晓宇
责任校对：宋　玮

出版发行：化学工业出版社（北京市东城区青年湖南街 13 号　邮政编码 100011）
印　　装：河北延风印务有限公司
787mm×1092mm　1/16　印张 15¾　字数 409 千字　2024 年 8 月北京第 2 版第 9 次印刷

购书咨询：010-64518888　　　　　　　　售后服务：010-64518899
网　　址：http://www.cip.com.cn
凡购买本书，如有缺损质量问题，本社销售中心负责调换。

定　　价：32.00 元

第 一 版 序

　　教材是教学的基础，科学技术的迅猛发展对大学教育的要求不断提高，编写适应学科和社会发展需要的新教材势在必行，这对培养适应创新型国家建设需要的新型人才具有重要意义。

　　物理化学实验是化学、应用化学专业和理、工、医、药等与化学相关专业的一门重要的课程。它是在无机化学实验、分析化学实验、有机化学实验基础上的进一步提升，并和它们一起构成完整的化学实验教学体系。物理化学实验课对加深物理化学理论的理解，验证化学学科的基本理论，掌握和运用化学中基本的实验方法和技能、训练设计科学的实验方法，培养科学思维和综合分析解决问题的能力，引导学生自觉学习和创新等具有重要作用。

　　龚茂初教授等长期从事物理化学实验教学，并致力于物理化学实验教学改革和教材建设，以及物理化学实验室建设。他们在认真分析和研究了国内外优秀物理化学实验教材特点的基础上，从内容和实验方法选择、材料组织等方面都颇有心得，同时本书除了注重对学生基础知识的培养外，还注重对学生动手能力、思维能力以及创新能力的培养。相信本书的出版对广大读者有所裨益，对高等学校化学实验教材建设及提高物理化学实验教学质量将起到积极的作用。

杨亚伟

2010. 6. 25

前　言

物理化学实验是高等学校化学类、化工类、材料、高分子材料、生物、医学、药学等专业本科生的必修课，也是化学实验教学的组成部分。

随着科学技术日新月异的发展，实验教学改革继续深入，尽管经典实验内容变化不大，但实验方法和实验教学仪器都有了较大的发展和变化，因此在2010年龚茂初、王健礼、赵明等主编的《物理化学实验》基础上，参阅了国内外出版的《物理化学实验》教材，我们重新进行了修订。第二版除保持原第一版的基本特色和风貌外，在实验方法和仪器设备上有较大的更新，修改、删减了部分原实验并增加了部分新实验。把原书第五章和第六章合并为综合及设计实验。

由于主持第一版编写的龚茂初教授已经退休，本次修订工作由赵明和王健礼分工负责，由王健礼负责统稿。特别感谢四川大学化学学院物理化学教研室的许多老师参加了实验室建设及对原书提出了很多有益的改进意见，其中陈耀强教授和孟祥光教授做了大量工作。本书在编写过程中得到了四川大学化学学院领导的全力支持。在本书的出版过程中，化学工业出版社给予了全力支持并提出宝贵意见。另外，龙小方为本书文字处理做了大量的工作。编写过程中，作者也参阅了国内其他优秀教材，在此一并感谢。

由于作者的水平有限，书中疏漏欠妥之处在所难免，敬请读者批评指正。

编者
2015年4月
于四川大学

第一版前言

本书是在 1993 年 9 月由四川大学出版社出版的《物理化学实验》(何玉萼、龚茂初、陈耀强主编)和 2005 年 8 月由化学工业出版社出版的《大学基础化学实验》(吴江主编)的部分内容的基础上,参阅了大量的国内外《物理化学实验》教材,进行了重新整理,并为适应实验教学改革和对学生动手能力培养的需要,新增了创新实验和设计实验等方面的实验内容,所以可作为综合性大学和师范院校的化学、应用化学、生物、材料、化工、高分子材料、医学、药学、环境、食品等专业的《物理化学实验》教材和参考书,也可供其他院校及从事物理化学实验工作的人员参考。

本书内容分为绪论、实验误差和实验数据处理与表达、基础实验、设计实验、创新实验、实验技术和仪器设备、附录等几大部分。整个实验部分又包含有热力学、电化学、化学动力学、表面胶体化学和结构化学五个方面共 45 个实验。其中有些实验是从四川大学化学学院物理化学教研室部分教师的科研成果中提炼、加工而成的。每个实验又包括实验目的要求、实验基本原理、仪器和试剂、实验步骤及注意事项、数据记录和处理、思考题及参考文献等。

化学是一门以实验为基础的学科,物理化学实验是化学实验的重要组成部分。随着科学技术的发展和社会对化学知识的需求,物理化学实验教学的改革一方面更加强调对学生动手能力的培养,另一方面应更加加强对学生创新意识和创新能力的培养以及实事求是的科学精神的培养。由此,我们在编写《物理化学实验》教材时,既着重基础知识的培养,又考虑了对学生动手能力和创新思维的培养,因此本教材选入了一些比较经典的实验,又选入了一些比较现代的实验技术,力求经典与新颖相结合。实验内容由浅入深,由易至难,循序渐进,以达到培养创新人才的目的。

本书由龚茂初、王健礼、赵明主编,龚茂初教授统稿。值得指出的是,四川大学化学学院物理化学教研室的许多老师参加了实验室建设以及成文的改进工作,其中何玉萼教授和陈耀强教授做了大量的工作;实验 6.42 由孟祥光教授编写,实验 6.45 由张文华副教授编写,实验 6.44 由王欣副教授编写,实验 6.43 由胡常伟教授和童冬梅博士编写,实验师彭新民和工程师钟志宇也做了大量的实验改进工作。同时在本书的编写过程中,得到了四川大学化学学院包括院长胡常伟教授和副院长陈华教授在内的领导的全力支持,特别是院长胡常伟教授在百忙中为本书作序。此外,本书的出版还得到了化学工业出版社的全力支持;另外,刘志敏博士和周宏亮同学为本书的文字处理和绘图做了大量的工作,同时本书也参阅了国内其他教材(并未一一列出),在此一并表示衷心感谢。

由于作者的水平有限,书中疏漏欠妥之处在所难免,敬请读者批评指正。

编者

2010 年 5 月

于四川大学

目 录

第1章 绪 论

1.1 物理化学实验的目的和要求

1.1.1 物理化学实验的目的

物理化学实验是化学实验的重要组成部分,它是以实验手段研究物质的物理化学性质及其化学反应性能间关系的一门学科。

物理化学实验的主要目的如下:

① 巩固和加深理解物理化学理论课程中所学的某些理论和概念;

② 使学生初步了解物理化学的研究方法,学习和掌握有关的实验技能及测试仪器的使用方法;

③ 培养学生由所学的理论原理进行设计实验方案,选择仪器设备和实验条件,以获取待测物理量的能力;训练学生如何观察实验现象,正确记录实验数据和处理数据,判断所得实验结果的可靠性及分析主要误差的来源和如何减小或消除实验误差等,初步培养学生的逻辑思维和科学研究能力,为今后学生的学习和开展科学研究工作奠定坚实的基础。

1.1.2 物理化学实验的要求

① 实验前要认真预习,写出预习报告。要求学生在做实验前必须对实验教材及有关参考书进行仔细认真地阅读,然后写出预习报告。预习报告应包括以下内容:a. 实验目的;b. 实验基本原理;c. 实验操作步骤及注意事项;d. 列出实验数据记录的表格,并提出预习中出现的问题。特别提醒,在预习时还要仔细阅读实验所涉及的实验技术部分的内容。由于物理化学实验通常是采用大循环安排,实验内容往往超前于理论课程讲授的内容,所以实验预习尤为重要。

② 实验操作。学生进入实验室后,要先将预习报告交指导教师检查,并能回答指导教师提出的问题。同时还要检查实验仪器和试剂是否符合实验要求,做好实验前的各种准备工作。实验过程中,应认真操作,详细准确地记录实验条件,实验现象和测量数据。在整个实验过程中要持有严谨的科学态度,做到清洁整齐,有条有理,一丝不苟,积极思维,善于发现和解决实验中出现的各种问题。实验结束前应核对实验数据,对最终结果进行估算,若发现有疑点,可补测或重测。离开实验室前,应清洗核对仪器设备和做好实验室清洁卫生,并请指导实验的老师全面检查合格,教师签字后,方可离开实验室。

③ 实验报告。实验结束后,必须认真、独立写出实验报告。实验报告应包括实验目的要求、原理、实验仪器、试剂、实验条件、操作步骤、原始数据、数据处理、结果和讨论。讨论主要是对做实验后的心得体会,对实验现象和实验数据的可靠程度等进行分析讨论,并对实验内容、实验方法和仪器设备等提出进一步的改进意见。

1.2 物理化学实验的特点和规律

物理化学实验与其他化学实验相比,有以下几方面的特点和规律。

① 物理化学实验是理论和实践紧密联系的一门课程。它是在理论指导下进行实验的，这是因为物理化学实验测定的是物质的物理化学性质和化学反应性能。它的每一个实验都代表每一类或者一个方面的物理化学研究方法，并且在物理化学理论发展中起了重要的作用。这就决定了理论和实践的关系是非常密切的。但是，从比较抽象的物理化学理论到实验中的宏观可测量，还有一个如何联系的问题，即还有一套过渡理论，这套过渡理论在理论课程中是没有讲过的或者讲得很少，并且涉及实验条件的选择和控制。如果没有掌握这一套过渡理论，就不知道实验应该怎样做，怎样选择和控制条件，更不会对物理化学的研究方法有所掌握和理解。

② 用体系做实验。这也是物理化学实验的一个特点。物理化学实验都是用几种仪器组成一个实验体系，而且各部分还需要协调配合才能进行实验，同时还需要涉及对实验的分析和评价等，这就需要把所学书本上的理论知识直接用于实践。例如：在燃烧焓和溶解焓的测定过程中，虽然在课本中已经学习了如何区分体系和环境，但是，在具体的实验面前，有的学生就不会分析了。用体系做实验实际上是对学生进行科学研究工作的系统训练的开始，这也是先行的实验课程训练中的一个薄弱环节。

③ 许多比较抽象的物理化学性质的测量都是间接测量。如：热量、焓、反应速率、活化能等不能直接由实验测得。每一个实验都有大量的实验数据需要测量、记录、处理。同时还需要对每个实验进行误差分析、数据处理和所得结果的讨论等系统训练。

④ 在物理化学实验中需要使用大量的物理仪器，因为物质的物理化学性质和化学反应性能的测量必须使用物理仪器才能测量出来，这就需要首先掌握这些仪器的测量技术，同时，从实验测量中得到的是仪器显示数字结果。在其他化学实验中，多数使用的是玻璃仪器，得到的是直观的产物和直观的颜色变化等结果。而在物理化学实验中得到的只是一堆实验数据。这就要求每个实验者学会从学到的理论到实际的实验过程，再从实验过程得到一堆实验数据进行理论处理后回到理论中去。这样的一套研究方法也是每一个同学在今后学习和工作过程中进行科学研究的基本方法。

1.3 物理化学实验中化学试剂、电器及 X 射线的安全常识

化学实验室的安全防护非常重要，物理化学实验室也不例外。物理化学实验中要使用各种化学试剂，还经常遇到高温、低温的实验条件，还要使用高气压（气体钢瓶）、低气压（真空系统）和高压电及仪器设备等，这就需要使用者具备必要的安全防护知识，懂得应采取的预防措施和遇到事故的处理方法。

1.3.1 使用化学药品的安全防护

前期的化学实验课程（无机化学实验、分析化学实验、有机化学实验）已对化学试剂的安全使用和防护问题作了详细的介绍，所以在此只作简要提示。在每次实验前，要求预先了解实验中所用化学试剂的规格、性能及使用时可能产生的危害，并事先做好预防措施。大家知道，化学试剂使用不当会引起中毒、爆炸、燃烧和灼伤等各种事故，因此在使用过程中一定要注意防毒、防爆和防灼伤等，并采取有效的措施。

（1）防毒问题　大多数化学试剂都具有不同程度的毒性。毒物可以通过呼吸道、消化道和皮肤进入人体内。所以，防毒的关键是要尽量杜绝和减少毒物进入人体的途径。因此，使用化学试剂时应注意以下几点。

① 实验前应了解所用药品的性能、毒性和应采取的防护措施。

② 使用有毒气体（如 H_2S、Cl_2、Br_2、NO_2、浓盐酸、浓硝酸、氢氟酸等）应在通风橱中进行。

③ 苯、四氯化碳、乙醚、硝基苯等的蒸气会引起中毒，虽然它们都有特殊的气味，但吸入一定量后会使人嗅觉减弱，因此使用时必须高度警惕。

④ 用移液管移取液体（如苯、洗液等）时，严禁用嘴吸。

⑤ 有些试剂（如苯、有机溶剂、汞等）能穿过皮肤进入人体内，使用时应该避免直接与皮肤接触。

⑥ 高汞盐［$HgCl_2$、$Hg(NO_3)_2$ 等］、可溶性钡盐（$BaCO_3$、$BaCl_2$）、重金属盐（镉盐、铅盐）以及氰化物、三氧化二砷等剧毒物，应妥善保管，小心使用。

⑦ 不允许在实验室内喝水、吃东西、抽烟。饮食用具、食物不得带到实验室内，以防毒物污染。离开实验室时要用肥皂洗净双手。

（2）防爆　可燃气体和空气混合时，当两者的比例处于爆炸极限时，只要有一个适当的热源或火星引发，将引起爆炸。一些可燃性气体与空气混合的爆炸极限见表1-1。

表1-1　一些可燃性气体与空气混合的爆炸极限（293K，101.3kPa）

气　体	爆炸高限 体积分数/%	爆炸低限 体积分数/%	气　体	爆炸高限 体积分数/%	爆炸低限 体积分数/%
氢气	74.2	4.0	磺酸	—	4.1
乙烯	28.6	2.8	乙酸乙酯	11.4	2.2
乙炔	80.0	2.5	一氧化碳	74.2	12.5
苯	6.8	1.4	水煤气	72.0	7.0
乙醇	19.0	3.3	煤气	32.0	5.3
乙醚	36.5	1.9	氨	27.0	15.5
丙酮	12.8	2.6	甲醇	36.5	6.7

另外有些化学试剂如叠氮铅、乙炔银、高氯酸盐、过氧化物等受到震动或受热容易引起爆炸。特别应防止强氧化剂和强还原剂存放在一起。久藏的乙醚使用前需设法除去其中可能产生的过氧化物。在操作可能发生爆炸的实验时，应有防爆措施。

（3）防火　物质燃烧一般需要具备三个条件：可燃性物质、氧化剂或氧气以及一定的温度。许多有机溶剂如乙醚、丙酮、乙醇、苯及二硫化碳等只要在具有一定量的氧化剂（氧气）或一定的温度的条件下就很容易引起燃烧。使用这类有机溶剂时，室内不应有明火（电火花、静电等）。这类药品实验室不可存放过多，用后要及时回收处理，切不可倒入下水道，以免积聚引起火灾等。还有些物质能自燃，如黄磷在空气中能因氧化的发生自行升温燃烧。一些金属如铁、锌、铝等的粉末由于比表面积很大，能剧烈地发生氧化，产生自燃。金属钠、钾、电石以及金属的氢化物、烷基化合物等也要注意存放和使用。

若遇火险应冷静，不要慌张，首先应判断情况，然后迅速采取措施。可采取的措施有：隔绝氧气供应、降低燃烧温度、将可燃物质与火焰隔离等。常用的灭火器材有水、砂以及 CO_2 灭火器、泡沫灭火器、干粉灭火器等，但要根据起火原因、场所情况选用不同的灭火方式，选用时应注意以下几点。

① 有金属钠、钾、铝、电石、过氧化钠等时应采取干砂灭火。

② 有易燃液体如汽油、乙醇、苯等时应采取泡沫灭火剂，因泡沫比易燃液体轻，覆盖在上面可隔绝空气。

③ 电气设备或带电系统、仪器着火应采取 CO_2 灭火器等，并及时切断电源。

上述三种情况不能用水灭火，因有的可能生成氢气等使火势加大甚至引起爆炸或触电等。灭火时不要慌张，应防止在灭火过程中再打碎可燃物的容器等。平时应知道各种灭火器材的存放地点和使用方法。

（4）防灼伤　大家都知道，强酸、强碱、强氧化剂、溴、磷、钠、钾、苯酚、冰醋酸等都会强烈的腐蚀皮肤，使用时应特别小心，尤其要防止它们溅入眼内。另外，液氮、干冰等低温也会严重灼伤皮肤，使用时也要特别小心，仔细。万一受伤要及时治疗。

（5）防水　有时因故停水而水龙头没有关闭，来水后若实验室没有人，又遇排水不畅，则会发生事故，淋湿甚至浸泡仪器设备，有些试剂如金属钠、钾、金属氢化物，电石等遇水还会发生燃烧、爆炸等。因此，离开实验室前，应检查水、电、煤气开关是否关好。

1.3.2　使用电器设备的安全防护和安全用电

在物理化学实验中，要使用大量的仪器设备。使用仪器设备的安全防护主要包括仪器设备的安全和使用者的人身安全两个方面。

（1）仪器设备的安全防护

① 要求使用者在使用该仪器设备前应仔细阅读使用说明书及使用注意事项。选用某一级别的仪器设备不仅要保证测量精度和测量范围，还应了解仪器对电源的要求，是直流电还是交流电，是三相电还是单相电，电源电压是 380V、220V、110V 还是 36V 以下的低电压等。还有电器的功率大小是否合适，接地要求等。

② 使用功率很大的仪器设备时应事先计算电流量。按规定的安培数接到相应的电源上，并接上相应的保险熔断丝。接保险熔断丝时应先断电，不要用其他的金属丝代替青铅合金或铅锡合金熔断丝。使用的电源线也应与仪器设备的功率相匹配。

③ 使用仪器仪表时应注意它们的量程。待测量的数据必须与仪器仪表的量程相适应，若待测量大小不清楚时，必须先从仪器仪表的最大量程开始，例如某一毫安表的量程为7.5-3-1.5mA，应先将接线接在最大量程 7.5mA 的接头上，若灵敏度不够，可逐次降到3mA 后再到 1.5mA。

④ 仪器设备的安装。接线要正确、牢固。接线安装完毕后还应仔细检查，确实无误后才能接通电源。在通电瞬间，还要根据仪器仪表的指针或示数及方向或大小加以判断安装接线是否正确，当确定无误后才能正式进行实验。

（2）实验者人身安全防护

① 我国规定频率为 50Hz 的交流电 36V 以下是安全电压，超过 45V 都是危险电压。电气设备的外壳应接地，一切电源裸露部分都应有绝缘装置。

② 检修和安装电气设备时都必须切断电源。

③ 不能用潮湿有汗的手去操作电器，也不能用湿毛巾去擦开着电源的电气设备，因潮湿时电阻减小，容易引起触电。

④ 通常不能用两手同时触及电气设备。因为用一只手时，万一发生触电时，可以减小电流通过心脏的可能性。

⑤ 使用高压电源要采取专门的安全防护措施，切不能用电笔去试高压电。

⑥ 进入任何一个实验室，都应对该实验室的电源总开关位置搞清楚，一旦发生事故能及时拉下电闸，切断电源。

1.3.3　X 射线的防护

X 射线被人体组织吸收后，对健康是有害的。一般晶体 X 射线衍射分析用的软 X 射线（波长较长、穿透能力较低）比医院透视用的硬 X 射线（波长较短、穿透能力较强）对人体组织伤害更大。轻者造成局部组织灼伤，如果长时期接触，重的可造成白血球下降，毛发脱落，发生严重的射线病。但若采取适当的防护措施，上述危害是可以防止的。

防护时最基本的一条是防止身体各部（特别是头部）受到 X 射线照射，尤其是受到 X射线的直接照射。因此要注意 X 光管窗口附近用铅皮（厚度在 1mm 以上）挡好，使 X 射线尽量限制在一个局部小范围内，不让它散射到整个房间。在进行操作（尤其是对光）时，应戴上防护用具（特别是铅玻璃眼镜）。操作人员站的位置应避免直接照射。操作完，用铅屏把人与 X 光机隔开；暂时不工作时，应关好窗口。非必要时，人员应尽量离开 X 光实验室。室内应保持良好通风，以减少由于高电压和 X 射线电离作用产生的有害气体对人体的影响。

第2章 实验测量误差及数据处理

2.1 误差的分类及特点

实验中我们直接测量一个物理量，由于测量技术和人们观察能力的局限性，测量值 x_i 与客观真值 x 不可能完全一致，其差值 $x_i - x$ 即为误差。根据引起误差的原因及其特点，可以分为以下几类。

2.1.1 系统误差

系统误差可由仪器刻度不准，试剂不纯，实验者操作中不合理的习惯以及计算公式的近似性等引起。系统误差的特点是单向性，即在多次测量中其误差常保持同一大小并且符号一致，即偏大的始终偏大，偏小的总是偏小。所以，不能单靠增加测量次数而取平均值的方法来消除，但可通过对仪器的校正、试剂的提纯、计算公式的修正、操作偏差的改正等措施使系统误差减小到最小程度。另外也可采用不同的实验者用不同的仪器或方法测量同一物理量，看结果是否一样，以帮助识别系统误差或系统误差是否已消除。

2.1.2 过失误差

过失误差是由于实验条件突然变化、实验者粗心大意、操作不正确，如看错标尺、记错数据等引起的。过失误差无规律可循，含此因素的测量值应作为坏值舍去。

2.1.3 偶然误差

偶然误差又称随机误差。这是一种由不能控制的偶然因素引起的误差。如外界条件不能维持绝对的恒定（如电路中的电压、实验中的压力、温度的波动等）以及实验者对仪器最小分度值以下的读数估计难以完全相同等。偶然误差的数值时大时小，时正时负，其出现完全出于偶然。在相同条件下对同一物理量重复测量，在多次测量中出现正、负值的概率相等。因此在同一条件下，可以通过增加测量次数使偶然误差的平均值趋近于零，测量的平均值就可接近于真值。

设每次测量的偶然误差为 δ_i，则

$$x_i = x + \delta_i \tag{2.1-1}$$

若测量 n 次，则：

$$\sum_1^n x_i = nx + \sum_1^n \delta_i$$

或

$$x = \frac{\sum_1^n x_i}{n} - \frac{\sum_1^n \delta_i}{n}$$

因偶然误差的算术平均值随测量次数无限增加而趋近于零，即

$$\lim_{n \to \infty} \frac{\sum_1^n \delta_i}{n} = 0 \tag{2.1-2}$$

所以
$$x = \frac{\sum_1^n x_i}{n} = \frac{x_1 + x_2 + \cdots + x_n}{n} = \bar{x} \tag{2.1-3}$$

显然，在实验中测量次数 n 越大，算术平均值 $\bar{x}$ 越接近真值 x。

如以多次测量的数值作图，横坐标表示偶然误差 δ，纵坐标表示各个偶然误差出现的次数，则可得图 2-1 所示的曲线，即正态分布曲线。

曲线中为 σ 为均方根误差或标准误差。σ 愈小，误差分布曲线愈尖锐，较小误差出现的概率大，测量的可靠性大，测量的精密度也较高。

上述各种误差的大小，主要取决于仪器设备的优劣、实验条件控制的好坏以及实验者操作水平的高低，由于在实验中，系统误差应减小到最小程度；过失"误差"不允许存在，而偶然误差却是难以避免的，所以，即使在最佳条件下测量，仍然存在误差。但一个好的测量值，应只包含偶然误差。

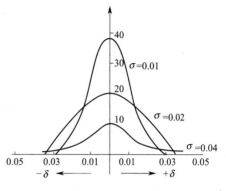

图 2-1 偶然误差的正态分布曲线

2.2 误差分析

2.2.1 实验数据的准确度、精密度和偶然误差的表示

（1）准确度与精密度 准确度指测量结果的正确性，即偏离真值的程度。真值 x 不能测得，通常由消除了系统误差的实验手段和方法，进行足够多次的测量所得算术平均值 $\bar{x}$ 或文献手册中的公认值来代替。

精密度则反映测量结果的重复性及测量值有效数字的位数。如在标准大气压下测定纯苯的沸点分别为 355.75K、355.72K、355.78K，差别在小数点后第二位，这组数据精密度高，但准确度很低，因纯苯的正常沸点为 354.25K。因此测量中高精密度不一定保证有高准确度，但高准确度必须有高精密度来保证。且测量中系统误差小，准确度就高；偶然误差小，精密度就高。

（2）偶然误差的表示法 测量值 x_i 与真值 x 之差为绝对误差 δ_i

$$\delta_i = x_i - x \tag{2.2-1}$$

但因真值难以准确知道，用绝对偏差 d_i 代替绝对误差。

$$d_i = x_i - \bar{x} \tag{2.2-2}$$

在有限 n 次测量中计算实际测量的偶然误差时常用以下三种：

平均误差：
$$\bar{\delta} = \frac{\sum_1^n |x_i - \bar{x}|}{n} = \frac{\sum_1^n |d_i|}{n} \tag{2.2-3}$$

标准误差：
$$\sigma = \sqrt{\frac{\sum_1^n (x_i - \bar{x})^2}{n-1}} = \sqrt{\frac{\sum_1^n d_i^2}{n-1}} \tag{2.2-4}$$

或然误差：
$$p = 0.6745\sigma \tag{2.2-5}$$

三者关系为： $p : \bar{\delta} : \sigma = 0.675 : 0.794 : 1.00$ (2.2-6)

平均误差的优点是计算简便，但用这种误差表示可能会把质量不高的测量掩盖住。标准误差对测量中产生的误差感觉比较灵敏，在精密计算实验误差时经常采用。

如甲、乙两人进行某实验，四次实验的平均误差均为：

$$\bar{\delta}_1 = \frac{1}{4} \times (0.08 + 0.07 + 0.09 + 0.08) = 0.08$$

$$\bar{\delta}_2 = \frac{1}{4} \times (0.05 + 0.09 + 0.06 + 0.12) = 0.08$$

但标准误差为

$$\sigma_1 = \left[\frac{1}{4-1} \times (64 + 49 + 81 + 64) \times 10^{-4} \right]^{\frac{1}{2}} = \sqrt{86} \times 10^{-2}$$

$$\sigma_2 = \left[\frac{1}{4-1} \times (25 + 81 + 36 + 144) \times 11^{-4} \right]^{\frac{1}{2}} = \sqrt{96} \times 10^{-2}$$

可见标准误差表示精度比较优越。

某一量多次测量结果的精度可表示为：

$$\bar{x} \pm \sigma \quad \text{或} \quad \bar{x} \pm \bar{\delta}$$ (2.2-7)

$\bar{x}$ 作为测量结果，$\pm \sigma$ 和 $\pm \bar{\delta}$ 表示测量精度。σ 或 δ 越小，表示测量的精度越高。也可用相对误差来表示：

$$\sigma_{相对} = \frac{\sigma}{x} \times 100\% \quad \text{或} \quad \delta_{相对} = \frac{\bar{\delta}}{x} \times 100\%$$ (2.2-8)

测量结果表示为

$$\bar{x} \pm \sigma_{相对} \quad \text{或} \quad \bar{x} \pm \bar{\delta}_{相对}$$ (2.2-9)

可见，相对误差不仅与绝对误差有关，还与测量值有关。当绝对误差相同时，测量值越大，其相对精度越高。在多项测量中，要求每项测量的相对误差相匹配。

现有一组温度测量值，将有关数据计算如下。

算术平均值 $$\bar{T} = \frac{1}{5} \times 1771.26 = 354.25 \text{K}$$

平均误差 $$\bar{\delta} = \frac{0.19}{5} = 0.04$$

平均相对误差 $$\delta_{相对} = \frac{0.04}{354.25} \times 100\% = 0.011\%$$

标准误差 $$\sigma = \sqrt{\frac{9.3 \times 10^{-3}}{5-1}} = 0.05$$

相对误差 $$\sigma_{相对} = \frac{0.05}{354.25} \times 100\% = 0.014\%$$

温度测量结果可表示为 $(354.25 \pm 0.05)\text{K}$。

序号	T/K	d_i	$|d_i|$	d_i^2
1	354.24	−0.01	0.01	1×10^{-4}
2	354.32	0.07	0.07	49×10^{-4}
3	354.28	0.03	0.03	9×10^{-4}
4	354.22	−0.03	0.03	9×10^{-4}
5	354.20	−0.05	0.05	25×10^{-4}
Σ	1771.26	−0.01	0.19	9.3×10^{-4}

（3）仪器读数的精度　测量误差的计算，要求一定的测量次数（$n \geqslant 5$），实验工作中常感不便。在避免系统误差的规范操作下，可根据使用仪器的精度来估计测量的误差值。例：

一等分析天平　　　　　　　　$\bar{\delta} = \pm 0.0002 \text{g}$

一等 100cm^3 容量瓶　　　　$\bar{\delta} = \pm 0.10 \text{cm}^3$

$\dfrac{1}{10}$ 分度的水银温度计　　　$\bar{\delta} = \pm 0.02 ℃$

$\dfrac{1}{100}$ 分度的贝克曼温度计　$\bar{\delta} = \pm 0.002 ℃$

如用 $\dfrac{1}{10}$ 分度的温度计测量温度读数为 $25.48℃$，应表示为 $(25.48 \pm 0.02)℃$。

2.2.2　间接测量的误差传递及误差估计

在实际工作中，有的物理量可以直接测量，如长度、温度之类，有的量却不能直接测量，而是通过对几个物理量的直接测量，然后按照一定的函数关系式进行计算。如由实验测得质量 m、压力 p、体积 V 及温度为 T 的值，通过 $M = mRT/(pV)$ 可求得某气体的摩尔质量 M。显然，这类间接测量的函数误差是由各直接测量值的误差决定的。

设一函数 $u = f(x, y, z)$，x、y、z 为各直接测定量，其相应的绝对误差为 Δx、Δy、Δz，将 u 全微分，则

$$\mathrm{d}u = \left(\frac{\partial u}{\partial x}\right)_{y,z} \mathrm{d}x + \left(\frac{\partial u}{\partial y}\right)_{x,z} \mathrm{d}y + \left(\frac{\partial u}{\partial z}\right)_{y,x} \mathrm{d}z$$

$$\frac{\mathrm{d}u}{u} = \frac{1}{f(x,y,z)}\left[\left(\frac{\partial u}{\partial x}\right)_{y,z} \mathrm{d}x + \left(\frac{\partial u}{\partial y}\right)_{x,z} \mathrm{d}y + \left(\frac{\partial u}{\partial z}\right)_{y,x} \mathrm{d}z\right] \quad (2.2\text{-}10)$$

式中，Δx、Δy、Δz 的值都很小，可用其代替上式中的 $\mathrm{d}x$、$\mathrm{d}y$、$\mathrm{d}z$，且在估计函数 u 的最大误差时，是取各测定值误差的绝对值加和（即误差的积累），因此，表示函数相对平均误差的普遍式即式（2.2-10）可具体化为：

$$\frac{\mathrm{d}u}{u} = \frac{1}{f(x,y,z)}\left[\left|\frac{\partial u}{\partial x}\right| \cdot \left|\Delta x\right| + \left|\frac{\partial u}{\partial y}\right| \cdot \left|\Delta y\right| + \left|\frac{\partial u}{\partial z}\right| \cdot \left|\Delta z\right|\right] \quad (2.2\text{-}11)$$

或利用

$$\frac{\Delta u}{u} \approx \frac{\mathrm{d}u}{u} = \mathrm{d}\ln f(x,y,z) \quad (2.2\text{-}12)$$

所以，欲求任一函数的相对平均误差，也可先取其函数的自然对数，然后再微分之。这种求法与式（2.2-11）相同，但比较方便。

例如对函数 $u = x + y + z$，有

$$\mathrm{d}\ln u = \mathrm{d}\ln(x+y+z)$$

所以

$$\frac{\Delta u}{u} = \frac{|\Delta x| + |\Delta y| + |\Delta z|}{x+y+z}$$

函数相对误差除了用平均误差表示外，还常用标准误差表示，设 x、y、z 各测定量的标准误差为 σ_x、σ_y、σ_z，则 u 的标准误差为：

$$\sigma_u = \sqrt{\left(\frac{\partial u}{\partial x}\right)^2 \sigma_x^2 + \left(\frac{\partial u}{\partial y}\right)^2 \sigma_y^2 + \left(\frac{\partial u}{\partial z}\right)^2 \sigma_z^2} \quad (2.2\text{-}13)$$

u 的相对标准误差为

$$\frac{\sigma_n}{u} = \sqrt{\left(\frac{1}{u}\frac{\partial u}{\partial x}\right)^2 \sigma_x^2 + \left(\frac{1}{u}\frac{\partial u}{\partial y}\right)^2 \sigma_y^2 + \left(\frac{1}{u}\frac{\partial u}{\partial z}\right)^2 \sigma_z^2} \quad (2.2\text{-}14)$$

表 2-1 列出了常见函数相对误差的两种表达式。

表 2-1　函数的相对误差

函　数　式	相对平均误差	相对标准误差
$u = x \pm y$	$\pm \left\| \dfrac{\Delta x + \Delta y}{x \pm y} \right\|$	$\pm \dfrac{1}{x \pm y} \sqrt{\sigma_x^2 + \sigma_y^2}$
$u = xy$	$\pm \left\| \dfrac{\Delta x}{x} + \dfrac{\Delta y}{y} \right\|$	$\pm \sqrt{\dfrac{\sigma_x^2}{x^2} + \dfrac{\sigma_y^2}{y^2}}$
$u = \dfrac{x}{y}$	$\pm \left\| \dfrac{\Delta x}{x} + \dfrac{\Delta y}{y} \right\|$	$\pm \sqrt{\dfrac{\sigma_x}{x^2} + \dfrac{\sigma_y}{y^2}}$
$u = x^n$	$\pm \left\| n \dfrac{\Delta x}{x} \right\|$	$\pm \dfrac{n}{x} \sigma_x$
$u = \ln x$	$\pm \left\| \dfrac{\Delta x}{x \ln x} \right\|$	$\pm \dfrac{\sigma_x}{x \ln x}$

　　许多化学实验获取的是间接测量值，为设计合理的实验方案及鉴定实验的质量，需进行误差分析，下面以计算函数的相对平均误差为例，讨论函数误差分析的一些应用。

　　① 在确定的实验条件下，求函数的最大误差和误差的主要来源。

　　例：以苯为溶剂，用凝固点降低法测定萘的摩尔质量，由稀溶液的依数性公式计算：

$$M_B = \frac{K_f m_B}{m_A (T_f^* - T_f)} \tag{2.2-15}$$

　　式中，m_A，m_B 分别为所取苯和萘的质量，kg；T_f^*、T_f 分别为纯溶剂和溶液的凝固点，K；K_f 为苯的摩尔凝固点降低常数，$K \cdot kg \cdot mol^{-1}$；$M_B$ 为萘的摩尔质量，$kg \cdot mol^{-1}$。

　　若用分析天平称取 $m_B = (0.1548 \pm 0.0002)$g，用工业天平称取 $m_A = (25.18 \pm 0.05)$g，可用贝克曼温度计读 T_f^* 和 T_f 值，分别进行三次读数，结果可表示为 $T_f^* - T_f = (0.248 \pm 0.005)$K。

$$M_B = \frac{5.12 \times 0.1548}{25.18 \times 0.248} = 0.127$$

　　萘的摩尔质量最大相对误差按式(2.2-12) 求得为

$$\frac{\Delta M_B}{M_B} = \mathrm{d}\ln M_B = \mathrm{d}\ln \left[\frac{K_f \cdot m_B}{m_A (T_f^* - T_f)} \right]$$

$$= \mathrm{d} \left[\ln K_f + \ln m_B - \ln m_A - \ln(T_f^* - T_f) \right]$$

$$\approx \frac{0.0002}{0.15} + \frac{0.05}{25} + \frac{0.005}{0.25} = (0.13 + 0.20 + 2.0) \times 10^{-2}$$

$$= 2.3\%$$

$$\Delta M_B = 0.127 \times 2.3\% = 0.003$$

　　间接测量结果可表示为 $M_B = (0.127 \pm 0.003)kg \cdot mol^{-1}$

　　由此可见，在上述条件下，测求萘的摩尔质量的最大相对误差可达 $\pm 2.3\%$，其主要来源于凝固点下降的温差测定，即 $\dfrac{\Delta(T_f^* - T_f)}{T_f^* - T_f}$ 项。所以，要提高整个实验的精度，关键在于选用更精密的温度计。因为若对溶剂的称量改用分析天平，并不会提高结果的精度，相反却造成仪器与时间的浪费。若采用增大溶液浓度的方法升高温度，使误差 $\dfrac{\Delta(T_f^* - T_f)}{T_f^* - T_f}$ 减小，也是不可以的，因为溶液浓度增大后就不符合稀溶液条件，应用上述稀溶液公式即引入了系统误差。

　　② 选用不同精度的仪器以满足函数最大允许误差的要求。

　　例：用电热法在物质的量为一定值的水中加入一定量的 KCl 晶体测定其溶解焓，KCl

的积分溶解焓为（实验原理参见第 4 章实验 1）：

$$\Delta_{\mathrm{sol}} H_{\mathrm{m}} = \frac{IUt}{m_{\mathrm{KCl}}} M_{\mathrm{KCl}} \cdot \frac{\Delta T_{溶}}{\Delta T_{电}} \tag{2.2-16}$$

式中，m_{KCl}、M_{KCl} 分别为溶解的 KCl 质量（kg）和 KCl 的摩尔质量（$\mathrm{kg \cdot mol^{-1}}$）；$\Delta T_{溶}$ 和 $\Delta T_{电}$ 分别为溶解过程和电热过程温度的改变值，K；I、U、t 分别为电加热时的电流（A）、电压（V）和时间（s）。若结果的相对平均误差要求控制在 $\pm 4\%$ 以内，应如何选择所有的仪器？

若各直接测定物理量的数值约为电流 $I=0.80\mathrm{A}$，电压 $U=2.0\mathrm{V}$，电加热时间 t 最短为 600s，样品量 $m_{\mathrm{KCl}}=7.0 \times 10^{-3}\mathrm{kg}$，$\Delta T_{电}$ 和 $\Delta T_{溶}$ 为 1.0K。

由式（2.2-16）求函数的相对平均误差

$$\frac{\Delta(\Delta_{\mathrm{sol}} H_{\mathrm{m}})}{\Delta_{\mathrm{sol}} H_{\mathrm{m}}} = \frac{\Delta I}{I} + \frac{\Delta U}{U} + \frac{\Delta t}{t} + \frac{\Delta W_{\mathrm{KCl}}}{W_{\mathrm{KCl}}} + \frac{\Delta(\Delta T_{溶})}{\Delta T_{溶}} + \frac{\Delta(\Delta T_{电})}{\Delta T_{电}} = \pm 4\%$$

用 1.0 级电流表（准确度为全量程的 1%），量程为 1.0A。

$$\frac{\Delta I}{I} = \frac{1.0 \times 0.01}{0.80} = 1.25\%$$

用 1.0 级电压表，量程为 2.5V

$$\frac{\Delta U}{U} = \frac{2.5 \times 0.01}{2.0} = 1.25\%$$

用秒表计时，计时误差 Δt 不超过 1s。

$$\frac{\Delta t}{t} = \frac{1}{600} = 0.17\%$$

用分析天平称量，称量误差为 0.0002g。

$$\frac{\Delta m}{m} = \frac{0.0002}{7.0} = 0.003\%$$

可见 $\Delta T_{溶}$、$\Delta T_{电}$ 的相对误差应在 0.6% 以下，故应用贝克曼温度计读取温度改变值。若要提高实验精密度，还可采用更精密的电表。

另外由误差分析还可了解在一定的仪器精度下如何选择最好的实验条件。

2.3　实验结果的正确记录及有效数字

2.3.1　有效数字的表示法

在科学实验中，对于任一物理量的测定，其准确度都有一定限度。如用一等分析天平称量某物质量，结果为 2.3875，其中 2.387 完全正确，末位数 5 则不确定。我们把所有正确的数字和一位可疑的数字一起称为有效数字。记录和计算时，仅须记下有效数字，多余数字都不必记。记得太多、太少均不能表达出测量的精度。

读取直接测量值时，根据仪器示数部分刻度读出可靠数字，再由刻度间隔估计一位可疑数字。数字"0"在不同数据中起的作用是不同的，例如在 1.0008、1.0000 中，"0"是有效数字，而在 0.0382、0.05 中"0"只起定位作用，不是有效数字。为明确地表示有效数字，常用指数记数法。表示小数位数时"0"不是有效数字。若下列数据均为四位有效数字。

$$1234 \qquad 0.1234 \qquad 0.0001234 \qquad 123400$$

为明确起见，应分别表示为如下指数形式：

$$1.234 \times 10^{3} \qquad 1.234 \times 10^{-1} \qquad 1.234 \times 10^{-4} \qquad 1.234 \times 10^{5}$$

2.3.2　有效数字的运算规则

在舍去不必要的数字时，应用四舍五入原则。

在加减运算时，各数值小数点所取的位数与其中最少者相同，如 12.78＋0.2521＋1.637 应舍去多余数字后按 12.78＋0.25＋1.64 运算。

数值的首位大于 8 时，就可多算一位有效数字。如 9.12 在运算时可看为四位有效数字。

在乘除法运算中，保留各数的有效数字位数不大于其中有效数字最低者。如 2.378×0.123÷9.2，9.2 可视为三位有效数字，其余各数都可保留三位有效数字，上式变为 2.38×0.123÷9.2＝3.18×10^{-2}，最后结果也只保留三位有效数字。

在多步计算中，对于运算的中间值通常比原有的有效数字多保留一位，以免多次四舍五入对最终结果影响太大。最终结果仍应只保留应有的位数。

对数尾数的有效数字应与真值的有效数字相同。

常数如 π、e 及 $\sqrt{2}$ 和一些取自手册上的常数可按需取有效数字。

2.4　实验数据处理

2.4.1　列表法

列表简单清晰，形式紧凑，在同一表中还可以同时归纳许多变量之间的关系，数据易于比较，便于运算处理。制表时要求：写明表的名称及有关条件；每一行（或列）开始应标明变量名称、符号、量纲；自变量数据应按依次增加（或降低）的顺序排列；各项数据的小数点及数字应排列整齐等。

2.4.2　图解法

图解法即取独立变量（通常是直接测量的量）为横坐标，应变量为纵坐标，将实验数据描绘成图以表达变量之间的关系。图解法优点很多，简明直观；易显示数据的规律性及最高点、最低点及转折变化；可以适当内插外推，补充实验数据；便于比较不同实验的结果；有利于找到变量之间的数学解析式；求直线斜率或作曲线的切线求函数的微商等。图解法最常用的是直角坐标（或对数、半对数坐标）。基本要求如下。

① 坐标分度选择要便于从坐标上读出任一点的坐标值。以纯数值表示的坐标单位格子应取 1、2、5 等简单整数或其倍数，不宜取难以读数的 3、7、9 等奇数或其倍数，如图 2-2 所示。

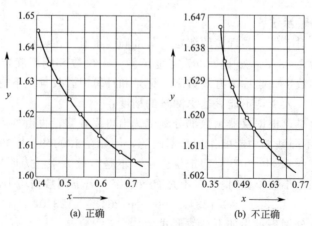

(a) 正确　　　　　(b) 不正确

图 2-2　横纵坐标的比例选择

②　除特殊需要（如直线外推求截距）外，不一定以坐标原点为分度起点，可从略小于最小测量值的整数开始，使作的图形位于纵横坐标平面的中心部分。

③　坐标分度值要表示出测求结果的精度。在坐标纸上取单位最小的格子表示有效数字的最后一位可靠数字（或可疑数字）。数据点以 ⊙ 或 ▪ 标绘。小圆的直径与长方形的边长表示变量的误差（Δx、Δy）大小。因为绘成的图是实验结果的反映，所以只有当坐标分度与实验测定值的有效数字一致时，绘出的图线才能正确反映变量间的函数关系。

例如，有一组数据如下：

x	1.05	2.00	3.05	4.00
y	8.00	8.22	8.32	8.00

取不同坐标分度，绘于图 2-3(a)、(b) 中。

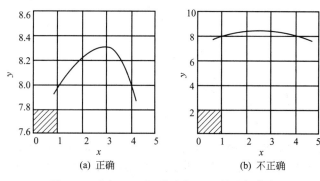

图 2-3　正确（a）与不正确（b）的坐标分度

已知 x 的测量精度 $\Delta x = \pm 0.05$，y 的精度 $\Delta y = \pm 0.02$。若取图 2-3(a) 的坐标分度作图，因其坐标分度与测量精度一致，得到的曲线反映了 x 与 y 之间有最高点的变化规律。若用图 2-3(b) 的坐标分度表示，其 y 坐标分度取 ± 0.1，低于 y 的测量精度，因而看不出 x 与 y 之间有一最高点的函数关系。

④　图形布置匀称，线条清晰光滑。当数据点有所发散时，图形应尽可能贯穿大多数实验点，并使散在线两侧的实验点与线的距离大致相等；要用曲线尺作图，不得徒手随意描绘。

⑤　图作好后，写上图名、各坐标代表的物理量及测量条件，如温度、压力等。

⑥　若变量间呈直线关系，即 $y = mx + c$，由直线上取点可求得直线的斜率 m 和截距 c：

$$点 1 \qquad y_1 = mx_1 + c$$
$$点 2 \qquad y_2 = mx_2 + c$$

联立解方程即得　$m = \dfrac{y_1 - y_2}{x_1 - x_2}$、$c = y_1 - mx_1$ 或 $c = y_2 - mx_2$。

如纯液体的饱和蒸气压 p 与温度 T 间有直线关系：

$$\ln p = -\frac{\Delta_{vap} H_m}{R} \frac{1}{T} + C$$

由 $\ln p$-$\dfrac{1}{T}$ 直线的斜率可求摩尔汽化热：

$$\Delta_{vap} H_m = -Rm$$

若变量间呈曲线关系，可作曲线在某点的切线，由切线的斜率可求出相应的物理量。若 x-y 间呈曲线关系（见图 2-4），要求曲线上 A 点的斜率，可采用如下方法。

13

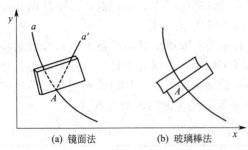

图 2-4　求曲线上点的斜率（示意）

① 镜面法　用一块平面镜垂直地通过 A 点，此时在镜中可以看到该曲线的映像（如 Aa' 线），调节平面镜与 A 点的垂直位置，使镜内曲线映像与原曲线能连成一光滑曲线而看不到转折（即 Aa' 线与 Aa 线重合）。此时，沿镜面所作的直线就是曲线上 A 点的法线。作该法线的垂线，即 A 点的切线，其斜率即为曲线上 A 点的斜率。

② 玻璃棒法　其原理同上，从玻璃棒中看到的映像与原曲线重合，沿玻璃棒作的直线即 A 点法线，其垂直线即 A 点切线。如为求溶液表面吸附量 Γ，由 Gibbs 吸附等温式：

$$\Gamma = -\frac{c}{RT}\frac{\mathrm{d}\gamma}{\mathrm{d}c}$$

需求 $\dfrac{\mathrm{d}\gamma}{\mathrm{d}c}$。由实验测定出不同浓度 c 溶液的表现张力 γ，作 $\gamma\text{-}c$ 曲线，由上述方法作一定浓度 c 处曲线切线，切线斜率为 $\dfrac{\mathrm{d}\gamma}{\mathrm{d}c}$。

2.4.3　方程式法

一组实验数据也可以用数学解析式表达出来，其形式简单，记录方便，便于进行微分、积分和进一步的理论分析等。建立数学解析式，最常见的是直线方程即 $y = mx + c$。当 $x\text{-}y$ 间表现出非直线关系时，也可通过坐标变换使函数式线性化，示例见表 2-2。

表 2-2　坐标变换使函数线性化

原函数式	坐标变换		直线化后方程式
	y	x	$y = mx + c$
$y = b\mathrm{e}^{ax}$	$\ln y$	x	$y = ax + \ln b$
$y = bx^a$	$\ln y$	$\ln x$	$y = ax + \ln b$
$y = \dfrac{1}{ax+b}$	$\dfrac{1}{y}$	x	$y = ax + b$
$y = \dfrac{x}{ax+b}$	$\dfrac{x}{y}$	x	$y = ax + b$
$y = ax^2 + b$	y	x^2	$y = ax + b$

用图解法求直线方程中的常数，方法简单但不够精确。由于作图存在误差，所以，如将求得的常数代入方程式，得到的 $y_{i,\text{计}}$ 值与实验得到的 y_i 值尚存在不小的残差。在要求比较高的场合，应采用最小二乘法求得两变量的线性回归方程式。

用最小二乘法回归 $x\text{-}y$ 之间直线方程的基本假设是把 x_i 看作精确值，而 y_i 是包含偶然误差的值，通过调节直线方程 $y = mx + c$ 的 m、c 两个参数，使各 y_i 值与由方程式求算得到的 $y_{i,\text{计}}$ 值偏差平方的总和为最小。原理示意如图 2-5 所示。

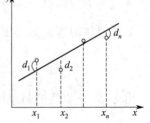

图 2-5　最小二乘法原理示意

设有 n 组 x_i、y_i 根据上述假设即令 $\displaystyle\sum_{1}^{n}\left[y_i - y_{i,\text{计}}\right]^2$ 最小。由极值条件可知

$$\left[\frac{\partial \sum\limits_{1}^{n} (y_i - mx_i - c)^2}{\partial m} \right]_c = 0 \tag{2.4-1}$$

$$\left[\frac{\partial \sum\limits_{1}^{n} (y_i - mx_i - c)^2}{\partial c} \right]_m = 0 \tag{2.4-2}$$

$$m \sum_{1}^{n} x_i^2 + c \sum_{1}^{n} x_i - \sum_{1}^{n} x_i y_i = 0 \tag{2.4-3}$$

$$m \sum_{1}^{n} x_i - \sum_{1}^{n} y_i + nc = 0 \tag{2.4-4}$$

联立解式(2.4-3) 和式(2.4-4) 得：

$$m = \frac{\sum\limits_{1}^{n} x_i \sum\limits_{1}^{n} y_i - n \sum\limits_{1}^{n} x_i y_i}{(\sum\limits_{1}^{n} x_i)^2 - n \sum\limits_{1}^{n} x_i^2} \tag{2.4-5}$$

$$c = \frac{\sum\limits_{1}^{n} x_i y_i \sum\limits_{1}^{n} x_i - \sum\limits_{1}^{n} y_i \sum\limits_{1}^{n} x_i^2}{(\sum\limits_{1}^{n} x_i)^2 - n \sum\limits_{1}^{n} x_i^2} = \frac{\sum\limits_{1}^{n} y_i - m \sum\limits_{1}^{n} x_i}{n} \tag{2.4-6}$$

显然，用此 m、c 值可得到 y_i 与 x_i 的最佳线性拟合。

为了检验 x_i、y_i 变量之间的线性相关水平，常用相关系数 $r_{x,y}$ 值表达

$$r_{x,y} = \frac{\sum x_i y_i - \sum x_i \sum y_i / n}{\sqrt{[\sum x_i^2 - (\sum x_i)^2 / n][\sum y_i^2 - (\sum y_i)^2 / n]}} \tag{2.4-7}$$

若 $|r_{x,y}| = 1$，则 x、y 之间存在严格的线性相关（斜率 $m > 0$，$r_{x,y} = 1$；$m < 0$，$r_{x,y} = -1$）。若 $|r_{x,y}|$ 远离 1，则 x、y 之间的线性相关较差或两者之间无线性关系。

例：已知一组直线关系的 x、y 数据如下：

x	1	3	8	10	13	15	17	20
y	3.0	4.0	6.0	7.0	8.0	9.0	10.0	11.0

试求 $y = mx + c$ 中的常数 m、c 值及相关系数 $r_{x,y}$。

列表求出式(2.4-5)～式(2.4-7) 中所需的各项数据：

n	x_i	y_i	x_i^2	y_i^2	$x_i y_i$
1	1	3.0	1	9.0	3
2	3	4.0	9	16.0	12
3	8	6.0	64	36.0	48
4	10	7.0	100	49.0	70
5	13	8.0	169	64	104
6	15	9.0	225	81	135
7	17	10.0	289	100	170
8	20	11.0	400	121	220
$n = 8$	$\sum\limits_{1}^{8} x_i = 87$	$\sum\limits_{1}^{8} y_i = 58$	$\sum\limits_{1}^{8} x_i^2 = 1257$	$\sum\limits_{1}^{8} y_i^2 = 476$	$\sum\limits_{1}^{8} x_i y_i = 762$

$$m = \frac{87 \times 58 - 8 \times 762}{87^2 - 8 \times 1257} = 0.442$$

$$c = \frac{58 - 0.422 \times 87}{8} = 2.66$$

所求直线方程为

$$y = 0.422x + 2.66$$

$$r_{x,y} = \frac{762 - 87 \times \frac{58}{8}}{\left[\left(1257 - \frac{87^2}{8}\right)\left(476 - \frac{58^2}{8}\right)\right]^{\frac{1}{2}}} = 0.9992$$

说明这一组 x_i、y_i 线性关系很好。

2.5 计算机作图与待定参数的非线性拟合

在物理化学实验中常用作图法处理实验数据。当参数以非线性形式出现在数学模型中时，可通过各种变换，化非线性为线性模型，然后用作图法或线性最小二乘法处理。这种方法虽然较简便，但仍存在两方面的问题：一是将模型线性化后，往往破坏了原有误差分布，从而难以获得待定参数的最佳估计值；二是对于变量多或复杂的非线性模型，线性变换十分困难，有时甚至不可能。也有一些实验需用图解微分处理数据，这就更显繁难。因此，需要寻求另一类非线性曲线拟合处理数据确定待定参数的方法。

Origin 和 Excel 等软件都具有较强的作图和数据处理功能。除了可用来方便地作图外，还可用来进行非线性曲线拟合求数学模型中的待定参数。下面以物理化学实验中经常开出的"溶液表面张力的测定"和"乙酸乙酯皂化反应速率常数的测定"两个实验的数据处理为例，作简要介绍。

2.5.1 Origin 对溶液 σ-c 关系的非线性拟合

在"溶液表面张力的测定"实验中，直接获得的是不同浓度 c 时溶液的表面张力。而不同浓度的溶液表面吸附量 Γ 的获得，是通过下式计算的：

$$\Gamma = -\frac{c}{RT}\left(\frac{d\sigma}{dc}\right)_T \tag{2.5-1}$$

式中，R 为气体常数；T 为实验时的热力学温度；$\left(\frac{d\sigma}{dc}\right)_T$ 为溶液表面张力 σ 对溶液浓度的导数。

在物理化学中，由于没有一个理论从数学的角度对溶液的表面张力和溶液浓度的关系作明确的表述，因此，在溶液表面张力与溶液浓度之间，没有显式数学函数关系存在。在这种情况下，求 $\left(\frac{d\sigma}{dc}\right)_T$ 值一个最常用的办法是，利用曲线板或曲线尺对溶液表面张力与浓度的实验数据作 σ-c 关系曲线，然后用镜像法或玻棒法在整个实验浓度范围内的 σ-c 曲线上，选取不同的浓度点作切线，切线的斜率便是该浓度点所对应的表面张力对溶液浓度的导数值 $\left(\frac{d\sigma}{dc}\right)_T$。用上述方法处理"溶液表面张力测定"的实验数据不仅工作量大，而且即使是同一组数据，同一个实验者前后两次处理的结果也会有较大的误差。特别是在获取切线斜率时，斜率的微小变化也可能引起 Γ 计算值有很大变化。

除了手工作图的处理方法外，还有一种方法，便是利用希斯科夫斯基经验公式：

$$\sigma = \sigma_0 - \sigma_0 b \ln\left(1 + \frac{c}{a}\right) \tag{2.5-2}$$

式中，σ_0 为溶剂的表面张力；a，b 为待定经验常数。

将一组浓度-表面张力的实验数据用牛顿-麦夸脱法做非线性最小二乘法拟合，可求解希斯科夫斯基经验公式中的待定常数 a、b。

由于希斯科夫斯基经验公式是一个关于溶液表面张力与溶液浓度的显式，可在等温条件下，将式(2.5-2)作表面张力对浓度求导，得到式(2.5-3)：

$$\left(\frac{d\sigma}{dc}\right)_T = -\frac{\sigma_0 b}{a+c} \tag{2.5-3}$$

将式(2.5-3)代入式(2.5-1)，得到式(2.5-4)：

$$\Gamma = \frac{\sigma_0 bc}{RT(a+c)} \tag{2.5-4}$$

因此，在确定了待定常数 a、b 后，便可利用式(2.5-4)计算溶液在相应浓度的表面吸附量 Γ。

（1）非线性拟合方案　Origin 软件在其非线性曲线拟合（Non-linear Curve Fit）工具中提供的用户自定义（User-Defined）函数功能，为我们提供了解决此问题的简便方案。

以一组在 20.0℃ 时所作的正丁醇溶液表面张力测定的实验数据为例，说明如何用 Origin 实现溶液 σ-c 关系非线性最小二乘法拟合，求取希斯科夫斯基经验公式中的待定常数 a、b。

实验基本数据如表 2-3 所列。

表 2-3　正丁醇溶液表面张力测定实验数据（实验温度：20.0℃；$\sigma_0 = 0.07275\text{N} \cdot \text{m}^{-1}$）

$c/(\text{mol} \cdot \text{L}^{-1})$	0.020	0.040	0.060	0.080	0.10	0.12	0.16	0.20	0.24
$\sigma/(10^{-3}\text{N} \cdot \text{m}^{-1})$	68.57	64.46	60.94	57.86	54.78	53.32	49.80	46.72	44.66

（2）数据录入与作图　首先在 Windows 操作系统中打开 Origin 软件，在其默认的表单 Datal 中的自变量列 A[X] 和因变量列 B[Y] 列中分别输入溶液浓度 c 与溶液表面张力 σ 的实验数据，并利用该两组数据绘制 σ-c 关系的散点图，如图 2-6 所示。然后点击主菜单 Analysis 选项中的 "Non-linear Curve Fit" 子选项。

（3）非线性函数自定义及初始化　点击主菜单 Analysis 选项中的 "Non-linear Curve Fit" 子选项后，进入一个如图 2-7 所示的 "非线性曲线拟合（Nonliear Curve fitting）" 界面。

在该界面，点开主菜单 "Function" 选项，执行 "New" 命令，新建一个用户自定义（User Defined）函数。在相应位置，输入函数名（如本文中的 "User2"）、待定参数符号、自变量与因变量符号以及自定义函数形式。

图 2-7 中的变量 y 和 x 分别对应溶液的表面张力 σ 和溶液的浓度 c。

在完成函数相关定义之后，在主菜单 "Options" 选项的子选项中，选择 "Constrains"，对待定常数 a、b 给定一个变化范围。本文对两个常数的给定范围都是 [0,1]。

接下来点击主菜单 "Action" 选项中的子选项 "Simulate"，出现如图 2-8 所示的界面。

在这里，在为待定常数 a、b 给出初始值（本例中都为 0.5），并为自变量 x 指定变化范围后（本例中，正丁醇溶液的浓度范围如表 2-3 所列），点击 "Create Curve" 按钮，便会在给定浓度范围内根据式(2.5-2)产生一组表面张力的计算值，同时在当前绘图层（graph layer）绘出一条 σ-c 关系曲线。

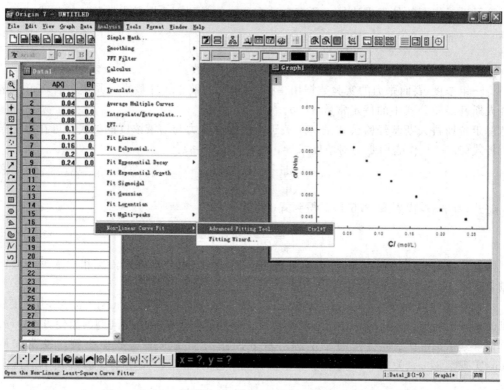

图 2-6　Origin 数据录入，作图及非线性曲线拟合选择界面

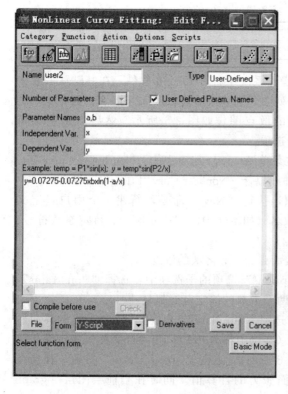

图 2-7　Origin 自定义非线性函数界面

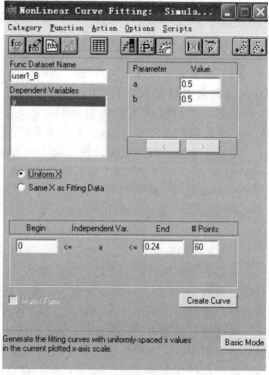

图 2-8　自变量范围及待定参数初值设定界面

（4）非线性最小二乘拟合求待定参数
点击"Action"主菜单中的"Fit"，并在接下来的对话框中，选择点击"Active Dataset"，将式（2.5-6）产生的那组表面张力计算值与溶液浓度激活，作为当前数据组，以便进行非线性曲线的最小二乘拟合。然后出现如图 2-9 所示的界面。

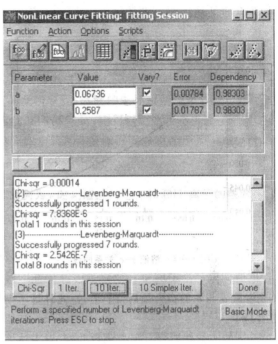

依次点击"Chi-Sqr"、"1 Iter"、"10 Iter"按钮。

非线性最小二乘拟合，是通过调节待定参数，使变量 y 的一组计算值与对应实验值之差的平方和（又叫偏差平方和）最小，从而实现待定参数的求解。图 2-9 所示为待定参数非线性最小二乘拟合界面图。

点击"Chi-Sqr"，在对话框底部的消息框（view box）中显示当前待定参数值对应的偏差平方和。偏差平方和的数值会在每一次迭代操作之后自动更新。

图 2-9   待定参数非线性最小二乘拟合界面

点击"1 Iter"，则执行一次 Levenberg-Marquardt（LM）迭代，新的待定参数值便显示在待定参数值文本框（text box）中。

点击，"10Iter"则执行最多 10 次 LM 迭代。如果在 10 次迭代完成之前，程序已经"认识"到继续迭代不能使曲线拟合得到进一步的改善，便会终止迭代。

完成上述操作后，得到待定参数 a 与 b 的拟合值，该组实验数据所对应的表面张力与浓度之间的关系为：

$$\sigma = \sigma_0 - 0.2587\sigma_0 \ln\left(1 + \frac{c}{0.06736}\right) \tag{2.5-5}$$

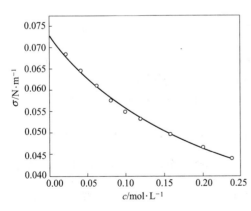

图 2-10   溶液 σ-c 关系曲线

其偏差平方和为 2.54×10^{-7}。溶液 σ-c 关系曲线如图 2-10 所示。图中的点为实验数据，图中的线为拟合数据。

在获得了待定参数 a 与 b 的拟合值后。用式(2.5-4)计算不同浓度溶液的表面吸附量就非常容易了。

因此，利用 Origin 的非线性拟合自定义函数功能，对表达溶液表面张力与浓度关系的希斯科夫斯基经验公式中的待定参数，进行非线性最小二乘拟合，对于"溶液表面张力测定"实验的数据处理，在大大减少数据处理误差的同时，可以方便、快速地获得理想的实验结果，而且物理化学实验工作者无须投入精力从事费时费力的编程工作。

2.5.2 Excel 在乙酸乙酯皂化反应参数非线性拟合中的应用

对于"乙酸乙酯皂化反应速率常数的测定"实验的数据处理，存在一个如何更准确、更简便地获得实验结果的问题。

乙酸乙酯皂化反应如下：

$$CH_3COOC_2H_5(A)+OH^-(B)\longrightarrow CH_3COO^-+C_2H_5OH$$

其反应速率可表示成：

$$\frac{dc_x}{dt}=k(c_{A,0}-c_x)(c_{B,0}-c_x) \tag{2.5-6}$$

式中，$c_{A,0}$，$c_{B,0}$ 分别表示两反应物的初始浓度；c_x 为经过时间 t 后，减少的 A 和 B 的浓度；k 为反应速率常数。将式(2.5-6) 积分，得

$$k=\frac{2.303}{t(c_{A,0}-c_{B,0})}\lg\frac{c_{B,0}(c_{A,0}-c_x)}{c_{A,0}(c_{B,0}-c_x)} \tag{2.5-7}$$

当两种反应物的初始浓度相同，$c_{A,0}=c_{B,0}=c_0$ 时，将式(2.5-6) 积分，得

$$k=\frac{1}{tc_0}\times\frac{c_x}{c_0-c_x} \tag{2.5-8}$$

随着皂化反应的进行，溶液中导电能力强的 OH^- 逐渐被导电能力弱的 CH_3COO^- 取代，溶液的电导逐渐减小。假设稀溶液电导的降低与 OH^- 浓度的减小成正比，则可用电导仪测量反应过程中的电导随时间的变化而间接跟踪反应物的浓度随时间的变化。

$$G_t=\alpha+\beta c_t \tag{2.5-9}$$

式中，G_t，c_t 分别为 t 时刻时溶液的电导和 OH^- 的浓度；α，β 为常数。

反应初始时，$t=0$，$c_t=c_0=c_{A,0}$，$G_t=\alpha+\beta c_0$。

反应完全时，$t=\infty$，$c_t=0$，$G_t=G_\infty=\alpha$。则

$$\frac{c_x}{c_0-c_x}=\frac{G_0-G_t}{G_t-G_\infty} \tag{2.5-10}$$

将式(2.5-10) 代入式(2.5-8) 得

$$k=\frac{1}{tc_0}\times\frac{G_0-G_t}{G_t-G_\infty} \tag{2.5-11}$$

上式移项，按不同目的，可以写成下列式子：

$$G_t=\frac{1}{kc_0}\times\frac{G_0-G_t}{t}+G_\infty \tag{2.5-12}$$

$$\frac{G_0-G_t}{G_t-G_\infty}=kc_0t \tag{2.5-13}$$

$$G_t=\frac{G_0+G_\infty ktc_0}{1+ktc_0} \tag{2.5-14}$$

以 G_t 对 $\frac{G_0-G_t}{t}$ 作图，或者以 $\frac{G_0-G_t}{G_t-G_\infty}$ 对 t 作图，从直线斜率可求出反应速率常数 k。

(1) 乙酸乙酯皂化反应实验数据的常用处理方法　用 $\frac{G_0-G_t}{G_t-G_\infty}$ 对 t 作图从直线斜率可求反应速率常数 k，需要另外单独测定反应 G_0 和 G_∞，实验操作烦琐，还存在作图法精度不高、有很大的主观误差的缺陷。而用 G_t 对 $\frac{G_0-G_t}{t}$ 作图，可以少测定一项数据 G_∞，达到简化实验操作的目的，但作图法的缺点依然存在。

为了省去测定 G_0，进一步简化实验操作，采用将 t-G_t 曲线外推至 $t=0$。获得一个 G_0 的初始值，再用牛顿迭代求解 G_0 的最佳值，然后再以 G_t 对 $\frac{G_0-G_t}{t}$ 作线性拟合求出 k。但外推法对于最初几个实验点数据极其敏感，这些点的实验误差会造成 G_0 的误差，最终影响

k 的精确性。

既不用测定 G_0、G_∞ 等物理量，简化实验操作，又能避免上述缺陷的数据处理方法，是按式(2.5-14)对 G_t 与 t 的非线性关系，作 G_0、G_∞ 和 k 三参数最小二乘法拟合，直接获得反应速率常数。

下面以一组学生实验的实验数据为例，来说明如何用 Excel 2000 处理乙酸乙酯皂化反应速率常数测定的实验数据。

实验在 25.0℃ 的恒温水浴中进行。所用氢氧化钠和乙酸乙酯的浓度皆为 $0.05\,mol \cdot L^{-1}$。将 DDS-12A 型电导仪的模拟输出接在 3036 型记录仪上，记录皂化反应过程中反应体系的电导随时间的变化曲线。从记录仪坐标纸上取得的实验数据如表 2-4 所列（因记录峰高与电导成正比，表中以峰高代电导）。

表 2-4　乙酸乙酯皂化反应电导、时间数据

（实验温度：25.0℃；溶液初始浓度 $c_0 = 0.05\,mol \cdot L^{-1}$）

t/min	0.5	1.0	1.5	2.0	3.0	4.0	5.0	6.0	8.0	10.0	12.0	15.0
G_t/记录峰高	11.6	10.3	8.9	8.0	6.7	5.7	4.9	4.3	3.6	3.1	2.7	2.2

（2）数据录入及公式编辑　打开 Excel 2000，在相应栏中录入表 2-4 中的实验数据，并点击工具栏上的 "图表向导"，画出乙酸乙酯皂化反应的电导-时间曲线。如图 2-11 所示。

用 Excel 2000，对式(2.5-14)中的反应初始时刻的电导 G_0、反应终了时的电导 G_∞ 以及皂化反应的速率常数 k 进行非线性拟合求解的思路是，先用上述三个参数的初始值，通过式(2.5-14)计算不同时刻溶液的电导率 G，把计算值与实验值比较。通过调整参数，使计算值与实验值偏差的平方和最小，从而求解上述三个参数。因此，运算中需要 G_t 的计算值。

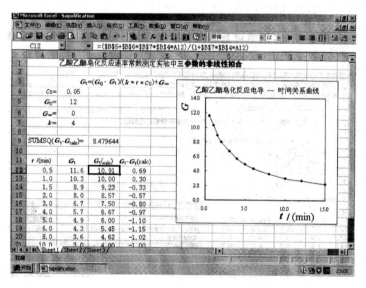

图 2-11　在 Excel 中录入数据、公式及获得图形的示例

在本文所示的例子中，反应物的初始浓度 c_0、反应初始时刻的电导率 G_0、反应终了时的电导率 G_∞ 以及皂化反应的速率常数 k 等值，分别置于 Excel Sheet lL 的 $\$B\$4$，$\$B\$5$，$\$B\$6$ 和 $\$B\$7$ 单元格。式(2.5-14)计算 t 时刻的电导 G_t 的公式，在 Excel 2000 中，对应编辑为下式：

$$= (\$B\$5 + \$B\$6 * \$B\$7 * \$B\$4 * \$A12)/(1 + \$B\$7 * \$B\$4 * \$A12) \quad (2.5\text{-}15)$$

（3）规划求解　点击打开 Excel 2000 主菜单上"工具"，选择"规划求解"，打开一个"规划求解参数"对话框，如图 2-12 所示。

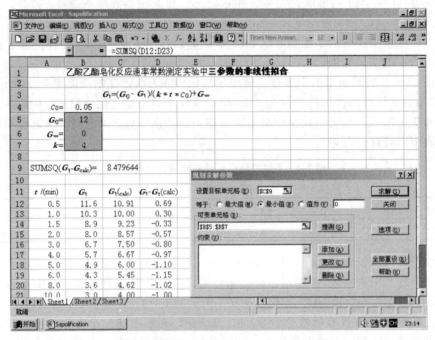

图 2-12　在 Excel 中运行"规划求解"示例

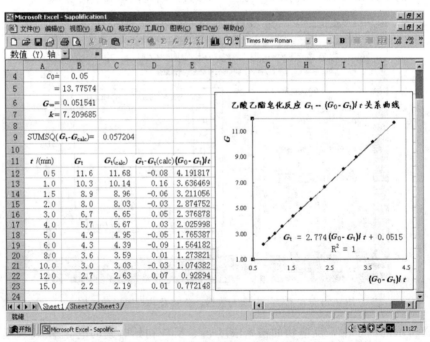

图 2-13　用 Excel 对皂化反应三参数非线性拟合的结果及作图表示

因为要考察 t 时刻电导率的实验值与计算值偏差的平方和，并求其最小值。因此，在"规划求解参数"对话框的"设置目标单元格"的文本框中，应该填入 t 时刻电导的实验值与计算值偏差的平方和的表达式所在的单元格，本例中为 ＄C＄9；并在"最大值"、"最小值"、

"值为"三个选择中，单选"最小值"。

又因为求 t 时刻电导率的实验值与计算值偏差的平方和最小的最终目的，是为了求解 G_0、G_∞ 以及 k 三个参数，所以，在"规划求解参数"对话框的"可变单元格"的文本框中，应填入该三个参数值所在的单元格。本例中为 $\$B\$5\sim\$B\$7$ 三个单元格。

对待求解参数，规划求解只需要各参数的初始值。因此，只要给出各参数的合理值即可。比如，在时间为零时，反应体系的电导率只要反应进行到 0.5min 时的电导率就行了。本例中对上述三个参数给出的初始值，如图 2-12 中所示。

点击"规划求解参数"对话框中的"求解"按钮，乙酸乙酯皂化反应三参数非线性拟合就完成了。本例中，求得反应的速率常数为 7.209L•mol^{-1}•min^{-1}；反应初始时刻和反应终了时体系的电导率分别为 13.776 和 0.0515。此外，还可以方便地按常规方法，用 G_t 对 $\dfrac{G_0-G_t}{t}$ 作图，并进行线性拟合，给出拟合方程和线性相关系数（图 2-13）。

因此，用 Excel 2000 处理乙酸乙酯皂化反应速率常数测定的实验数据，可以在不测定反应初始时刻的电导 G_0 和反应终了时的电导 G_∞ 的简化实验条件下，不借助计算机语言编程，快速、方便地实现 G_0、G_∞ 和反应速率常数 k 三个参数的非线性拟合，获得准确的、表现形式丰富的实验结果。

参 考 文 献

[1]　肖明跃. 误差理论与应用. 北京：计量出版社，1985.

[2]　江体乾. 化工数据处理. 北京：化学工业出版社，1984.

[3]　Garland C W，Nibler J W，Shoemaker D P. Experiments in physical chemistry. 7 th ed. New York：McGraw-Hill，2003. 69-80.

[4]　向明礼，甘斯祚. 物理化学实验——《溶液表面张力测定》中数据处理的讨论. 成都科技大学学报，1993，（6）：85-92.

[5]　夏春兰. Origin 软件在物理化学实验处理中的应用. 大学化学，2003，18（2）：44-46.

[6]　向明礼，曾小平，翟淑华等. Excel 在乙酸乙酯皂化反应三参数非线性拟合中的应用. 西南民族大学学报（自然科学版），2004，30（1）：16-20.

第3章 基本测量技术及仪器设备

3.1 温度的测量

温度是确定物系状态的一个基本热力学参量，物系的物理化学特性均与温度相关。为确定体系的温度或经过某一热力学过程体系温度的改变值，在实际工作中，可利用某些物质对温度的敏感，其物理性质又能高度重现的特性做成温度计进行测量，这里介绍化学实验室中常用的几种温度计。

3.1.1 水银温度计

水银温度计是液体温度计中最主要的一类。测量物质是水银，温度的变化表现为水银体积的变化，毛细管中的水银柱将随之上升或下降。由于玻璃的膨胀系数很小，而毛细管又是均匀的，故水银的体积变化可用长度变化来表示，在毛细管上可直接标出温度值来。

水银温度计的优点是构造简单，读数方便，在相当大的温度范围内水银体积随温度的变化接近于线性关系。但因读数受多种因素的影响，在精确测量中应加以校正。

(1) 水银温度计的分类　按刻度方法和量程不同，水银温度计可分为以下几种。

① 常用的刻度以 1℃ 为间隔，量程范围有 0～100℃，0～250℃，0～360℃ 等，或以 0.2℃ 及 0.1℃ 为间隔，量程范围为 0～50℃ 或 0～100℃。

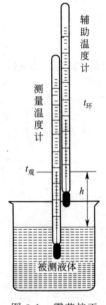

图 3-1　露茎校正

② 由多支温度计配套而成，刻度以 0.1℃ 为间隔，每一支量程为 50℃，交叉组成量程范围为 -10～400℃。

③ 贝克曼温度计的刻度为 0.01℃，量程范围仅为 5～6℃，但其测量上限或下限可根据测量要求随意调节。

④ 高温水银温度计用硬质玻璃或石英玻璃做管壁，其中充以氮或氩，最高可测至 750℃。

(2) 使用注意事项

① 根据测量要求，选择不同量程、不同精度的温度计。超过水银温度计的使用量程，会造成下端玻管破裂，水银污染。

② 全浸式水银温度计在使用时应全部浸入被测体系中，要在达到热平衡后毛细管中水银柱面不再移动时，才能读数。

③ 精密温度计读数前应轻敲水银柱面附近的管壁，可以防止水银沾附造成误差。

④ 按需要对读数进行必要的校正。

(3) 水银温度计的校正　实际使用水银温度计时，为消除系统误差，读数需进行校正，引起误差的主要原因和校正方法如下。

① 零点校正　玻璃属过冷液体，是热力学不稳定体系。随使用时间增加水银温度计下部玻璃球的体积可能会有所改变，所以水银温度计的读数将与真实值不符，因此必须校正零点。校正方法可以把它与标准温度计进行比较，也可以用纯物质的相变点标定。

② 露茎校正　全浸式水银温度计如不能全部浸没在被测体系中，则因露出部分与被测体系温度不同，必然存在读数误差，必须予以校正，这种校正称为露茎校正。

校正方法如图 3-1 所示，校正值按下式计算：

$$\Delta t_{露茎} = K \cdot h(t_{观} - t_{环}) \tag{3.1-1}$$

式中，K 为水银对玻璃的相对膨胀系数，$K = 0.00016$；h 为露出被测体系之外的水银柱长度，称为露茎高度，以温度值表示；$t_{观}$ 为测量温度计上的读数；$t_{环}$ 为环境温度，可用一支辅助温度计读出，其水银球置于测量温度计露茎的中部。

算出的 $\Delta t_{露茎}$（注意正、负值）加在 $t_{观}$ 上即为校正后的数值：

$$t_{真实} = t_{观} + \Delta t_{露茎} \tag{3.1-2}$$

实验室还使用酒精温度计（测温范围为 $-110 \sim 50℃$）、戊烷温度计（测温范围为 $-90 \sim 20℃$），但分度为 $1℃$，只能用在精度要求不高的测量中。

3.1.2　贝克曼温度计

（1）贝克曼温度计的构造及特点　在化学实验中，常常需要对体系的温度变化进行精确的测量，如燃烧焓的测定、凝固

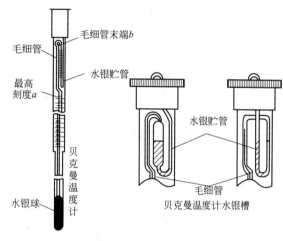

图 3-2　贝克曼温度计

点降低法测定摩尔质量等，均要求温度测量精确到 $0.002℃$。然而普通温度计不能达到此精确度，需用贝克曼温度计进行测量。

贝克曼温度计的构造如图 3-2 所示。它也是水银温度计的一种，但与一般水银温度计不同，它除在毛细管下端有一水银球外，在温度计的上部有一辅助水银贮槽。它的刻度精细，刻度间隔为 $0.01℃$，用放大镜读数可估计到 $0.002℃$，但其量程较短（一般全程只有 $5℃$），因而不能测定温度的绝对值，一般只用于测温差。要测不同范围内（$-20 \sim 200℃$）温度的变化，则需利用上端的水银贮槽来调节下端水银球中的水银量，水银贮槽的形式一般有两种（见图 3-2）。

（2）贝克曼温度计的调节　贝克曼温度计的调节视实验情况而异。若用在凝固点降低法测摩尔质量的实验中，起始时应使它的水银柱位于刻度的上段；若用于沸点升高法测摩尔质量，起始时则应使水银柱停在刻度下段；若用来测定温度的波动，应使水银柱停在刻度的中间部分。常用的调节方法有两种。

① 恒温水浴法　如在 $t = 22℃$ 的室温下测定 KCl 在水中的积分溶解焓。样品溶解前，温度计插入水中，水银柱约在标尺 $r = 3℃$ 左右（KCl 溶解时吸热，体系温度下降）。在调节之前，首先估计从刻度 a 到毛细管上端 b 处一段毛细管长度所相当的温度刻度数值，设为 R 约为 $2℃$。调节时，将贝克曼温度计倒立，水银由于重力作用将沿毛细管向下流动，与贮汞器中的水银在 b 处相接，如图 3-3(a) 所示。然后缓慢正立使水银球向下。此动作应轻，以防水银柱在 b 处重新断开。然后把温度计插入 $t + R + (a - r)$ 即 $22 + 2 +$

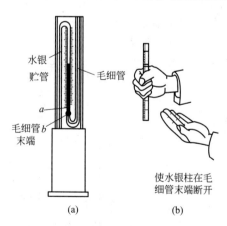

图 3-3　水银柱在毛细管末端断开

$(5 - 3) = 26℃$ 的水中，待水银柱稳定后，取出温度计，右手握住温度计中间部位，温度计垂直向下，以左手掌轻拍右手腕，如图 3-3(b) 所示。注意在操作时应远离实验台，并不可直

接敲打温度计以免损坏温度计。依靠振动的力量使毛细管中的水银与贮槽中的水银在其接口处断开，这时温度计可满足实验要求。若不适合，应重新调整。由于温度计从水中取出后水银体积迅速变化，因此这一操作要求迅速轻快，但不能慌乱，以免造成失误。

② 标尺读数法　实验中使用时也可利用小刻度板标尺进行调节。若仍在上述实验中，首先将贝克曼温度计倒立，使毛细管中水银与贮汞器水银在 b 处连接。若贮汞器中水银面在小刻度板尺上的示数与 26℃ 不符，表明水银球中水银量不合适，应进行调节。若示值超过 26℃，水银球中水银量不足，应缓慢将温度计正立，借水银的重力作用将贮槽中水银拉入下部水银球中（必要时可将水银球浸入较低温度的水中），待贮汞器中水银面正好落在 26℃，振动温度计，使水银柱在 b 处断开。若示值不足 26℃，则水银球中水银过量，应保持温度计倒立，借重力作用使水银球中水银流入贮槽中，当示值为 26℃ 时，迅速正立温度计并使水银柱在 b 处断开。

因小刻度板标尺刻度粗糙，用此法调节误差较大。

调节好的温度计应放入待测体系或温度与待测体系相同的水中，检查水银柱高度是否符合实验要求，如不符合则应重新调节。

（3）使用贝克曼温度计的注意事项

① 贝克曼温度计属于贵重的玻璃仪器，且因毛细管较长易于损坏，所以在使用时必须十分小心，不能随便放置，一般使用时应安装在仪器上，调节时握在手中，不用时应放置到温度计盒里。

② 调节时，注意不可骤冷骤热，以防止温度计破裂。操作时动作不可过大，以免震断毛细管，与实验台要有一定距离，防止触碰实验台损坏温度计。

③ 在调节时，如温度计下部水银球中水银与上部贮槽中的水银始终不能相接时，应停下来，检查一下原因。不可一味地对温度计升温，以免使下部水银过多导入上部贮槽中。

④ 安装时不可夹得太紧，拆卸仪器时应首先取出温度计。

3.1.3　热电偶温度计

（1）原理　将两种金属导线 a、b 构成一闭合回路，连接点的温度不同，就会产生一个电势差，

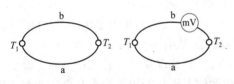

图 3-4　热电偶示意

称为温差电势，如在回路中串接一毫伏表，则可粗略地显示相应温差电势的量值，如图 3-4 所示。这一对金属导线的组合就称为热电偶温度计，简称热电偶。实验表明，温差电势 E 与两个接点的温度差 ΔT 之间存在函数关系：

$$E = f(\Delta T)$$

若其中一个接点的温度恒定不变，如保持在 0℃，称为冷端，则温差电势只与另一个接点的温度有关，即：

$$E = f(T) \tag{3.1-3}$$

（2）特点　热电偶作为测温元件，有如下特点。

① 灵敏度较高　如铜-考铜热电偶的灵敏度可达 $40\mu V/℃$，镍铬-考铜热电偶的灵敏度可达 $70\mu V/℃$。用精密的电位差计测量，通常均可达到 $0\sim1℃$ 的精度。如将热电偶串联起来组成热电堆（见图 3-5），则其温差电势是单个热电偶的加和，灵敏度可达 0.0001℃。

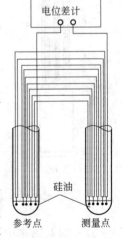

图 3-5　热电堆示意

② 复现性好　热电偶制作后，经过精密的热处理，其温差电势～温度函数关系的复现性很好，由固定点标定后，可长期使用。

③ 量程宽　热电偶与玻璃液体温度计不同，后者是通过体积的变化来显示温度的，因此单支温度计的量程不可能做得很宽。但热电偶仅受其材质适用范围的限制，其精密度由所选用的热电势测量仪器决定。

④ 非电量变换　参量温度在近代科学实验中不仅要求能将它直接显示出来，而且在某些场合下还要求能实现自动记录和进行更为复杂的数据处理，这就是将非电参量变换为电参量，热电偶就是一种比较理想的温度变换器。

（3）热电偶的种类　热电偶的种类繁多，各有其优缺点，表 3-1 列出了几种国产热电偶的主要技术规格。

表 3-1　国产热电偶的主要技术规格

热电偶种类	型号	分度号	使用温度/℃		热电势允许偏差		偶丝直径 d/mm	特点
			长期	短期				
铂铑10-铂	WRP	S	1300	1600	0～600℃	>600℃	0.4～0.5	稳定性、重视性均好,适用于精密测量和作基准热电偶用。价格高,不适于高温还原气氛中使用,低温区热电势太小
					±2.4℃	±0.4%t[①]		
铂铑30-铂铑6	WRR	B	1600	1800	0～600℃	>600℃	0.5	
					±3℃	±0.5%t[①]		
镍铬-镍硅	WRN	K	1000	1300	0～400℃	>600℃	1～2.5	热电势大,线性好,复现性好,价格便宜,易于制作,应用广泛
					±4℃	±0.75%t		
镍铬-考铜	WRE	E	600	800	0～400℃	>600℃	1～2	热电势大,价格便宜,易于制作。重现性欠佳,使用温度较低
					±4℃	±1%t[①]		

① t 为实测温度（℃）。

（4）热电偶的制作　除了商品型的热电偶外，实验室用热电偶和热电堆经常要按实验的要求自行设计、制作。

① 焊接　热电偶的主要制作工艺是将两根材质不同的偶丝焊接在一起。焊接工艺如下：清除两根偶丝端部的氧化层，用尖嘴钳将它们绞合在一起微微加热，立即蘸以少许硼砂，再在热源上加热，使硼砂均匀覆盖绞合头，并熔成小球状，这样可防止下一步高温焊接时偶丝金属的氧化。焊接通常采用空气-煤气、氧-氢焰以及直流或交流电弧。如为铜、考铜偶丝，应用还原焰焊接，如为铂、铂铑偶丝，焊接时应掌握温度和时间，以使绞合头部熔融成滴状为准。如用电弧，因温度极高，绞合头在高温区的留存时间不能太长，一瞬间即成。

实验室常使用的电弧焊线路如图 3-6 所示，将已清洁处理绞合在一起并粘有硼砂珠的热偶丝头夹于电极夹上，调压变压器接通电源，调节输出电压为 25V。为了安全，导线应为中线（验电笔接触时不亮）。线路确证无误后，用胶柄钳夹住电极夹，将热偶丝绞合端迅速碰触石墨电极上部，一闪即离。焊好的接头应熔为圆珠状。焊头上的硼砂珠趁热迅速溶于水中除去。

② 热处理　焊接好的热电偶均存在内应力，这会导致热电偶在使用过程中产生不稳定性温差电势，结果复现性差。一般使用的热电偶应该进行缓慢退火，以清除内应力。

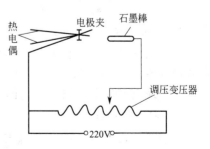

图 3-6　焊接热电偶线路

③ 绝缘及其他保护处理　裸露的铂丝会因彼此碰触而将温差电势短路，因此应穿以绝

缘套管。并在保证绝缘的前提下，尽量选择热惰性小、热容量小的套管。

（5）标定和校正　热电偶的温差电势值 E 与温度值 T 之间关系的标定，一般不是按内插公式进行计算，而是采用实验方法测定列表或以 E-T 曲线形式表示。标定时，参考温度通常采用水的冰点、沸点等某些固定点进行标定。测定时应保证热电偶处于热平衡状态。温差电势可由低电势的电位差计测定，常用的国产型号为 UJ31、UJ26、UJ39、UJ36 等。标定时冷端保持到 0℃。

表 3-1 所列国产商品型热电偶因材质和制作工艺是统一的，所以可统一给出温差电势-温度分度表（参见附表 2-18～附表 2-21），在精度不太高的测量中可直接使用该表而不必校正。由热电偶的热电势毫伏数查相应分度号热电偶的分度表就可得出温度值。若使用时冷端保持在室温下，须将测得的热电势加上 0℃ 到室温的热电势，然后再查分度表，即得所测温度。若由实验已测定该热电偶的 E-T 曲线，使用时保持相同的冷端温度，通常可直接由温差电势毫伏数在曲线的线性范围内查出对应的温度值。

3.1.4　电阻温度计

电阻温度计是根据导体电阻随温度变化的规律来测量温度的温度计。最常用的电阻温度计都采用金属丝绕制成的感温元件，主要有铂电阻温度计和铜电阻温度计，在低温下还有碳、锗和铑铁电阻温度计。精密的铂电阻温度计是目前最精确的温度计，温度覆盖范围约为 13.8033～1234.93K，其误差可低至万分之一摄氏度，它是能复现国际实用温标的基准温度计。我国还用一等和二等标准铂电阻温度计来传递温标，用它作标准来检定水银温度计和其他类型的温度计。金属电阻温度计和半导体电阻温度计，都是根据电阻值随温度的变化这一特性制成的。金属温度计主要有用铂、金、铜、镍等纯金属制成的及铑铁、磷青铜合金制成的；半导体温度计主要用碳、锗等制成。电阻温度计使用方便可靠，已广泛应用。

常用的电阻温度计介绍如下。

① 铂电阻温度计　测量范围 13.8033～1234.93K，精度为 0.001K。如 273K 时电阻为 100Ω 的 Pt-100 是最常用的。

② 铜电阻温度计　测量范围 233～373K，精度为 0.002K 等。

3.1.5　数字温度计

数字温度计是采用温度热敏元件，也就是温度传感器（如铂电阻、热电偶等），将温度的变化转化成电信号的变化，然后电信号通过数模转换成数字信号，再通过显示器显示出来。

例如 SWC-Ⅱc 系列数字温度计的使用方法及操作步骤如下。

① 将传感器探头插入后盖板上的传感器接口中（槽口对准）。

② 将 220V 电源接入后盖板上的电源插座。

③ 将传感器插入被测物中（插入深度应大于 50mm）。

④ 按下电源开关，此时显示屏显示仪表初始状态（实时温度），"℃"表示仪器处于温度测量状态，测量指示灯亮。

⑤ 选择基温：根据实验所需的实际温度选择适当的基温挡，使温差的绝对值尽可能小。

⑥ 温度和温差的测量

a. 要测量温差时，按一下 温度/温差 键，此时显示屏上显示温差数，显示最末位的"·"表示仪器处于温差测量状态。

注意：进行本步操作时，若显示屏上显示为"0.000"，且闪烁跳跃，表明选择的基温挡不合适，导致仪器测量超过量程。此时，应重新选择适当的基温。

b. 按一下 温度/温差 键，则返回温度测量状态。

⑦ 需记录温度和温差的读数时，可按一下 测量/保持 键，使仪器处于保持状态（此时"保持"指示灯亮）。读数完毕，再按一下 测量/保持 键，即可转换到"测量"状态，进行跟踪测量。

附注：温差测量方法

被测量的实际温度为 T，基温为 T_0，则温差 $\Delta T = T - T_0$。

例如：

$T_1 = 18.08℃$，$T_0 = 20℃$，则 $\Delta T_1 = -1.923℃$（仪表显示值）

$T_2 = 21.34℃$，$T_0 = 20℃$，则 $\Delta T_2 = 1.342℃$（仪表显示值）

要得到两个温度的相对变化量 $\Delta T'$，则

$$\Delta T' = \Delta T_2 - \Delta T_1 = (T_2 - T_0) - (T_1 - T_0) = T_2 - T_1$$

由此可以看出，基温 T_0 只是参考值，略有误差对测量结果没有影响。采用基温可以得到分辨率更高的温差，提高显示值的准确度。

如用温差作比较，$\Delta T' = \Delta T_2 - \Delta T_1 = 1.342℃ - (-1.923℃) = 3.265℃$，比用温度作比较 $\Delta T' = T_2 - T_1 = 21.34℃ - (-18.08℃) = 3.26℃$ 准确度高。

3.1.6　低温温度计

低温温度的测量可利用 O_2、N_2 等在低温下蒸气压与温度的关系，通过蒸气压的测量间接换算而得。如为了测定处在接近液氮温度时的蒸气压，使用了一个氧压力计，其结构如图 3-7 所示。

制作步骤如下。

先在 A、B 管中注入适量水银，在 F 端抽真空后封闭之，然后将压力计徐徐向 A 侧倾斜，使一小部分水银流入 D 管，再将压力计复位，这样可以在 E 处获得一个极高的真空区。从 G 端对 B、C 管抽真空，然后充入适量纯氧（或用 $KMnO_4$ 热分解制得），使在室温下管内氧气的压力达到 107kPa 左右，测量时，将 C 管连同小球浸于被测介质中，此时管内氧气凝成液态氧，空间被饱和的氧蒸气所充满。A、B 管中水银柱高度差，即为该温度下氧的饱和蒸气压，查蒸气压-温度数据可确定体系温度。

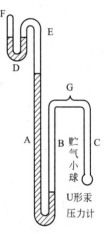

图 3-7　氧蒸气压温度计

3.2　温度的控制

温度的控制一般指将温度控制在指定的温度下。若温度控制在常温范围内，通常使用恒温槽。许多实验中所得数据，如黏度、表面张力、电导、化学反应速率常数等都与温度有关，所以许多物理化学实验必须在恒温下进行。通常用恒温槽来控制温度恒定，恒温槽依靠恒温控制器来控制恒温槽的热平衡。当恒温槽因对外散热而使水温降低时，恒温控制器就使浴槽内的加热器工作，待加热到所需的温度时，又使加热器停止工作，这样就使槽温保持恒定。恒温槽装置一般如图 3-8 所示。

恒温槽一般由浴槽、加热器、搅拌器、温度计、感温元件、恒温控制器等部分组成，现分别介绍如下。

（1）浴槽　通常采用玻璃以利于观察，浴槽内的液体一般采用蒸馏水。恒温超过 100℃

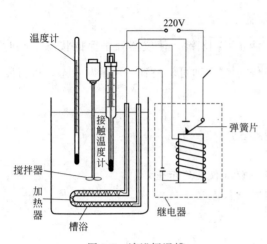

图 3-8 液浴恒温槽

时可采用液体石蜡或甘油等。

（2）加热器　常用的是电热器。根据恒温槽的容量、恒温温度以及与环境的温差大小来选择电热器的功率。为了提高恒温的效率和精度，有时可采用两套加热器，开始时，用功率较大的加热器加热，当温度达恒定时再用功率较小的加热器来维持恒温。

（3）搅拌器　一般采用电动搅拌器，用变速器来调节搅拌速度。

（4）温度计　常用 0.1℃温度计作为观察温度用，为了测定恒温槽的灵敏度，可用 0.01℃温度计或贝克曼温度计，所用温度计在使用前需进行标定。

（5）感温元件　它是恒温槽的感觉中枢，是提高恒温槽精度的关键所在。感温元件的种类很多，如水银接触温度计、热敏电阻感温元件等。

① 水银接触温度计　又称为水银导电表，它相当于一个自动开关，用于控制浴槽所要求的温度，控制精度一般在 ±0.1℃。其构造如图 3-9 所示。

它的下半部与普通水银温度计相仿，但有一根铂丝（下铂丝）与毛细管中的水银相接触；上半部毛细管中也有一根铂丝（上铂丝），借助顶部磁钢旋转可控制其高低位置。定温指示杆配合上部温度刻度板，用于粗略调节所要求控制的温度值。当浴槽内温度低于指定温度时，上铂丝与汞柱（下铂丝）不接触，参见图 3-9，继电器中线圈无电流通过，弹簧片弹开，加热器回路导通，加热。当浴槽内温度上升并达到所指示的温度时，上铂丝与水银柱接触，并使两根铂丝导通，继电器线圈中有电流流过并吸住弹簧片，加热器断开，停止加热。

② 热敏电阻感温元件　热敏电阻感温元件是由热敏电阻制成的，其构成如图 3-10 所示。

热敏电阻是以 Fe、Ni、Mn、Mo、Mg、Ti、Cu、Co 等金属氧化物为原料烧结成球状，并用玻璃封结。由两根细金属丝作引出线与控温仪相接。在玻璃管外再套以金属管起保护作用。热敏电阻感温元件的特点是：电阻温度系数大、灵敏度高；其次是热惰性小，感温时间短，反应迅速，体积小，使用方便，能进行遥控遥测，在使用和保管中应防止与较硬件接触，以免损坏。

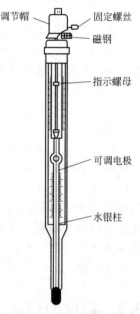

图 3-9　水银接触温度计

（6）恒温控制器　通常使用的是晶体管继电器。

实验常用晶体管继电器作为控温器，典型的晶体管继电器电路如图 3-11 所示。它是利用晶体管工作在截止区以及饱和区所呈现的开关特性制成的。

其工作过程是：当水银接触温度计 Tr 断开时，Ec 通过 Rk 给锗三极管 BG 的基极注入正的电流使 BG 饱和导通，继电器 J 的触点 K 闭合，接通加热器电源。当被控对象的温度升至设定温度时，Tr 接通，BG 的基极和发射极被短路，使 BG 截止，触点 K 断开，加热停止。当 J 线圈中的电流突然变小时，会感生出一个较高的反电动势，二极管 D 的作用是将它短路，避免晶体管被击穿。晶体管继电器由于不能在较高的温度下工作，因此不能用于烘箱等高温场合。

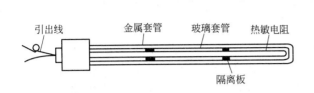

图 3-10 热敏电阻感温元件

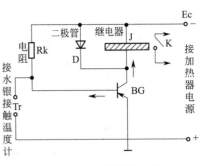

图 3-11 晶体管继电器

（7）恒温槽灵敏度及测量 由于这种温度控制装置属于"通"、"断"类型，当加热器接通后传热物质温度上升并传递给接触温度计，使它的水银柱上升。因为传质、传热都需要一个过程，因此出现温度传递的滞后。即当接触温度计的水银柱触及铂丝时，实际上加热器附近的水温已超过了指定温度，因此，恒温槽温度就会高于指定温度。同理，降温时也会出现滞后现象。因此，恒温槽控制的温度有一个波动范围，并且恒温槽内各处的温度也会因搅拌效果的优劣而不同。控制温度的波动范围越小，各处的温度越均匀，恒温槽灵敏度越高。灵敏度是衡量恒温好坏的主要标志。它除与感温元件、电子继电器有关外，还与搅拌器的效率、加热器的功率等因素有关。

恒温槽灵敏度的测定是在指定温度下观察温度波动的情况。用较灵敏的温度计，如贝克曼温度计，记录温度随时间的变化，最高温度为 t_1，最低温度为 t_2，恒温槽的灵敏度 t_E 为

$$t_E = \pm \frac{t_1 - t_2}{2} \qquad (3.2\text{-}1)$$

灵敏度常常以温度为纵坐标、时间为横坐标，绘制成温度-时间曲线来表示，如图 3-12 所示。

为了提高恒温槽的灵敏度，在设计恒温槽时要注意以下几点。

恒温槽的热容量要大些，传热物质的热容量越大越好，尽可能提高电热器与接触温度计间传热的速度，为此要使感温元件的热容尽可能小，感温元件与加热器间距离要短一些，搅拌器效率要高。作调节温度用的加热器的功率要小些。

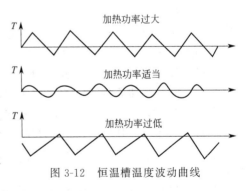

图 3-12 恒温槽温度波动曲线

3.2.1 超级恒温槽

超级恒温槽是针对于普通恒温槽的控温精度较低而发展起来的。它只能加热，不能制冷，因而只可提供室温以上的精确控温，一般最高温度在 300℃ 以下。由于最高温度的不同，称为水槽、油槽。为保证工作区内介质的温度稳定和均匀，选用侧向搅拌的槽体结构方案，下面按工作介质在槽中的流动过程来说明恒温槽工作原理。在搅拌推动下，工作介质在混合区内自上而下流动，先经盘管蒸发器和加热器进行热交换，使流动介质达到某一合适温度后，由搅拌器进行强烈搅动，使温度不甚均匀的介质充分混合，进而推动介质从底部流出，再导流向上进入工作区，并使介质具有一定的流速。在流经工作区的过程中，要求介质尽量减少与外界的热交换，这样才能保证工作区介质温度均匀，并为高质量温度控制创造良

好的条件，此后，介质再流进混合区，依次作重复的循环流动。温控系统的感温元件置于流体之中，用于测量温度信号，控温系统根据感温元件所测得的温度变化，调节输出脉冲信号，最后驱动双向可控硅推动加热器加热，实现控制槽温在设定温度下工作，如图 3-13 所示。超级恒温槽的特点如下。

3.2.2 高温的控制

物理化学实验中常使用电阻管式电炉（可直接购买或自制）达到如多相催化反应所要求的高温。加热元件为镍铬丝。配用 XCT-131 型或其他型号温度控制器实现温度自动控制。XCT-131 型温度控制器价格便宜，调节简单，能满足通常物理化学实验精度要求，应用普遍。这里对其控温原理作简单介绍。仪器原理如

图 3-13 超级恒温槽

图 3-14 所示。

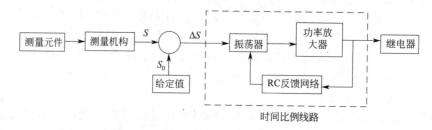

图 3-14 XTC-131 型控温仪原理示意

控温仪需与热电偶或其他辐射感温元件配合使用。仪表由两部分组成：测量机构和控制部分。测量机构是一个磁电式的表头，可动线圈处于永久磁钢形成的空间磁场中。热电偶或辐射感温元件产生的毫伏信号使可动线圈中流过一电流，此截流线圈受磁场力作用而转动。动圈的支承是张丝，张丝扭转产生的反力矩与动圈的转动力矩相平衡，此时动圈的位置和毫伏信号的大小相对应，于是指针在画板上指示出温度数值。

控制部分由偏差检测机构和时间比例控制电路组成。由附在动圈指针上的小铝旗和固定在给定温度指针上的线圈的相对位置变化给出偏差。偏差信号经过时间比例线路控制继电器触点闭合或断开时间的长短以控制加热器工作时间的长短，从而控制炉温。

首先调节定温指针到预定温度位置上。若炉温未达到预定温度值，振荡器处于较强的振荡状态，功率放大器将输出一较大的电流流经继电器线圈，继电器闭合，加热器工作。随偏

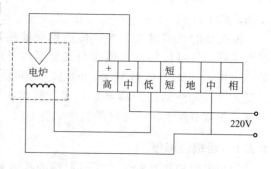

图 3-15 XCT-131 型控温仪接线方法

差信号减少，RC 反馈网络作用，使继电器按一定时间比例闭、开动作，加热器工作时间间断，使加热趋于缓慢。当炉温达到给定值时，继电器控制加热器工作时间使炉温恒定在给定值上。若炉温超过给定值，则控制加热器工作时间短，不加热时间增长，炉温可下降回到给定值上。XCT-131 型控温仪接线方法如图 3-15 所示。当继电器闭合时，中低接通，电加热丝工作。为提高控温精度，可在加热器回路上接一调压变压器。当炉温达预定值后，适当减少加热电压，可使炉温波动在 ±1℃ 范围内。

3.2.3 程序控温仪

在物理化学实验和研究工作中，常需对被测系统的温度进行精密控制。恒温和程序升温是使用最多的两种控制方式。在控温的调节规律上要求能实现比例-积分-微分控制，简称PID控制。它能在整段过渡过程时间内，按照偏差信号的变化规律，自动地调节通过加热器的电流，故又称"自动调流"。当偏差信号很大时，加热电流也很大；当偏差信号逐渐减小时，加热电流会按比例作相应的降低，这就是所谓的比例调节规律。但设被控对象体系温度至设定值时，偏差为零，加热电流也将降为零，就不能够补偿体系向环境的热消耗。因此单进行比例调节不能保持体系在设定值时的平衡，体系温度必然降低，也即产生偏差。在比例调节的基础上运用积分的调节规律，可减少或消除偏差。当过渡过程时间将近结束时，尽管偏差信号极小，但因在其前期有偏差信号的积累，故仍会产生一个足够大的加热电流，使体系温度较快地回升到设定值，并继续维持一定的加热电流，保持体系与环境之间的热平衡。如在比例-积分调节的基础上再加上微分调节规律，那么，在过渡过程时间的一开始，就能输出一个较单比例调节大得多的加热电流，使体系温度迅速回升，缩短过程时间。但这种加热电流具有按微分指数曲线降低的规律，随着时间的增长，加热电流会逐渐降低，控制过程随即从微分调节规律过渡到比例-积分调节规律。加上微分调节规律后，能有效控制大的体系，能对付突发性的干扰。

因此，PID调节器能按比例-积分-微分调节规律自动调节加热电流，而电流调节是通过一个可控硅电路来实现的。下面介绍 XMT-2000 智能型数字温度控制器的使用。

（1）XMT-2000 智能型数字温度控制面板布置说明（图 3-16）

1——pv 显示器（红） 显示测量值，根据仪表状态显示各类提示符。

2——给定值（SV 显示器）（绿） 显示给定值，根据仪表状态显示各类参数。

3——指示灯 自整定指示灯（AT）（绿），工作输出时闪烁。控制输出灯（OUT）（绿），工作输出时亮。报警灯（ALM）（红），工作输出时亮。

4——功能键 参数的调出，参数的修改确认。

5——移位键（＜AT 键） 用于调整数字及自整定。

6,7——数字调整键 用于调整数字。

（2）使用方法

① 仪表安装之前应核对仪表型号规格是否与您所需的型号规格一致。

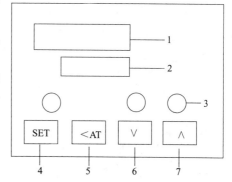

图 3-16 XMT-2000 智能型数字温度
控制的面板布置
1—显示器；2—给定值；3—指示灯；
4—功能键；5—移位键；6,7—数字调整键

② 严格按表壳上的端子接线图进行接线，在通电前应仔细检查。

③ 通电后看显示器显示的型号、分度号、量程是否符合要求。

④ 新机安装后，首次升温调试时，应先进行自整定，为了使自整定效果更好些，应在设备实际工况负荷下进行自整定控制。

⑤ 如果在运行过程中显示器出现"HHHH"、"LLLL"或"Err"等信息，表明传感器（热电阻、热电偶）有可能存在开路、短路、接触不良或反接等情况，应及时检查纠正。

（3）操作

① 通电显示 通电后所有显示器及指示灯亮，接着显示型号和分度号，然后显示量程

上、下限，前三个状态显示各约 1s 之后进入常规的测量值/设定值显示并控制运行。

注：仪表输入分度号代码：E-E 型热电偶，K-K 型热电偶，EA-EA2 型热电阻，S-S 热电阻；Cu-Cu50 热电阻；Pt-Pt100 热电阻。

② 设定温度值　按"SET"键，仪器进入设定状态，按"◀/AT"可选定要修改的位数，并使之闪烁，按"▲/▼"键，进行设定值的修改，设定值修改完毕后按"SET"键确认并退出设定值设定状态。

负温度值设定办法：先设定好温度值，然后按"◀/AT"键选定最高位，按"▼"键使该数减至"0"，继续按便出现"—"号。

③ P1D 参数自整定　冷机通电后，首先设定温度（应设定实际需要值），然后按"◀/AT"键大于 10s，按"AT"键指示灯闪烁表示仪表进入自整定过程，系统经过两个振荡周期后，自整定结束，"AT"键指示灯灭，这时仪表就得到一组优化的控制参数并长期保存。

注意：a. 系统工况改变较大时，应重新进行一次自整定，以适应新的系统参数。

b. 自整定期间若遇停电就会退出自整定状态，原有 PID 参数不变。

第一步：同时按"SET"＋"▲"键≥4s 进入参数设定状态。

第二步：按"SET"键按顺序显示各个参数。如要修改所显示的参数，则按"◀/AT"键选定要修改的位数，并使之闪烁，按"▲"、"▼"键可改变闪烁位。修改完毕后按"SET"键确认并保存。

第三步：按"SET"键退出参数设定。

各参数的显示及含义如下。

a. db 切换差。

b. Ub　Ub 时间比例再设定（0～90％）。

c. P　P 比例带，所谓 PID 控制，就是按设定与测量的温度偏差的比例、偏差的累积和偏差变化的趋势进行控制。PID 三参数的合适整定，对系统的控制品质至关重要，对控制规律不太熟悉者，可采用自整定方式，由仪表自动完成对系统的 PID 参数整定。

d. Tl 积分时间。

e. Td　Td 微分时间。

f. t　t 控制周期。

g. Ctr　Ctr 控制模式：例如 Ctr＝0，常规控制。

h. SA　SA 设定值限幅。设定值≤SA（SA 为设定值限幅的最大值）。

i. AH/AL　AH：上限报警值；AL 下限报警值。AH、AL 是具有报警功能的仪表的功能选项，不带报警功能的仪表则无此项。

j. SC　SC 为传感器修正。修正传感器误差，修正范围为 0～±12.7℃。

k. LCK　LCK 软件锁。LCK 取 1234，参数可改，取其他值则参数不可修改。

3.3　大气压计

压力的定义和常规表示如下。

（1）定义　压力即物理中的压强，具有压强的量纲。

① 帕斯卡（帕）：Pa；$1Pa=1N\cdot m^{-2}=10^5 dyn\cdot cm^{-2}$。

② 标准大气压：atm；$1atm=101.325kPa$。

③ 毫米汞柱（托）：mmHg（Torr）；$1mmHg=1Torr=1.333\times10^2 Pa$。

④ 巴：bar（B）$1B=10^5Pa$；$1mB=0.1kPa$。

⑤ 毫米水柱：$1mmH_2O=9.806Pa$（4℃）。

（2）习惯表示

① 绝对压力：p（实际压力，总压力）。

② 相对压力：$p_{相对}=p-p_0$（与大气压力 p_0 相比较的压力）。

③ 正压力：$p>p_0$。

④ 负压力：$p<p_0$（又称真空，其绝对值称为真空度）。

⑤ 压力差：p_1-p_2（任意压力 p_1 和 p_2 比较的差值）。

3.3.1　气体压力的测定

压力是描述体系状态的一个重要参数，物质的许多性质如熔点、沸点、气体体积等都与压力有关。在化学热力学和动力学研究中，压力是一个重要因素，其测量具有重要的意义。常用的压力测量仪器有液柱式压力计和气压计。

（1）液柱式压力计　液柱式压力计构造简单，使用方便，测量准确度高，但是其测量范围不大，示差与工作液密度有关。实验室常用的液柱式压力计是 U 形压力计，它采用静力学原理测定体系压力。

常见的有如图 3-17 所示的几种形式。

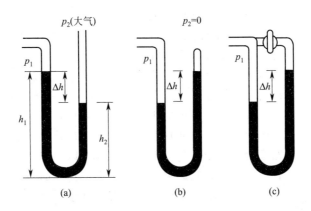

图 3-17　几种不同的 U 形压力计

U 形压力计内装入工作液，U 形管两端液面上端压力不同，分别为 p_1、p_2，由于压力差的存在，使得右管内液柱与左管内液柱产生一个高度差 Δh。

$$p_1=p_2+\rho g(h_2-h_1)=p_2+\rho g\Delta h \qquad (3.3\text{-}1)$$

测量出 Δh，即可求出体系压力 p_1。

如图 3-17（a）所示，当 U 形压力计右侧通大气时，$\Delta h=h_2-h_1<0$，体系的压力小于大气压，通常用于测定十几千帕到常压的压力范围；若如图 3-17（b）和图 3-17（c）所示，控制 $p_2=0$ 或接近零时，可由 Δh 求出 p_1（即为绝对压力），通常用于测定真空体系低于几十帕的压力值。

作为压力计的工作液，一般应符合下述要求：不与被测体系的物质发生化学作用，不互溶，饱和蒸气压低，体积膨胀系数较小，表面张力变化不大。常用工作液及其性质列于表 3-2 中。

表 3-2　常用工作液及其性质

物　质	$\rho_{20℃}/(g\cdot cm^{-3})$	20℃时的体积膨胀系数 $\alpha/℃^{-1}$	物　质	$\rho_{20℃}/(g\cdot cm^{-3})$	20℃时的体积膨胀系数 $\alpha/℃^{-1}$
汞	13.547	0.00018	四氯化碳	1.594	0.00191
水	0.998	0.00021	甲苯	0.864	0.0011
变压器油	0.86		煤油	0.8	0.00095
乙醇	0.79	0.0011	甘油	1.257	
溴乙烷	2.147	0.00022			

（2）U形压力计的校正　液柱高度表示法常是以 0℃ 为标准的，在室温时，工作液的密度有所变化，而刻度标尺的长度也会略有改变，所以必须对膨胀系数加以校正，使不同条件下测得的压力读数处于同样基准下进行比较。

校正公式为：

$$\Delta h_0 = \Delta h_t \left[1 - \frac{(\alpha-\beta)}{1+\alpha t} t \right] \xrightarrow{\alpha \gg \beta} \Delta h_t \frac{1}{1+\alpha t} \tag{3.3-2}$$

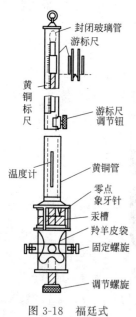

图 3-18　福廷式气压计结构

式中，Δh_0 为校正后的压力；Δh_t 为 t℃时测得压力；α 为工作液膨胀系数；β 为刻度标尺膨胀系数；t 为测量的温度。

3.3.2　大气压力计

（1）气压计的结构

测定大气压的仪器称为气压计。气压计的种类很多，实验室最常用的有福廷（Fortin）式气压计和固定槽式气压计，福廷（Fortin）式气压计结构示意如图3-18所示。福廷式气压计是一种真空汞压力计，以汞柱来平衡大气压力，然后以汞柱的高度 h 经换算后得出气压值［近年出厂的气压计，标尺刻度已直接以千帕（kPa）计］。

福廷式气压计的主要结构是一根长 90cm、一端封闭的玻璃管，管中盛有汞，倒插在下部汞槽内，玻管中汞面的上部是真空。汞槽底部为一羚羊皮袋，附有一螺旋可以调节其中汞面的高度。另外还有一象牙针，它的尖端是黄铜标尺刻度的零点，此黄铜标尺上附有一游标尺，利用游标读数精密度可达 10Pa。使用时，轻转皮袋下的螺旋，使槽内水银面恰好跟象牙针尖接触（即与刻度尺的零点在同一水平线上），然后由管上刻度尺读出水银柱的高度。此高度示数即为当时当地大气压的大小。另外还有不需调准象牙针的观测站用气压计，可测低气压山岳用的气压计，以及对船的摇动不敏感的航海用气压计。

（2）气压计的操作步骤

① 铅直调节　气压计必须垂直放置，若在铅直方向偏差 1°，当压力为 101.325kPa 时，则大气压的测量误差大约为 15Pa。可拧松气压计底部圆环上的三个螺旋，令气压计铅直悬挂，再旋紧这三个螺旋，使其固定即可。

② 调节汞槽内的汞面高度　慢慢旋转调节螺旋，升高汞槽内的汞面，利用汞槽后面的白瓷板观察，直到汞面恰好与象牙针尖相接触，然后轻轻扣动铜管使玻管上部汞的弯曲面正常，这时象牙针与汞面的接触应没有变动。

③ 调节游标尺　转动游标尺调节钮，使游标尺的下沿边高于汞柱面，然后慢慢下降，直到游标尺的下缘边及后窗活盖的缘边与管中汞柱的凸面相切，这时观察者的眼睛和标尺前后的两个下沿边应在同一水平面。

④ 读取汞柱高度 游标尺的零线在黄铜标尺上所指的刻度，为大气压力的整数部分（kPa），再从游标尺上找出一根恰与黄铜标尺上某一刻度吻合最好的刻度线，此游标刻度线上的数值即 kPa 后的小数部分。读数完毕，向下转动螺旋使汞面离开象牙针，同时记下气压计上附属温度计的温度，并从所附卡片记下该气压计的仪器误差。

（3）气压计的读数校正

当气压计的汞柱与大气压力平衡时，则

$$p_{大气} = g\rho h \tag{3.3-3}$$

但汞的密度 ρ 与温度有关，重力加速度 g 随地点不同而异。因此以汞柱高度 h 来计算大气压时，规定其温度为 273.15K，重力加速度 $g = 9.80665 \mathrm{m \cdot s^{-2}}$，即以海平面，纬度为 45°时的汞柱为标准，此时汞的密度 ρ 为 13595.1 $\mathrm{kg \cdot m^{-3}}$。所以不符合上述规定所读得的汞柱高度，除了要进行仪器误差校正外，在精密的工作中还必须进行温度、纬度和海拔高度的校正。

① 仪器误差的校正 气压计出厂时都包含附有仪器误差的校正卡，所以各次观察值首先应按列在校正卡上的值进行校正。

② 温度校正 室温时由于汞的密度变化，刻度黄铜标尺的长度也略有改变，所以必须对汞的体膨胀系数及标尺的线膨胀系数进行温度校正。设 $t℃$ 时汞柱高观察值为 h_t，α 为汞的体膨胀系数，β 为黄铜标尺的线膨胀系数，经温度校正后的汞柱高为 h_0，关系式为

$$h_0 = h_t \left[1 - \frac{(\alpha - \beta)t}{1 + \alpha t} \right]$$

温度校正值

$$\Delta h(T) = h_t - h_0 = \frac{(\alpha - \beta)t \cdot h_1}{1 + \alpha t}$$

代入 $\qquad \alpha = 0.1819 \times 10^{-3} \ (℃^{-1})，\beta = 18.4 \times 10^{-6} \ (℃^{-1})$

得 $\qquad\qquad\qquad \Delta h(T) \approx 0.000163 \cdot t \cdot h_t \tag{3.3-4}$

实际使用时已将 $\Delta h(T)$ 列表（见表 3-3），由 h_t 及 $t℃$ 值可以进行内插。

以上计算所得校正值以 mmHg 表示。若从气压计读取压力值以 mmHg 表示时，以观察值减去校正值即得 0℃时的汞柱高度。

③ 纬度和海拔高度的校正 重力加速度 g 随海拔高 H(m) 和纬度 L 不同而异。当气压计汞柱高读数已作温度校正后。可由下式计算纬度校正值

$$\Delta h(L) = 2.6 \times 10^{-3} \times \cos(2L) \times h_0 \tag{3.3-5}$$

海拔高度校正值

$$\Delta h(H) = 3.14 \times 10^{-7} \times H \times h_0 \tag{3.3-6}$$

h_0 减去 $\Delta h(L)$ 和 $\Delta h(H)$，即得经温度、纬度和海拔高度校正后的以 mmHg 表示的汞柱高 h_s，代入式(3.3-3) 即可求出大气压（Pa 或 kPa）。

第③项校正值通常较小，当纬度偏离 45°不远、海拔不太高时可忽略。

校正举例：若在成都市测量大气压，成都的纬度 L 近似为 31°，海拔高 H 为 500m，室温 25℃，气压计读数 $h_t = 719.9$ （mmHg），仪器误差为 -0.24 mmHg，计算校正后的正确气压值。

解：第一项校正：719.9 - 0.24 = 719.66 （mmHg）

第二项校正：由表 3-3 查得 Δh_t 为 2.93mmHg，经温度校正后得
$$h_0 = 716.73 \ (\text{mmHg})$$

第三项校正：由式(3.3-5)计算得 $\Delta h(L) = 0.88$mmHg，由式(3.3-6)算得 $\Delta h(H) = 0.11$mmHg，校正后汞柱高为
$$h_s = 719.66 - 2.93 - 0.88 - 0.11 = 715.74 \ (\text{mmHg})$$

最后求得大气压为 $133.33 \times 715.74 = 95427$（Pa）

表 3-3　气压计读数的温度校正值 $\Delta h(t)$ $\left[h_0 = h_t - \Delta h(t) \right]$

温度/℃	观察值 h_t/mmHg					
	710	720	730	740	750	760
4	0.46	0.47	0.48	0.48	0.49	0.50
6	0.70	0.71	0.71	0.72	0.73	0.74
8	0.93	0.94	0.95	0.79	0.98	0.99
10	1.16	1.17	1.19	1.21	1.22	1.24
11	1.28	1.27	1.31	1.33	1.35	1.36
12	1.39	1.41	1.43	1.45	1.47	1.49
13	1.51	1.53	1.55	1.55	1.59	1.61
14	1.62	1.64	1.67	1.69	1.71	1.73
15	1.74	1.76	1.73	1.81	1.83	1.86
16	1.85	1.88	1.90	1.98	1.96	1.98
17	1.97	2.00	2.02	2.05	2.08	2.11
18	2.08	2.11	2.14	2.17	2.20	2.23
19	2.20	2.23	2.26	2.29	2.32	2.35
20	2.31	2.35	2.38	2.41	2.44	2.48
21	2.43	2.46	2.50	2.53	2.56	2.60
22	2.54	2.58	2.62	2.65	2.69	2.72
23	2.66	2.70	2.73	2.77	2.81	2.84
24	2.77	2.81	2.85	2.89	2.93	2.97
25	2.89	2.93	2.97	3.01	3.05	3.09
26	3.00	3.05	3.09	3.13	3.17	3.21
27	3.12	3.16	3.21	3.25	3.29	3.34
28	3.23	3.28	3.32	3.37	3.41	3.46
29	3.35	3.39	3.44	3.49	3.54	3.58
30	3.46	3.51	3.56	3.61	3.66	3.70
31	3.57	3.62	3.67	3.72	3.77	3.82
32	3.70	3.76	3.81	3.85	3.90	3.95
33	3.82	3.87	3.93	3.97	4.02	4.07
34	3.92	3.99	4.05	4.09	4.14	4.20
35	4.05	4.11	4.16	4.21	4.26	4.32

3.3.3　数字压力计

实验室经常用 U 形管汞压力计测量从真空到外界大气压这一区间的压力。虽然这种方法原理简单、形象直观，但由于汞的毒害以及不便于远距离观察和自动记录，因此这种压力计逐渐被数字式电子压力计所取代。数字式电子压力计具有体积小、精确度高、操作简单、便于远距离观测和能够实现自动记录等优点，目前已得到广泛的应用。用于测量负压（0～

100kPa）的 DP-A 精密数字压力计即属于这种压力计。

（1）工作原理

数字式电子压力计是由压力传感器、测量电路和电性指示器三部分组成的，如图 3-19 所示。

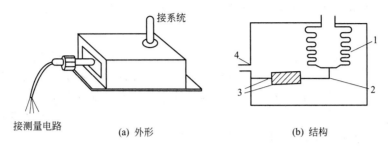

图 3-19　压力传感器外形与内部结构

1—波纹管；2—应变梁；3—应变片（两侧前后共四块）；4—导线引出

压力传感器主要由波纹管、应变梁和半导体应变片组成。如图 3-19 所示，弹性应变梁 2 的一端固定，另一端和连接系统的波纹管 1 相连，称为自由端。当系统压力通过波纹管 1 底部作用在自由端时，应变梁 2 便发生挠曲，使其两侧的上下四块半导体应变片 3 因机械变形而引起电阻值变化。

这四块半导体应变片组成如图 3-20 所示的电桥线路。当压力计接通电源后，在电桥线路 AB 端输入适当电压后，首先调节零点电位器 R_x 使电桥平衡，这时传感器内压力与外压相等，压力差为零。当连通负压系统后，负压经波纹管产生一个应力，使应变梁发生形变，半导体应变片的电阻值发生变化，电桥失去平衡，从 CD 端输出一个与压力差相关的电压信号，可用数字电压得到输出信号与压力差之间的比例关系为 $\Delta p = KV$，式中，K 为常数，V 为电压。此压力差通过电性指示器记录或显示。

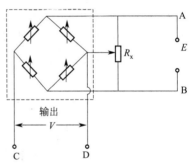

图 3-20　压力传感器电桥线路

（2）使用方法

① 接通电源，按下电源开关，预热五分钟即可正常工作。

②"单位"键：当接通电源，初始状态为"kPa"指示灯亮，显示以 kPa 为计量单位的零压力值；按一下"单位"键，"mmHg"指示灯亮，则显示以 mmHg 为计量单位的零压力值。通常情况下选择 kPa 为压力单位。

③ 当系统与外界处于等压状态下时，按一下"采零"键，使仪表自动扣除传感器零压力值（零点漂移），显示为"00.00"，此数值表示此时系统和外界的压力差为零。当系统内压力降低时，则显示负压力数值，将外界压力加上该负压力数值即为系统内的实际压力。

④ 本仪器采用 CPU 进行非线性补偿，但电网干扰脉冲可能会出现程序错误造成死机，此时应按下"复位"键，程序从头开始。注意：一般情况下，不会出现此错误，故平时不需按此键。

⑤ 实验结束后，将被测系统泄压为"00.00"，电源开关置于关闭位置。

3.4　真空技术

系统压力低于大气压常称为真空，压力为 $10^5 \sim 10^3 \, \text{Pa}$ 为粗真空，$10^3 \sim 10^{-1} \, \text{Pa}$ 为低真空，$10^{-1} \sim 10^{-6} \, \text{Pa}$ 为高真空，压力更低则为超高真空。实际工作中常需对纯净的气相或清洁的固体表面进行研究，必须采用真空技术才能实现。化学实验中常使用机械泵、油扩散泵获取真空，由 U 形压力计、热偶规和电离规测量系统压力。对于真空体系，除用绝对压力表示体系压力大小外，也常用真空度来表示，真空度＝大气压－绝对压。体系压力越低，真空度越高。习惯上真空体系的压力还用毛（Torr）表示，1 毛≈1mmHg。

3.4.1 设备

（1）水流泵

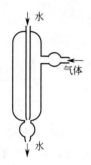

图 3-21 水流泵

水流泵外观如图 3-21 所示，水流泵应用的是伯努利原理，水经过收缩的喷口以高速喷出，其周围区域的压力较低，由系统中进入的气体分子便被高速喷出的水流带走。水流泵所能达到的极限真空度受水本身的蒸气压限制。用它一般可获得粗真空（760～10Torr）。尽管其效率低，但由于简便，实验室在抽滤或其他粗真空度要求时却经常使用。

（2）机械泵　常用的机械泵为油封旋片式机械泵，极限真空为 10^{-1}Pa，内部结构及工作原理如图 3-22 所示。

图 3-22 中钢制的圆筒形锭子里有一个钢制的实心圆柱偏心转子，转子直径上嵌有带弹簧的旋片。当电机带动转子转动时，旋片在圆筒形的腔体中连续运转，使泵腔隔成两个区域，其容积周期性地扩大和缩小。将待抽空容器经管道与泵进气口连接，在过程（a）中，A 空间增加，气体从进气口吸入，在过程（b）、（c）中，A 腔中气体压缩后从排气口排除。转子不断旋转，以上过程不断重复，系统压力则不断降低。整个机件浸入盛油的箱中。油蒸气压很低，同时起润滑、密封和冷却作用。

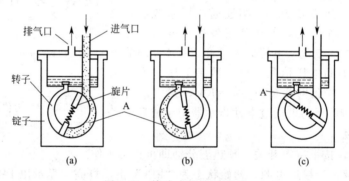

图 3-22　旋片式机械泵原理

使用机械泵应注意：

① 机械泵不可直接抽可凝性蒸汽，如水蒸气、挥发性液体等。为防止这些气体进入泵内，应在泵进气口前接净化器，用 $CaCl_2$ 或 P_2O_5 吸收水汽，用石蜡油吸收有机蒸气，用活性炭或硅胶吸收其他蒸气。

② 机械泵不能用来抽腐蚀性的气体，如 HCl、Cl_2 和 NO_2 等，这些气体将很快腐蚀泵中的精密机件，使之不能正常工作。这时应使气体首先经过固体苛性钠吸收器除去有害物质。

③ 机械泵由电机带动，使用时应使电源电压与电机电源要求相匹配。如为三相电机应注意相线接法，勿使电机倒转致使泵油喷出。

④ 停止机械泵运转前应使泵体先通大气后再切断电源，以防泵油返压进入系统。为此可在进气口处接一个三通活塞，停机前使三通考克处于这样的位置：既保持系统处于真空，又可使泵体通大气。

（3）油扩散泵 为了得到小于 10^{-1} Pa 的真空，应使用由机械泵和油扩散泵组成的真空机组。扩散泵将系统中的气体富集起来，再由机械泵把气体抽除。油扩散泵的工作原理如图 3-23 所示。

扩散泵油具有低蒸气压、沸点高的有机硅油作为泵的工作物质。受热沸腾产生的油蒸气沿中央管道上升，受阻后在喷口处高速喷出，喷口附近形成低压区。被抽空系统中气体扩散到喷口处，在扩散泵下部富集后由前级机械泵抽走。硅油蒸气则冷凝为液体回流到底部循环使用。

使用油扩散泵应注意以下问题。

为使扩散泵油保持良好性能（高的摩尔质量，低蒸气压等），应尽量避免油氧化。为此应先启动机械泵，将系统抽至 $3 \sim 5$ Pa 以下的低真空后才能加热扩散泵油。扩散泵工作期间应保持冷却水畅通。在扩散泵停止加热后，应等油冷却至室温后才能关闭机械泵和冷却水。为防止泵油过热氧化，应控制适当的加热速度和温度，并保持适当的冷却水流量以防止油蒸气进入被抽入系统造成污染。

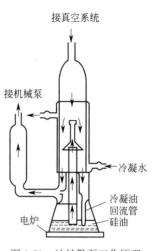

图 3-23 油扩散泵工作原理

若要获得更高的真空，可采用分子泵或吸附泵，其原理可参阅有关资料。

3.4.2 真空的测量

测定低压下气体压力的量具为真空规。能由所测物理量直接算出气压大小的是绝对真空规，否则为相对真空规。相对真空规测得的量只有经绝对真空规校准后才能指示相应的气压值。常用的绝对真空规有 U 形管压力计、麦氏真空规等，相对真空规为热偶规和电离规。

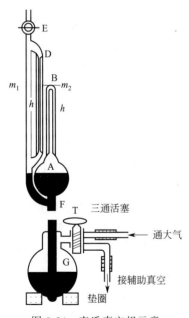

图 3-24 麦氏真空规示意

（1）U 形管压力计 U 形管压力计原理已讨论过。采用密度较小的工作液可提高 Δh 读数的精度。采用汞为工作液时，可测量 $10^2 \sim 10^5$ Pa 的压力，若用油为工作液，可测 $10 \sim 10^3$ Pa 的压力。

（2）麦氏真空规 麦氏（McLeod）真空规为压缩式真空规。其原理是压缩已知体积、未知压力的气体至一较小体积，从而由观察液面差的办法测定较小体积内气体的压力，再推算出气体未压缩前的压力。真空规使用硬质玻璃制成，典型的结构如图 3-24 所示。

使用时首先打开待测系统的活塞 E，缓慢开启三通活塞 T，开向辅助真空。不让汞槽中的汞面上升，待稳定后，才可以开始测量。测量时 T 开向大气使空气缓慢进入汞槽 G（可接一毛细管，使进气缓慢）。汞槽中汞慢慢上升，当达到 F 处，玻璃 A 中气体即和真空系统隔开。这时 BA 内的压力与系统压力相等为 p，BA 内气体体积为 V。当汞继续上升后，BA 中气体不断压缩，容积不断减小，容积的减小与压力增加的关系可近似地用玻义耳定律表示。当 D 管中汞上升到 m_1、m_2 线（与 B 管封闭端齐），B 管中汞在封闭端下面 h 处。此时 BA 中的气体体积为 $\bar{V}$，压力为 $p + \rho g h$，$\bar{V} = Sh$（S 为已知毛细管的截面积）。

按玻义耳定律：$pV = (p + \rho g h)\bar{V} = (p + \rho g h)Sh$，因此 $p = \dfrac{\rho g S h^2}{V - Sh}$

对于能测量到 1.333×10^{-4}Pa 的麦氏规来说，球体积 V 应在 300mL 以上，这样 $V\gg Sh$，上式可简化为：

$$p=\frac{\rho gSh^{2}}{V}=Kh^{2}$$

K 为常数，测量出高度 h 就可算出系统压力。麦氏规在出厂时已进行了标定，根据各量规的标尺可直接读出真空体系的压力值。

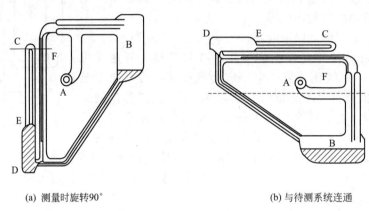

(a) 测量时旋转90° (b) 与待测系统连通

图 3-25　旋转式压缩真空规

麦氏规的另一种形式是旋转式压缩真空规。使用时只需将抽气系统与真空规在 A 点处用真空橡皮管连接，测量时转动 90°［见图 3-25(a)］，当毛细管 F 中水银面升到刻度板刻度线就可根据 F 管中水银面的高度由刻度直接读数。

（3）热偶真空规　热偶真空规的结构如图 3-26(a) 所示。其原理为：当气体压力低于一定值后，其热导率与气体的压力成正比。测量时将热偶规管与待测系统相接，维持热偶规管加热电流恒定，热偶丝温度的变化取决于周围气体的热导率的变化。当气体压力降低时，热导率减小，热偶工作端温度升高，相应热电势升高，测量毫伏表中指针发生偏转。如用绝对真空规对毫伏表读数进行标定，即可测定体系的压力。

热偶规的测量范围为 $10^{4}\sim10^{-1}$Pa。

（4）电离真空规　电离真空规类似于一个三极管［见图 3-26(b)］。测量时规管接系统，灯丝通电后发射电子，经栅极加速后飞向板极。在飞行过程中与残余气体分子碰撞，使其电离形成正的离子电流 I_{+}，I_{+} 与气体压力、阴极发射电流 I_{e} 成正比：

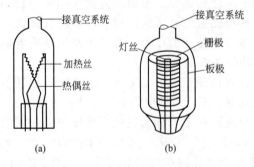

图 3-26　热偶真空规与电离真空规

$$I_{+}=SI_{e}p$$

S 为规管灵敏度。在发射电流和规管灵敏度恒定的情况下，经标定后，由 I_{+} 大小指示系统压力。通常 I_{+} 因气体压力很低极弱，无法直接进行测定，应放大后再测定。

电离规测定压力范围为 $10^{-1}\sim10^{-6}$Pa。只有当系统的压力低于 10^{-1}Pa 后才可使用电离规，否则灯丝通电后将氧化损坏。

实验中通常将两种规管与真空机组配合使用。仅用机械泵抽气时，用热偶规测量压力，启动扩散泵且泵工作稳定后，再使用电离规测压。两种规管与复合真空计配套使用。

3.4.3　真空体系的设计和操作

真空体系通常包含真空产生、真空测量和真空使用三部分，这三部分之间通过一根或多根导管、活塞等连接起来。根据所需要的真空度和抽气时间来综合考虑选配泵、确定管路和选择真空材料。

① 材料　真空体系的材料，可以用玻璃或金属，玻璃真空体系吹制比较方便，使用时可观察内部情况，便于在低真空条件下用高频火花检漏器检漏，但其真空度较低，一般可达 $10^{-1} \sim 10^{-3} \mathrm{Pa}$。不锈钢材料制成的金属体系的真空体系可达到 $10^{-10} \mathrm{Pa}$ 的真空度。

② 真空泵　要求极限真空度仅达 $10^{-1} \mathrm{Pa}$ 时，可直接使用性能较好的机械泵，不必用扩散泵。要求真空度优于 $10^{-1} \mathrm{Pa}$ 时，则用扩散泵和机械泵配套。选用真空泵主要考虑泵的极限真空度的抽气速率。对极限真空度要求高，可选用多级扩散泵，要求抽气速率大，可采用大型扩散泵和多喷口扩散泵。扩散泵应配用机械泵作为它的前级泵，选用机械泵要注意它的真空度和抽气速率应与扩散泵匹配。如用小型玻璃三级油扩散泵，其抽气速率在 $10^{-2} \mathrm{Pa}$ 时约为 $60 \mathrm{mL \cdot s^{-1}}$，配套一台抽气速率为 $30 \mathrm{L \cdot min^{-1}}$（1Pa 时）的旋片式机械泵就正好合适。真空度要求优于 $10^{-6} \mathrm{Pa}$ 时，一般选用钛泵和吸附泵配套。

③ 真空规　根据所需量程及具体使用要求来选定。如真空度在 $10 \sim 10^{-2} \mathrm{Pa}$ 范围，可选用转式麦氏规或热偶真空规；真空度在 $10^{-1} \sim 10^{-4} \mathrm{Pa}$ 范围，可选用座式麦氏规或电离真空规；真空度在 $10 \sim 10^{-6} \mathrm{Pa}$ 较宽范围，通常选用热偶真空规和电离真空规配套的复合真空规。

④ 冷阱　冷阱是在气体通道中设置的一种冷却式陷阱，是使气体经过时被捕集的装置。通常在扩散泵和机械泵间要加冷阱，以免有机物、水汽等进入机械泵。在扩散泵和待抽真空部分之间，一般也要装冷阱，以防止油蒸气沾污测量对象，同时捕集气体。常用冷阱结构如图 3-27 所示。具体尺寸视所连接的管道尺寸而定，一般要求冷阱的管道不能太细，以免冷凝物堵塞管道或影响抽气速率，也不能太短，以免降低捕集效率。冷阱外套杜瓦瓶，常用冷剂为液氮、干冰等。

⑤ 管道和真空活塞　管道和真空活塞都是玻璃真空体系上连接各部件用的。管道的尺寸对抽气速率影响很大，所以管道应尽可能粗而短，尤其在靠近扩散泵处更应如此。选择真空活塞应注意它的孔芯大小要和管道尺寸相配合。对高真空来说，用空心旋塞较好，它质量轻，温度变化引起漏气的可能性较小。

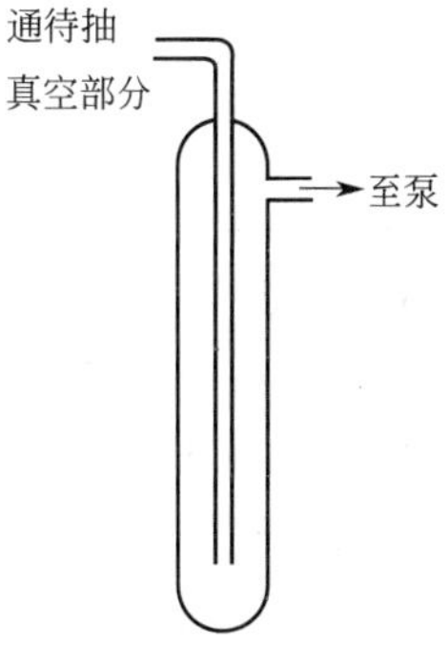

⑥ 真空涂敷材料　真空涂敷材料包括真空脂、真空泥和真空蜡等。真空脂用在磨口接头和真空活塞上，国产真空脂按使用温度不同，分为 1 号、2 号、3 号真空脂。真空泥用来修补小沙孔或小缝隙。真空蜡用来胶合难以融合的接头。

图 3-27　冷阱

真空检漏：新安装的真空装置在使用前应检查系统是否漏气，检漏的方法很多，如火花法、热偶规法、电离规法、荧光法、质谱仪法和磁谱仪法等。物理化学实验室中常采用火花检漏法、热偶规法和电离规法。以下介绍火花检漏法。

火花检漏法：它是检查低真空系统漏气的一种方法。使高频火花发生器火花调节正常，将放电簧对着玻璃系统表面不断移动。若没有漏气，高频火花束是散开的，并在玻璃表面上不规则地跳动；若玻璃壁上有漏气孔，则由于大气穿过漏孔，其电导率比玻璃高得多，而使火花束集中并通过漏孔而进入系统，产生一明亮光点，这个光点就是漏孔。根据高频火花的颜色，还能粗略地判断系统的真空度。

3.5 气体钢瓶及减压阀

在物理化学实验中，经常要用到氧气、氮气、氢气、氩气等气体。这些气体一般都是贮存在专用的高压气体钢瓶中。使用时通过减压阀使气体压力降至实验所需范围，再经过其他控制阀门细调，使气体输入使用系统。高压钢瓶与氧气减压阀示意见图 3-28。

最常用的减压阀为氧气减压阀，简称氧气表。

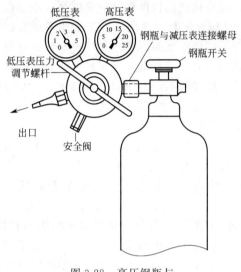

图 3-28　高压钢瓶与
氧气减压阀示意

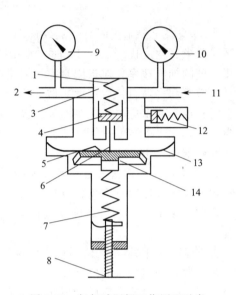

图 3-29　氧气减压阀工作原理示意
1—压缩弹簧；2—（接使用系统）出口；
3—高压气室；4—活门；5—低压气室；
6—顶杠；7—主弹簧；8—低压表压力
调节螺杆；9—低压表；10—高压表；
11—进口（接气体钢瓶）；12—安全阀；
13—转动装置；14—弹簧垫块

3.5.1 氧气减压阀的工作原理

氧气减压阀的高压腔与钢瓶连接，低压腔为气体出口，并通往使用系统，其工作原理见图 3-29。高压表的示值为钢瓶内贮存气体的压力，低压表的出口压力可由调节螺杆控制。使用时先打开钢瓶总开关，然后顺时针转动低压表压力调节螺杆，使其压缩主弹簧并传动薄膜、弹簧垫块和顶杆而将活门打开。这样进口的高压气体由高压室经节流减压后进入低压室，并经出口通往工作系统。转动调节螺杆，改变活门开启的高度，从而调节高压气体的通过量并达到所需的压力值。

减压阀都装有安全阀。它是保护减压阀并使之安全使用的装置，也是减压阀出现故障的信号装置。如果由于活门垫、活门损坏或由于其他原因，导致出口压力自行上升并超过一定许可值时，安全阀会自动打开排气。

3.5.2 氧气减压阀的使用方法

① 按使用要求不同，氧气减压阀有许多规格。最高进口压力大多为 $150 \text{kg} \cdot \text{cm}^{-2}$（约 $1.5 \times 10^7 \text{Pa}$），最低进口压力不小于出口压力的 2.5 倍。出口压力规格较多，一般为 $0 \sim$

$1\mathrm{kg} \cdot \mathrm{cm}^{-2}$（约 $1 \times 10^5 \mathrm{Pa}$），最高出口压力为 $40\mathrm{kg} \cdot \mathrm{cm}^{-2}$（约 $40 \times 10^5 \mathrm{Pa}$）。

② 安装减压阀时应确定其连接规格是否与钢瓶和使用系统的接头相一致。减压阀与钢瓶采用半球面连接，靠旋紧螺母使二者完全吻合。因此，在使用时应保持两个半球面的光洁，以确保良好的气密效果。安装前可用高压气体吹除灰尘，必要时也可用聚四氟乙烯等材料做垫圈。

③ 氧气减压阀应严禁接触油脂，以免发生火警事故。

④ 停止工作时，应将减压阀中余气放净，然后拧松调节螺杆以免弹性元件长久受压变形。

⑤ 减压阀应避免撞击振动，不可与腐蚀性物质相接触。

3.5.3　其他气体减压阀

有些气体，例如氮气、空气、氩气等气体，可以采用氧气减压阀。但还有一些气体，如氨等腐蚀性气体，则需要专用减压阀。市面上常见的有氮气、空气、氢气、氨、乙炔、丙烷、水蒸气等专用减压阀。

这些减压阀的使用方法及注意事项与氧气减压阀基本相同。但是，还应该指出：专用减压阀一般不用于其他气体。为了防止误用，有些专用减压阀与钢瓶之间采用特殊连接口。例如氢气和丙烷均采用左牙螺纹，也称反向螺纹，安装时应特别注意。

气体钢瓶是由无缝碳素钢或合金钢制成的。适用于所装介质压力在 15MPa，体积为 $40 \sim 60\mathrm{L}$。最小压力 0.6MPa。

不同气体钢瓶的外观标记和标准是不同的，见表 3-4 和表 3-5。

表 3-4　各种气体钢瓶的外观标记

气体类别	瓶身颜色	标记颜色	工作压力/MPa
氮	黑	黄	15
氧	天蓝	黑	15
氢	深绿	红	15
空气	黑	白	15
氨	黄	黑	3
二氧化碳	黑	黄	12.5
氯	黄绿	黄	13.5
其他一切可燃气体	红	白	
其他一切不可燃气体	黑	黄	

表 3-5　标准气瓶类型

气瓶类型	装(盛)气体的种类	工作压力/MPa	试验压力/MPa	
			水压试验	气压试验
甲	O_2、H_2、N_2、CH_4、压缩空气和惰性气体	15.0	22.5	15.0
乙	纯净水煤气及 CO_2 等	12.5	19.0	12.5
丙	NH_3、氯气、光气和异丁烯等	3.0	6.0	3.0
丁	SO_2 等	0.6	1.2	0.6

使用钢瓶的注意事项如下。

① 已充气的钢瓶如受热，将会使内部气体膨胀，当压力超过钢瓶最大负荷时将会爆炸，所以钢瓶应存放在阴凉、干燥、远离阳光、暖气等热源的地方，远离易燃物。

② 每种气体都有专用的减压阀，不能混合使用。

③ 开启气门时，应站在气压表的另一侧，更不允许把头或身体对着钢瓶总阀门，以防

万一阀门或气压表冲出伤人，开启气门时用力要轻而均匀，速度不可太快。

3.6　气体流量的测定及控制

测定流体流量所用的仪器为流量计，也称流速计。物理化学实验中测定气体流量的有锐孔流量计、转子流量计、皂膜流量计及湿式流量计等。通常气体的流量以单位时间（s）流过气体的体积（换算为 273K，101.3kPa 下的值）来表示气体的流速 v（L·s^{-1}或 mL·s^{-1}）。

3.6.1　锐孔流量计

锐孔流量计也叫毛细管流量计，如图 3-30 所示。根据泊肃叶（Poiseuille）定律，气体的总能量是固定的。当气体流过锐孔（或毛细管）时，阻力增大，线速度增加（即动能增加），其压力降低（即位能减小）。这样气体在锐孔前后产生压差，并由 U 形压力计两侧的液柱差 Δh 显示出来，若 Δh 恒定，表示气体的流速（流量）稳定。

当锐孔足够小（或毛细管的长度与半径之比大于 100）时，流量 v 与液柱差 Δh 之间有线性关系：

$$v = f \frac{\Delta h \cdot \rho}{\eta} \tag{3.6-1}$$

式中，ρ 为流量计中所盛液体的密度；η 为气体的黏度系数；f 为毛细管的特性系数。$f = \dfrac{\pi r^4}{8l}$，r 为毛细管半径；l 为毛细管长度。

当流量计的锐孔（毛细管）及所盛液体一定时，对于不同的气体，v 和 Δh 将有不同的线性关系，对同一种气体，当换了毛细管后，v 与 Δh 的直线关系也将发生相应变化。

通常流量计的流量与液柱差的关系不是由计算得来的，而是由能测定气体绝对流速的皂膜流量计通过实验标定出来的。标定 v-Δh 的线性关系时必须说明使用的气体和对应的锐孔（毛细管）大小。

锐孔流量计所盛液体可以是水、液体石蜡或水银等，视所测气体性质及流速范围不同加以选择，为保证测量的准确性，锐孔（毛细管）在标定和使用过程中均应保持清洁、干燥。

3.6.2　转子流量计

转子流量计也叫浮子流量计，结构如图 3-31(a) 所示，它是一根锥形玻璃管（或透明塑料管），管内装有一个能够旋转自如的浮子（金属或其他材料制成）。当流体自下而上流过时可以把转子推起来并在管中旋转（这样就使转子居中不致触及管壁）。由于玻璃管是倒锥形的，所以转子在不同高度的位置时，它与玻璃管间的环面积各不相等，转子愈高，环隙面积就愈大。

被测流体从底部进入流量计时，流过环隙的速度增大，则静压力下降，转子底部受到流体的压力要比环隙部分大，因而造成一个自下而上的推力作用于转子上。如果该推力大于转子的净重力（转子自身重力减去浮力），转子必将上浮，随着转子上浮，环隙面积随之扩大，从而降低了环隙间的流体流速，缩小了转子顶、底部的压力差，上推力随之下降。当转子浮起到一定高度，上推力足以抵消转子净重力时转子便不再继续上升，从而浮在一定的高度上。当流量增大（减小）时，转子将在更高的（更低）位置上重新达到受力平衡。这样利用转子在玻璃管内平衡位置随流量变化的特性，便可测定流体的流量。

转子流量计适用的测量范围较宽，但因管壁一般是用玻璃制成的，工作压力不能超过 $(4\sim5)\times10^2$kPa。测小流量时，转子选用胶木、塑料等，大流量时用不锈钢转子，转子流量计必须保持垂直。

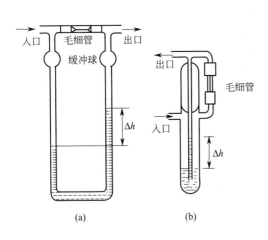

图 3-30　锐孔流量计

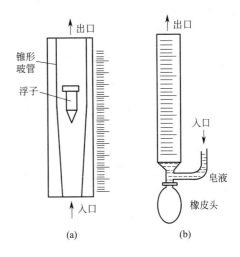

图 3-31　转子流量计和皂膜流量计

3.6.3　皂膜流量计及其应用

皂膜流量计可用滴定管改制而成，如图 3-31（b）所示，橡皮头内装肥皂水。当待测气体流过滴定管时，用手捏挤橡皮头产生泡沫，气体就把肥皂泡吹起，在管内形成一圈圈的薄膜，沿管壁上升，以秒表记录某一个皂膜移动一定体积所需的时间，便可标出流量。

这种流量计的测定是间断式的，且因测量流量较小（小于 $100mL \cdot min^{-1}$），并不用于测量，仅用于观测尾气流速和标定流量计。

标定时为使气体所受阻力一致，待标定流量计应与反应系统串联，皂膜流量计通常接尾气出口。开始时先以所用的气体把空气转换干净，待流速稳定后（流量计 Δh 不变）即可开始记录皂膜移动速度，每点重复测定三次。然后由调节阀改变气体流速，继续测定，至少测定五个以上的点。由实验时的温度、压力换算为标准状态下的流速 v，再作 v-Δh 曲线供查用。

3.6.4　湿式流量计

实验室中常用的流量计还有湿式流量计，它适用于测量较大体积流速，可直接测定流体的体积，其构造原理如图 3-32 所示。

在流量计内部装有一个具有 A、B、C、D 四室的转鼓，鼓的下半部浸没于水中。气体由中间 E 处进入气室，迫使转鼓转动使气体由顶部排出，转动次数由记录器记录。由面盘上指针示数和记录器示数可读出一定时间内流过的气体量，通过计算就可得气体流量。图中位置表示 A 室开始进气，B 室正在进气，C 室正在排气，D 室排气将尽。

使用湿式流量计应注意首先调整好水平位置（由底部的调整螺丝调节），鼓内水量保持在指定高度。被测气体应不溶于水和腐蚀鼓体。

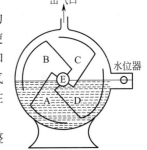

图 3-32　湿式流量计

3.6.5　气体质量流量计简介

热式气体质量流量计主要用于测量以下介质：高炉煤气流量计、焦炉煤气质量流量计、煤气、空气、氮气、乙炔、光气、氢气、天然气、氮气、液化石油气、烟道气、甲烷、丁烷、氯气、燃气、沼气、二氧化碳、氧气、压缩空气、氩气等。

47

热式气体流量计采用热扩散原理，热扩散技术是一种在苛刻条件下性能优良、可靠性高的技术。其典型传感元件包括两个热电阻（铂 RTD），一个是速度传感器，一个是自动补偿气体温度变化的温度传感器。当两个 RTD 被置于介质中时，其中速度传感器被加热到环境温度以上的一个恒定的温度，另一个温度传感器用于感应介质温度。流经速度传感器的气体质量流量是通过传感元件的热传递量来计算的。气体流速增加，介质带走的热量增多。使传感器温度随之降低。为了保持温度的恒定，则必须增加通过传感器的工作电流，此增加部分的电流大小与介质的流速成正比。

3.6.6 气体流量和压力的控制

在流动反应体系中常需根据实验调节气体流速大小并控制在某一恒定值下。除普通考克外，物理化学实验中最常用的流量调节阀为针型阀，由图 3-33（a）说明其结构及工作原理。

（1）针型阀 针型阀主要由阀针、阀体和调节螺旋组成。当调节螺旋顺时针转动时，阀体连同阀针向前旋进，阀针旋进通气孔道，孔隙减小，气体阻增加，流速减小。当调节阀反时针转动时，孔隙增大，气体流速增加。

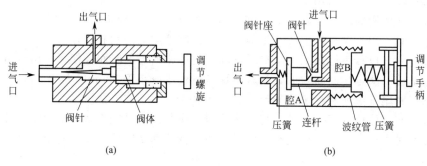

(a)   (b)

图 3-33　针型阀与稳压阀

（2）稳压阀 稳压阀用于气体流速的稳定控制，其原理如图 3-33（b）所示。腔 A 与腔 B 通过连杆与孔的间隙相通。调节手柄使其顺时针转动，将阀打开到一定开度后系统达平衡。如果出口气压有了微小上升，使 B 腔气压随之增加，波纹管向右伸张，阀针同时向右移动，减小了气流通道，气阻加大，出口压力降回到原有平衡状态。同样，当出口压力有微小下降时，系统也可自动恢复原平衡状态。稳压阀进口压力不可超过 $5 \times 10^5 \mathrm{Pa}$，出口压力一般在 $(1 \sim 2) \times 10^5 \mathrm{Pa}$。

流过稳压阀的气体应干燥、无腐蚀性。气体进出口不可反接，以免损坏波纹管。不工作时应将手柄反时针转动处于关闭状态，使弹簧放松。

3.7　电位差计的原理和使用

3.7.1 对消法测电池电动势

电池电动势的测定应用甚广，如平衡常数、活度系数、离解常数、溶解度、络合常数、溶液中离子的活度以及某些热力学函数的改变量等，均可通过电池电动势的测定来求得。

电池电动势不能直接用伏特计测量。因为电池本身有内阻，伏特计所量得的电位降仅为电池电动势的一部分。

设 R_i 表示电池的内阻，R_e 表示外阻（主要指伏特计的内阻），则电池电动势

$$E = R_i I + R_e I$$

用伏特计测得的只是伏特计内电阻的电位降即 $R_e I$。

实际上当伏特计与电池相连时便造成通路。有电流通过电池将导致电极发生极化，电极电势偏离平衡值，且溶液组成不断改变，电池电动势不能保持稳定。

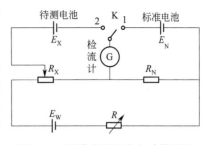

采用对消法（也称补偿法）可以在电池无电流（或极小电流）通过时测定电极的静态电势（这时的电位差即为该电池的平衡电势），此时电池反应在接近可逆的条件下进行。因此对消法测电池电动势的过程是一个趋近可逆过程的例子。

图 3-34　对消法测电池电动势原理

电位差计即根据对消法原理，在待测电池上并联一个大小相等、方向相反的外加电位差。当待测电池中没有电流通过时，外加电位差的大小即等于待测电池的电动势。其原理如图 3-34 所示。

在线路图中，E_N 是标准电池，它的电动势值已精确知道。E_X 为被测电动势。G 是灵敏检流计，用来作示零仪表。R_N 为标准电池的补偿电阻，其大小根据工作电流来选择。R_X 是被测电势的补偿电阻，它由已经知道电阻值的各进位盘组成。因此，通过它可以调节不同的电阻数值使其电位降与 E_X 相对消。R 是调节工作电流的变阻器。E_W 是作为电源用的工作电池。K 为转换开关。

下面说明未知电动势 E_X 的测量过程。

先将开关 K 合在 1 的位置上，然后调节 R，使检测计 G 指示到零点，这时有下列关系：

$$E_N = I R_N$$

式中，I 是流过 R_N 和 R 上的电流，称为电位差计的工作电流；E_N 是标准电池的电动势。

由上式可得：

$$I = \frac{E_N}{R_N}$$

工作电流调好后，将转换开头 K 合至 2 的位置上，同时移动滑线电阻 R_X，再次使检流计 G 指到零，此时滑动触头在可调电阻 R 上的电阻值为 R_X，则有

$$E_X = I R_X$$

因为此时的工作电流 I 就是前面所调节的数值，因此有

$$E_X = \frac{E_N}{R_N} R_X$$

所以当标准电池电动势 E_N 和补偿电阻器 R_N 的数值确定时，只要正确读出 R_X 的值，就能正确测出未知电动势 E_X。

应用对消法测量电动势有下列优点。

① 当被测电动势和测量回路的相应电势在电路中完全对消时，测量回路与被测量回路之间无电流通过，所以测量线路不消耗被测量线路的能量，这样被测量线路的电动势不会因为接入电位差计而发生任何变化。

② 不需要测出线路中所流过电流 I 的数值，只需测得 R_X 与 R_N 的值就可以了。

③ 测量结果的准确性是依赖于标准电池电动势 E_N 及被测电动势的补偿电阻 R_N 的比值的准确性。由于标准电池及电阻 R_X、R_N 都可以达到较高的精确度，同时应用高灵敏度的检流计，测量结果极为准确。

3.7.2 EM 系列电动势测定装置

该系列仪器主要用于电动势的精密测定,它采用对消法测定原电池的电动势。它用内置的可代替标准电池的高精度参考电压集成块作比较电压,保留了平衡法测量电动势仪器的原理。仪器线路设计采用全集成器件,被测电动势与参考电压经过高精度的仪表放大器比较输出,平衡时即可知被测电动势的大小。仪器还设置了外校输入,可接标准电池来校正仪器的测量精度。仪器的数字显示采用两组高亮度 LED,具有字型美、亮度高的特点。

(1)型号和主要技术指标(表 3-6)

表 3-6 EM 系列主要型号和技术指标

型号	EM-3C 型	EM-3D 型
外形	箱式	箱式
分辨率	0.01mV	0.001mV
测量范围	0~1999.99mV	0~1999.99mV
精确度	0.005%FS	0.005%FS
有效显示位数	6 位	7 位
电源电压	220V±10%,50Hz	
环境温度	−20~+40℃	

(2)操作步骤

① 校准

a. 加电 插上电源插头,打开电源开关,两组 LED 显示即亮。预热 5 min。

b. 校正零点 将面板右侧功能选择开关置于"外标"挡。红黑线接在"外标"接口上,并且红黑线短接。左侧拨位开关全部拨至零,按下红色的"校正"按钮。使 LED 上右侧平衡指示显示为 0(图 3-35)。

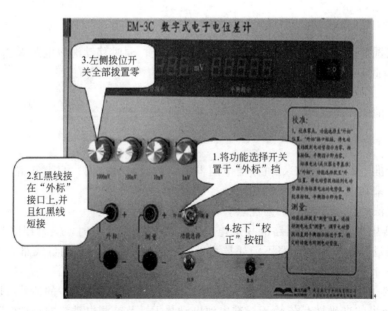

图 3-35 校正零点操作

c. 校正非零点 将面板右侧功能选择开关置于"外标"挡。红黑线接在"外标"接口上，并且红黑线连接到仪器上的基准上，左侧拨位开关拨位，使 LED 上的电动势指示数值和仪器上的基准数值相同（例如：仪器自身的基准数值为 1.24798V，则拨位开关拨位，将 ×1000mV 挡拨位开关拨到 1，将 ×100mV 挡拨位开关拨到 2，将 ×10mV 挡拨位开关拨到 4，将 ×1mV 挡拨位开关拨到 7，将 ×0.1mV 挡拨位开关拨到 9，将 ×0.01mV 挡拨位开关拨到 8，使电动势指示 LED 显示的数值为 1247.98mV），按下红色的"校正"按钮。使 LED 上右侧平衡指示显示为 0（图 3-36）。

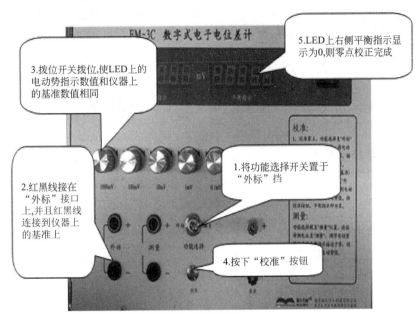

图 3-36　校正非零点操作

② 测量

a. 加电　插上电源插头，打开电源开关，两组 LED 显示即亮。预热 5min，将面板右侧"功能选择"开关置于"测量"挡。

b. 接线　将测量线与被测电动势按正负极性接好，仪器提供 2 根通用测量线，一般黑线接负，红线接正。

c. 设定内部标准电动势值　电动势指示 LED 显示的是拨位开关设定的内部标准电动势值（例如：要设定内部标准电动势值为 1.24988V，则将 ×1000mV 挡拨位开关拨到 1，将 ×100mV 挡拨位开关拨到 2，将 ×10mV 挡拨位开关拨到 4，将 ×1mV 挡拨位开关拨到 9，将 ×0.1mV 挡拨位开关拨到 8，将 ×0.01mV 挡拨位开关拨到 8）。平衡指示 LED 显示的为设定的内部标准电动势值和被测定电动势的差值（例如：若显示 OUL 则表示设定的标准电动势值比被测电动势值大，此时需要调节拨位开关，使设定的内部标准电动势值减小。若显示 -OUL 则表示设定的标准电动势值比被测电动势值小，此时需要调节拨位开关，使设定的内部标准电动势值增大）。

d. 测量　将面板右侧功能选择开关置于"测量"挡。平衡指示 LED 显示值，调节左边的拨位开关设定内部标准电动势值，直到平衡指示 LED 显示值在"00000"附近，等待电动势指示数值显示稳定下来，此即为被测电动势值（图 3-37）。

注意："电动势指示"和"平衡指示"显示的值在小范围内摆动属正常（摆动数值在 ±1 个字之间）。

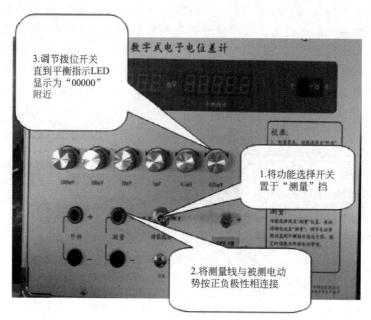

图 3-37　测量状态示意

3.7.3　标准电池的构造和应用

实验室通常用的是惠斯登（Weston）标准电池，其结构如图 3-38 所示。

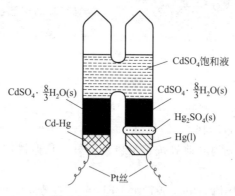

图 3-38　惠斯登标准电池

电池由一 H 管构成。底部焊接有铂丝与电极相连，一极为纯汞，上铺盖糊状 Hg_2SO_4 和少量硫酸镉晶体。另一极是含 Cd 12.5% 的镉汞齐，上部铺以硫酸镉晶体，电极上方充 $CdSO_4$ 溶液。管的顶端加以密封，隔一定空间以缓冲热膨胀，做电池所用各种物质均应极纯。

电池表达式为

$$\text{Cd-Hg}(12.5\%\text{Cd})\,|\,CdSO_4 \cdot \frac{8}{3}H_2O(s)\,,\,CdSO_4(\text{饱和溶液})\,|\,Hg_2SO_4(s)\,|\,Hg(l)$$

负极反应：$$Cd(\text{Cd-Hg 齐}) \longrightarrow Cd^{2+} + 2e$$

正极反应：$$Hg_2SO_4(s) + 2e \longrightarrow 2Hg(l) + SO_4^{2-}$$

电池反应：$$Cd(\text{Cd-Hg 齐}) + Hg_2SO_4(s) + \frac{8}{3}H_2O(l) = CdSO_4 \cdot \frac{8}{3}H_2O(s) + 2Hg(l)$$

电池反应是可逆的，电动势很稳定，重现性好。在 0～40℃ 间电池电动势与温度的关系为

$$E_t=1.0186-4.06\times10^{-5}(t-20)-9.5\times10^{-7}(t-20)^2 \tag{3.7-1}$$

其中 1.0186 为 20℃ 时电动势值，t 为温度（℃）。

使用标准电池时应注意以下几点。

① 使用温度不能低于 0℃ 或高于 40℃，也不宜骤然改变温度。

② 正负极不能接错。

③ 要平移携取，水平放置，绝不能倒放（仅 BC9 型饱和标准电池为管式结构，任何方向放置均可）。因摆动后电动势会改变，应静止保持 5h 后再用。

④ 标准电池仅作电动势的比较标准用，不作电源，绝对避免短路。若电池短路或通过电流大则损坏电池，一般允许通过的电流不得大于 0.0001A，所以使用时要极短暂间隙地使用。

⑤ 不得用万用表直接测量标准电池。

⑥ 每隔一两年检验一次电池电动势。

3.7.4　检流计

光点反射式检流计在对消法测电动势时主要用于示零，即检查回路电流的有无。在光电测量中也用于测量微弱直流，可指示 $10^{-7}\sim10^{-9}$A 的微弱电流。实验室中用得最多的是磁电式光点反射式检流计。

（1）光点反射式检流计结构　光点反射式检流计结构如图 3-39 所示。

弹簧片通过张丝将活动线圈悬于永久磁铁的间隙中。线圈内有铁芯。线圈下夹持一平面镜，它可跟线圈一起转动。由白炽灯、透镜和光栅构成的光源发射出一束光，再反射至反射镜，最后在标尺上成光点。光像中有一根准丝线，它在标尺上的位置反映了线圈的偏转角。光点检流计有零位调节机构，它可在没有电流通过线圈时，将光点的位置调节到标尺的任意位置上作为零点，当用作示零仪器时，将光点调节在标尺的正中作零点。当用于测量电流时，将光点调节到标尺的一端作零点。

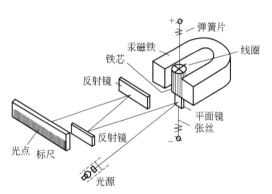

图 3-39　光点反射式检流计结构

当被测电流经张丝通过动圈时，在动圈中产生的磁场与永久磁场相互作用，产生转动力矩，使动圈偏转。当动圈的转动力矩与张丝扭转产生的反作用力矩平衡时，动圈处于某一平衡位置。与此同时，在标尺的某一位置上将出现平面镜的像。若对标尺进行分度并进行适当标定，则可指示电流信号的大小。

（2）使用检流计的注意事项

① 选择检流计与电位差计配合使用时，必须考虑以下两点：每个检流计上所标明的临界电阻是指和检流计串联回路的总电阻（包括检流计内阻 R_i、电池电阻 R 及其外部线路电阻 R_p）。在临界电阻附近，检流计的光点达到新平衡位置的时间最短。因此在选用检流计时，应将回路串连的总电阻加以估算，看是否适用。

检流计的灵敏度应与电位差计适应，这可以用欧姆定律进行简单的计算，即看 $\dfrac{\Delta V}{R_i+R_p+R}$ 的值与检电计的灵敏度是否相适应。式中，ΔV 为电位差计的最小读数，只有

$\dfrac{\Delta V}{R_i+R_p+R}\geqslant$检流计的灵敏度，才能使电位差计发挥应有准确度。例如电位差计的准确度 0.01mV，某检流计的灵敏度为 $6\times10^{-8}A\cdot mm^{-1}$，内阻为 635Ω，若将电池电阻和电位差计电阻忽略不计，则检流计回路电流为：

$$\dfrac{0.01}{635}=1.0\times10^{-8}(A)<6\times10^{-8}(A)$$

显然若用此检流计与电位差计搭配，就降低了电位差计的准确度。

② 检流计中活动线圈与平面镜是靠张丝悬挂的，因此不能受到剧烈振动，防止张丝振断。

③ 流过检流计的电流应严格控制在额定范围内，否则会因流过电流太大烧断检流计中的张丝或线圈。测定电池电动势时，应先使检流计与保护电阻串联（即按电位差计上"粗"按钮），待调到光点偏转变小后，再去掉保护电阻（即按"细"按钮），细调找到零点。

④ 检流计面板上有量程调节施钮，接"直接"挡，不经过分流，接"×1"、"×0.1"、"×0.01"挡，均经过分流器，依次降低灵敏度，保护检流计过载用。

⑤ 检流计使用完毕，应把量程调节旋钮接至"短路"位置，以减少线圈转动，保护检流计。

3.7.5　数字式电位差计

SDC-Ⅲ数字电位差计的使用方法如下。

（1）开机　打开电源，仪器预热 15min 后再进入下一步。

（2）内标为基准进行测量

① 校验

a. 用测试线将被测电动势按"＋"、"－"极性与"测量插孔"连接。

b. 将"测试选择"旋钮置于"内标"。

c. 将"10^0"为旋钮置于"1"，"补偿"旋钮逆时针旋到底，其他旋钮均置于"0"，此时，"电位指标"显示"1.000000"V，若显示小于"1.000000"V 可调节补偿电位器以达到显示"1.000000"V，若显示大于"1.000000"V 应适当减小，若显示小于"$10^0\sim10^{-4}$"旋钮，使显示小于"1.000000"V 再调节补偿电位器以达到显示"1.000000"V。

d. 待"检零指示"显示数值稳定后，按一下"采零"键，此时，"检零指示"应显示"0000"。

② 测量

a. 将"测量选择"置于"测量"。

b. 调节"$10^0\sim10^{-4}$"五个旋钮，使"检零指示"显示数值为负且绝对值最小。

c. 调节"补偿旋钮"，使"检零指示"显示为"0000"，此时，"电位显示"数值即为被测电动势的值。

（3）以外标为基准进行测量

① 校验

a. 将已知电动势的标准电池按"＋"、"－"极性与"外标插孔"连接。

b. 将"测量选择"置于"外标"。

c. 调节"$10^0\sim10^{-4}$"五个旋钮和"补偿"旋钮，使"电位指示"显示的数值与外标电池数值相同。应显示"0000"。

d. 待"检零指示"显示数值稳定后，按一下"采零"键，此时，"检零指示"应显示"0000"。

② 测量

a. 拔出"外标插孔"的测试线，再用测试线将被测电动势按"＋"、"－"极性接入"测量插孔"。

b. 将"测量选择"置于"测量"。

c. 调节"$10^0 \sim 10^{-4}$"五个旋钮，使"检零指示"显示数值为负且绝对值最小。

d. 调节"补偿旋钮"，使"检零指示"显示为"0000"，此时，"电位显示"数值即为被测电动势的值。

（4）关机 关闭电源。

3.8 酸度计的原理及使用

酸度计是用来测定溶液 pH 值的常用仪器之一，它主要包括指示电极、参比电极以及测定由这一对电极所组成的电池电动势的测量系统。仪器除测量酸碱度外也可测量电极电势。由于玻璃电极内阻很大（达 $10^8\,\Omega$ 以上），故采用全晶体管式参量振荡放大电路。

3.8.1 玻璃电极

指示电极一般采用玻璃电极，电极下端是一个薄的玻璃泡，由特殊玻璃制成。泡中装有 $0.1\,mol \cdot L^{-1}$ 的 HCl 溶液和一根银-氯化银电极，这样组成的玻璃电极可示意为：

$$Ag\,|\,AgCl(s)\,|\,0.1\,mol \cdot L^{-1}\,HCl \vdots 玻璃膜$$

如果把电极浸入待测溶液中，配上参比电极，如饱和甘汞电极，则组成如下的电池

$$Ag\,|\,AgCl(s)\,|\,0.1\,mol \cdot L^{-3}\,HCl \vdots 待测溶液 \parallel 饱和甘汞电极$$

玻璃膜

则电池电动势随待测溶液 pH 值的改变而改变。设电池电动势为 $E_池$，则

$$E_池 = \varphi_{参比} - \varphi_G$$

式中，φ_G 为玻璃电极的电极电势；$\varphi_{参比}$ 为参比电极的电极电势。

由于

$$\varphi_G = \varphi_G^\ominus + \frac{RT}{F}\ln a_{H^+} = \varphi_G^\ominus - \frac{2.303RT}{F}pH$$

式中，$\varphi_G^\ominus$ 对指定玻璃电极是一个常数，与玻璃泡内溶液的 pH 及电极材料制备有关。

则

$$E_池 = \varphi_{参比} - \varphi_G^\ominus + \frac{2.303RT}{F}pH = \varphi_G' + \frac{2.303RT}{F}pH \tag{3.8-1}$$

其中

$$\varphi_G' = \varphi_{参比} - \varphi_G^\ominus$$

如果常数 φ_G' 为已知，则可以从测得的电池电动势 E 算出溶液的 pH 值。但由于玻璃电极存在不对称的电势，因此每支玻璃电极都有一个特定的 φ_G' 的值。为了消除这种不对称电势，一般采用比较法测定溶液的 pH 值。即先把玻璃电极和饱和甘汞电极置于一个已知 pH 值的缓冲溶液中，测其电动势，然后再改测未知溶液的电池电动势，按式(3.8-1) 由两个电池电动势之差可算出未知溶液的 pH 值。

鉴于由玻璃电极组成的电池其内阻高达 $5 \times 10^8\,\Omega$ 左右，因此即使用 $10^{-9}\,A \cdot mm^{-1}$ 甚至 $10^{-10}\,A \cdot mm^{-1}$ 的检流计亦无法进行测量。即要求测量精确度为 0.001V（约相当于 0.02pH），对检流计就要求能检查出 $\frac{0.001}{5 \times 10^8} = 2 \times 10^{-12}\,A$ 的电流，故不能用普通的电位差计来测量电池电动势。一般是利用数字电压表或离子计进行测量，pH 计已将测出来的电池电动势直接用 pH 值表示出来，不必加以换算。

如果玻璃电极的内表面和外表面完全相同，那么对于下述电池

$$Ag \mid AgCl(s) \mid 0.1mol \cdot L^{-1} HCl \vdots 0.1mol \cdot L^{-1} HCl \mid AgCl(s) \mid Ag$$
玻璃膜

的电动势应等于 0，但实际上，即便是良好的电极，此电池的电动势也有 $\pm 2mV$ 左右，电势的这种小差值叫做玻璃电极的不对称电势，这是由于玻璃膜内外表面张力差而产生的。

玻璃电极与氢电极及氢醌电极等相比，有许多优点。它不易受害，不受溶液中氧化剂、还原剂及毛细管活性物质如蛋白质的影响，可在浊性、有色或胶体溶液中使用，相当少量的溶液亦可进行 pH 值的测定。缺点是易脆，电阻高，在相当稀的或碱介质中使用时受到限制。

使用玻璃电极时应注意以下几点：

① 切忌与硬物接触。测量过程中更换溶液时，先用蒸馏水洗，玻璃膜上的少量水只能用滤纸吸干，不可擦拭。

② 初次使用时，先在蒸馏水中浸泡一昼夜，以稳定其不对称电势，不用时也最好经常浸入水中，切忌与强烈吸水的溶剂相接触。

③ 在强碱性溶液中使用时，应尽快操作，用完后立即用水冲洗。

④ 玻璃电极不可沾染油污。如发生这种情况，应依次浸入乙醇、四氯化碳和乙醇中，再用水淋洗后浸于蒸馏水中。

⑤ 玻璃电极的玻璃泡如有裂纹或老化（久放两年以上），则应调换新的电极，否则电极达平衡极慢，造成较大测量误差。

3.8.2　pH 复合电极

把 pH 玻璃电极和参比电极组合在一起的电极就是 pH 复合电极（见图 3-40）。根据外壳材料的不同分为塑壳和玻璃两种。相对于两个电极而言，复合电极最大的好处就是使用方便。pH 复合电极主要由电极球泡、玻璃支持杆、内参比电极、内参比溶液、外壳、外参比电极、外参比溶液、液接界、电极帽、电极导线、插口等组成。

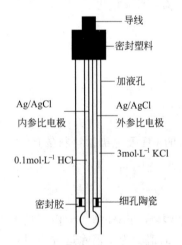

图 3-40　pH 复合电极结构示意

（1）电极球泡　它是由具有氢功能的锂玻璃熔融吹制而成的，呈球形，膜厚在 $0.1 \sim 0.2mm$ 左右，电阻值 $<250M\Omega$（$25℃$）。

（2）玻璃支持管　是支持电极球泡的玻璃管体，由电绝缘性优良的铅玻璃制成，其膨胀系数应与电极球泡玻璃一致。

（3）内参比电极　为 Ag/AgCl 电极，主要作用是引出电极电位，要求其电位稳定，温度系数小。

（4）内参比溶液　零电位为 pH 的内参比溶液，是中性磷酸盐和氯化钾的混合溶液，玻璃电极与参比电极构成电池建立零电位的 pH 值，主要取决于内参比溶液的 pH 值及氯离子浓度。

（5）电极壳　电极壳是支持玻璃电极和液接界，盛放外参比溶液的壳体，通常由聚碳酸酯（PC）塑压成型或者玻璃制成。PC 塑料在有些溶剂中会溶解，如四氯化碳、三氯乙烯、四氢呋喃等，如果测试中含有以上溶剂，就会损坏电极外壳，此时应改用玻璃外壳的 pH 复合电极。

（6）外参比电极　为 Ag/AgCl 电极，作用是提供与保持一个固定的参比电势，要求电位稳定，重现性好，温度系数小。

（7）外参比溶液　KCl 溶液或 KCl 凝胶电解质。

（8）液接界　液接界是外参比溶液和被测溶液的连接部件，要求渗透量稳定，通常用砂芯的。

（9）电极导线　为低噪声金属屏蔽线，内芯与内参比电极连接，屏蔽层与外参比电极连接。

3.8.2.1　pH 复合电极的浸泡

pH 电极使用前必须浸泡，因为 pH 球泡是一种特殊的玻璃膜，在玻璃膜表面有一很薄的水合凝胶层，它只有在充分湿润的条件下才能与溶液中的 H^+ 有良好的响应。同时，玻璃电极经过浸泡，可以使不对称电势大大下降并趋向稳定。pH 玻璃电极一般可以用蒸馏水或 pH＝4 的缓冲溶液浸泡。通常使用 pH＝4 的缓冲溶液更好一些，浸泡时间 8～24h 或更长，根据球泡玻璃膜厚度、电极老化程度而不同。同时，参比电极的液接界也需要浸泡。因为如果液接界干涸，会使液接界电势增大或不稳定，参比电极的浸泡液必须和参比电极的外参比溶液一致，浸泡时间一般为几小时即可。

因此，对 pH 复合电极而言，就必须浸泡在含 KCl 的 pH＝4 的缓冲溶液中，这样才能对玻璃球泡和液接界同时起作用。这里要特别注意，因为过去人们使用单支的 pH 玻璃电极已习惯于用去离子水或 pH＝4 的缓冲溶液浸泡，后来使用 pH 复合电极时依然采用这样的浸泡方法，甚至在一些不正确的 pH 复合电极的使用说明书中也会进行这种错误的指导。这种错误的浸泡方法引起的直接后果就是使一支性能良好的 pH 复合电极变成一支响应慢、精度差的电极，而且浸泡时间越长性能越差，因为经过长时间的浸泡，液接界内部（例如砂芯内部）的 KCl 浓度已大大降低了，使液接界电势增大和不稳定。当然，只要在正确的浸泡溶液中重新浸泡数小时，电极还是会复原的。

另外，pH 电极也不能浸泡在中性或碱性的缓冲溶液中，长期浸泡在此类溶液中会使 pH 玻璃膜响应迟钝。

正确的 pH 电极浸泡液的配制：取 pH＝4.00 的缓冲剂（250mL）一袋，溶于 250mL 纯水中，再加入 56g 分析纯 KCl，适当加热，搅拌至完全溶解即成。

为了使 pH 复合电极使用更加方便，一些进口的 pH 复合电极和部分国产电极，都在 pH 复合电极头部装有一个密封的塑料小瓶，内装电极浸泡液，电极头长期浸泡其中，使用时拔出洗净就可以了，非常方便。这种保存方法不仅方便，而且对延长电极寿命也是非常有利的，但是塑料小瓶中的浸泡液不要受污染，要注意更换。

3.8.2.2　pHS-3 型酸度计的使用方法

在较精密的测定中，多采用数字显示的 pHS-3 型酸度计，现以 pHS-3D 型和 pHS-3B 型为例介绍其使用方法。

pHS-3D 型仪器面板如图 3-41 所示。

安装好电极，仪器接电源预热 20min，电极先插入第一标准缓冲溶液。按下"pH"按键，调节温度补偿旋钮到溶液温度示值处，接通测量开关，调"斜率"螺丝，使仪器显示标准缓冲溶液的 pH 值。更换第二标准缓冲溶液，调"定位"旋钮，使仪器显示相应 pH 值。反复这两步操作，使数据显示稳定、重复。保持斜率及定位旋钮位置不变，更换待测液即可进行测量。在进

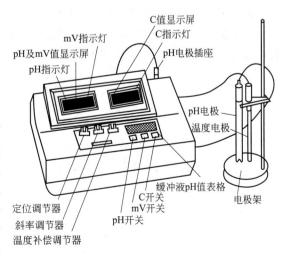

图 3-41　pHS-3D 型仪器面板

行电位测量时，按下"mV"键。调节调零旋钮，使屏上显示为零后，再接通测量开关即读取电位值。

pHS-3B 型酸度计使用方法与 pHS-3D 型相似。

3.9 电导率的测定

3.9.1 测量原理

在电场作用下，电解质溶液中正、负离子的定向运动使其可以导电，其导电能力的大小常用电导 G 与电导率 κ 表示。

设有面积为 A、相距为 l 的两铂片电极插在电解质溶液中，根据电阻定律，测得此溶液电阻 R 可表示为

$$R = \rho \frac{l}{A}$$

式中，ρ 为电阻率，$\Omega \cdot m$。所谓电导 G，即电阻的倒数，$G = \dfrac{1}{R}$，代入上式，得：

$$G = \frac{1}{\rho} \frac{A}{l} = \kappa \frac{A}{l} \tag{3.9-1}$$

令 $\dfrac{l}{A} = K_{cell}$，则

$$\kappa = G \frac{l}{A} = G \cdot K_{cell} \tag{3.9-2}$$

据 SI 制，G 单位为 S（西），$1S = 1\Omega^{-1}$。κ 为电阻率的倒数，称为电导率，单位为 S·m^{-1}。K_{cell} 称为电导池常数或电极常数。对电解质溶液，电导率即相当于在电极面积为 $1m^2$、电极距离为 $1m$ 的立方体中盛有该溶液时的电导。

电导或电导率的测定实质上是电阻的测定，测量的方法有平衡电桥法与电阻分压法两种。现分述如下。

(1) 平衡电桥法原理　如图 3-42 所示，R_1 为装在电导池内待测电解质溶液的电阻。桥路的电源应用较高的频率（如 1000Hz）的交流电源，因为若用直流电，必然引起离子定向迁移而在电极上放电。即使使用频率不高的交流电源，也会在两极间产生极化电势导致测量误差。平衡检测器可使用示波仪或耳机。根据电桥平衡原理，通过调节 R_1、R_2、R_3 电阻值，待电桥平衡时，即桥路输出电位 U_{AB} 为零，R_1 可从下式求得

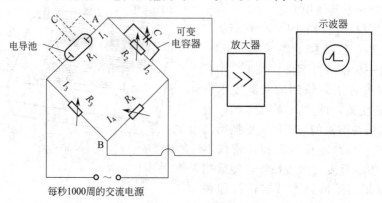

图 3-42　平衡电桥法测定原理

$$R_1 = \frac{R_2}{R_4}R_3 \qquad (3.9\text{-}3)$$

为减少测求 R_1 的相对误差，在实际应用中常用等臂电桥，即 $R_3 = R_4$。应当指出，桥路中 R_2、R_3、R_4 皆为纯电阻，而 R_1 是由两片平行的电极组成的，具有一定的分布电容。由于容抗和纯电阻存在着相位上的差异，所以按平衡电桥法测量，不能调节到电桥完全平衡。若要精密测量，应与 R_2 并联一个适当的电容 C，使桥路的容抗也能达到平衡。

（2）电阻分压法　电导率仪的工作原理就是基于电阻分压的不平衡测量，其原理如图 3-43 所示。

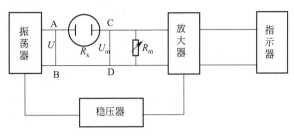

图 3-43　电阻分压测定原理

稳压器输出一个稳定的直流电压供振荡器与放大器稳定工作。振荡器采用电感负载式的多谐振电路，具有很低的输出阻抗，其输出电压不随电导池的电阻 R_x 变化而变化。这样就为由电导池 R_x 与电阻 R_m 组成的电阻分压回路提供了稳定的音频标准电压 U。回路电流 I 为

$$I = \frac{U}{R_x + R_m}$$

在 R_m 两端的电压降 U_m 为

$$U_m = IR_m = \frac{UR_m}{R_x + R_m}$$

根据式（3.9-1）则

$$U_m = \frac{UR_m}{\frac{1}{G} + R_m} \qquad (3.9\text{-}4)$$

将式（3.9-2）代入式（3.9-4）

$$U_m = \frac{UR_m}{\left(\frac{K_{cell}}{\kappa}\right) + R_m} \qquad (3.9\text{-}5)$$

若电导池常数 K_{cell} 值已知，R_m、U 为定值，则电阻 R_m 两端的电压降 U_m 是溶液电导率 κ 的函数：

$$U_m = f(\kappa)$$

因此，经适当刻度，在电导率仪指示板上可直接读得溶液的电导率值。

为了消除电导池两极间的分布电容对 R_x 的影响，电导率仪中设有电容补偿电路。它通过一个电容产生一个反相电压加在 R_m 上，使电极间分布电容的影响得以消除。

电导仪的工作原理与电导率仪相同。根据式（3.9-5），当 U、R_m 为定值时，U_m 是溶液电导 G 的函数，据此，即可在电导仪的指示板上直接读得溶液的电导值。

3.9.2　DDSJ-308 型电导率仪使用方法

DDSJ-308 型电导率仪可用于精确测量水溶液的电导率和温度，也可用于测量纯水的纯度，采用液晶显示屏直接显示所测数据。

将仪器线路接好，若已知电导池常数，欲用以测量溶液的电导率，按如下步骤操作。

① 将电导电极和温度电极一端的插头分别插进各自插座中，另一端浸入被测液中，开

59

机，仪器直接进入测量状态。

② 设置电导池常数，操作框图如图 3-44 所示：

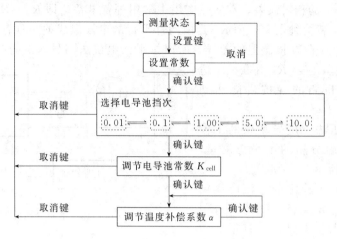

图 3-44　设置电导池常数操作

选择电导池常数的挡次，调节电导池常数 K_{cell} 和调节温度补偿系数 α 时，按 ∧/∨ 键即可。

③ 显示测量结果，仪器自动完成本部分工作，包括对溶液的电导率、温度的采样、计算、自动量程转换，最后显示所测的电导率及温度值。

若电导池常数未知，使用已知电导率的溶液对电导池常数进行标定，操作步骤如下。

① 将电极接入仪器，将温度探头拔出，仪器则认定温度 25.0℃，此时显示的电导率值是未经温度补偿的绝对电导率值。

② 将电极浸入已知电导率的 KCl 标准溶液中（几种浓度 KCl 溶液的电导率见附表 2-14）。

③ 控制溶液温度恒定为 （25.0±0.1）℃。

④ 通电源，待仪器读数稳定后，按下标定键，按 ∧ 键或 ∨ 键，调节仪器显示数据与标准溶液电导率值相同，按下确认键，仪器将自动计算出电导池常数并贮存，随即自动返回测量状态；按取消键，仪器退出标定状态并返回测量状态。

3.9.3　SLDS-I 型数显电导率仪使用方法

① 将电极插头插入电极插座（插头、插座上的定位销对准后，按下插头顶部即可），接通仪器电源，仪器处于校准状态，校准指示灯亮。

② 仪器预热 15min。

③ 用温度计测出被测液的温度后，将"温度补偿"旋钮的标志线置于被测液的实际温度相应位置，当"温度补偿"旋钮置于 25℃ 位置时，则无补偿作用。

④ 调节常数旋钮，使仪器所显示值为所用电极的常数标准值。

⑤ 例如，电极常数为 0.92，调"常数"旋钮使显示 920，若常数为 1.10，调"常数"旋钮使显示 1100（忽略小数点）。

⑥ 当使用常数为 10 电极时，若其常数为 9.6，调节"常数"旋钮使显示 960，若常数为 10.7，调"常数"旋钮调在使显示 1070。

⑦ 当使用常数为 0.01 电极时，将"常数"旋钮调在显示 1000 位置。当使用 0.1 常数的电极时，若常数为 0.11，调"常数"旋钮使显示 1100，依此类推。

⑧ 按"测量/转换"键，使仪器处于测量状态（测量指示灯亮），待显示值稳定后，该

显示数值即为被测液体在该温度下的电导率值。

⑨ 测量中，若显示屏显示为"OUT"，表示被测值超出量程范围，应置于高一挡量程来测量，若读数很小，则就置于低一挡量程，以提高精度。

⑩ 测量高电导率的溶液，若被测溶液的电导率高于 $20mS \cdot cm^{-1}$ 时，应选用 DJS-10 电极，此时量程范围可扩大到 $200mS \cdot cm^{-1}$，（$20mS \cdot cm^{-1}$ 挡可测至 $200mS \cdot cm^{-1}$，$2mS \cdot cm^{-1}$ 挡可测至 $20mS \cdot cm^{-1}$，但显示数须乘 10）。

⑪ 测量纯水或高纯水的电导率，宜选 0.01 常数的电极，被测值＝显示数×0.01。也可用 DJS-0.1 电极，被测值＝显示数×0.1。

⑫ 被测液的电导，低于 $30\mu S \cdot cm^{-1}$，宜选用 DJS-1 光亮电极。电导率高于 $30\mu S \cdot cm^{-1}$，应选用 DJS-1 铂黑电极。

⑬ 电导率范围及对应电极常数推荐表（见表 3-7）。

表 3-7 电导率范围及对应电极常数推荐值

电导率范围/$\mu S \cdot cm^{-1}$	电阻率范围/$\Omega \cdot cm$	推荐使用电极常数/cm^{-1}
0.05～2	20M～500k	0.01,0.1
2～200	500k～5k	0.1,1.0
200～2000	5k～500	1.0
2000～20000	500～50	1.0,10
20000～2×10^5	50～5	10

⑭ 仪器可长时间连续使用，可用输出讯号（0～10mV）外接记录仪进行连续监测，也可选配 RS232C 串口，由电脑显示监测。

3.9.4 注意事项

① 仪器设置的溶液温度系数为 0.02 与此系数不符合的溶液使用温度补偿器将会产生一定的误差，为此可把"温度"旋钮置于 25℃，所得读数为被测溶液在测量时温度下的电导率。

② 测量纯水或高纯水要点

a. 应在流动状态下测量，确保密封状态，为此，用管道将电导池直接与纯水设备连接，防止空气中 CO_2 等气体溶入水中使电导率迅速增大。

b. 流速不宜太高，以防产生湍流，测量中可逐增流速至使指示值不随流速增加而增大。

c. 避免将电导池装在循环不良的死角。

③ 用户可采用图 3-45 所示的测量槽，将电极插入槽中，槽下方接进水管（聚乙烯管），管道中应无气泡。也可将电极装在不锈钢三通中（见图 3-46），先将电极套入密封橡皮圈，装入三通管后用螺帽固紧。

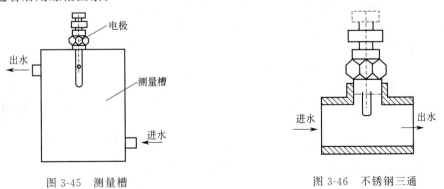

图 3-45　测量槽　　　　　　　　　　图 3-46　不锈钢三通

④ 电极插头，插座不能受潮。盛放被测液的容器须清洁。

⑤ 电极使用前、后都应清洗干净。

3.9.5 电导池及电导电极

测电导用的电导池和电导电极及镀铂黑电路示意如图 3-47 所示，电导电极是两片固定在玻璃上的铂片，其电导池常数 K_{cell} 值可通过测定已知电导率的 KCl 标准溶液的电导率按式(3.9-2)计算求得。

电导电极根据被测溶液电导率的大小可有不同形式。若被测溶液电导率很低（$\kappa = 10^{-3}$ S·m^{-1}），选用光亮的铂电极，若被测溶液电导率较高（10^{-3} S·m$^{-1} < \kappa < 1$S·m^{-1}），为防止极化的影响，应先用镀铂黑的铂电极以增大表面积。若被测溶液的电导率很高（$\kappa > 1$S·m^{-1}），应选用 U 形电导池，这种电导池常数很大。

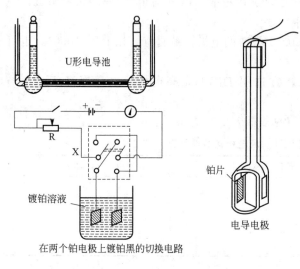

图 3-47 电导池、电导电极及镀铂黑电路示意

铂黑电极的电镀工艺类同于氢电极，可按图 3-47 接好线路，调节可变电阻 R，控制电流的大小使电极上略有气泡逸出即可。每隔半分钟通过换向开关 X 将电流换向一次，连续进行 $10 \sim 15$min，使两铂片都镀上铂黑。取出电极，洗净后，再在 1mol·L^{-1} H$_2$SO$_4$ 溶液中电解，电解时以铂黑电极为阴极，另外插入一个铂电极作为阳极，利用电解时产生的新生 H$_2$ 除去吸附的 Cl$_2$。电解 10min 后，弃去 H$_2$SO$_4$ 电解液，将铂黑电极洗净，浸在蒸馏水中保存备用。

3.10 恒电位仪

3.10.1 HDY 恒电位仪

HDY-I 型恒电位仪可同时显示电流和恒电位值，广泛应用于电化学分析及有机电化学合成等方面。可通过 RS232 串行口与电脑相连接，使数据显示更加清晰直观，电路中采取了保护电路，具有安全性和可靠性。

（1）恒电位仪前面板功能说明

恒电位仪前面板如图 3-48 所示，按作用划分为 14 个区。

① 区 1 用于仪器系统调零，有"电压调零"和"电流调零"。

② 区 2 电源开关。

③ 区 3 仪器功能控制按键区，有五个功能键。

a. 工作方式键 该按键为仪器工作方式选择键，由该键可顺序循环选择"平衡"、"恒电位"、"参比"或"恒电流"等工作方式，与该按键配合，区 4 的四个指示灯用于指示相应的工作方式。

b. +/-键 该按键用于选择内给定的正负极性。

c. 负载选择键 该按键用于负载选择，与该按键配合，区 5 的两个指示灯用于指示所选择的负载状态。"模拟"状态时，选择仪器内部阻值约为 10kΩ 的电阻作为模拟负载；"电

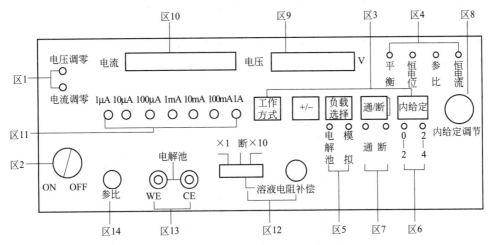

图 3-48　恒电位仪前面板示意

解池"状态时，选择仪器外部的电解池作为负载。

d. 通/断键　该按键用于仪器与负载的通断控制，与该按键配合，区 7 的两个指示灯用于指示负载工作状况的通断，"通"时仪器与负载接通，"断"时仪器与负载断开。

e. 内给定选择键　该按键用于仪器内给定范围的选择，"恒电位"工作方式时，通过该按键可选择 0～1.9999V 或 2～4V 内给定恒电位范围；"恒电流"工作方式时，只能选择 0～1.9999V 的内给定恒电位范围。与该按键配合，区 6 的两个指示灯用于指示所选择的内给定范围。

④ 区 8　内给定调节电位器旋钮。

⑤ 区 9　电压值显示区，恒电位工作方式时，显示恒电位值；恒电流工作方式时，显示槽电压值。

⑥ 区 10　电流值显示区，恒电位工作方式时，可通过区 11 的电流量程选择键来选择合适的显示单位，若某一电流量程下出现显示溢出，数码管各位将全零"00000"闪烁显示，以示警示，此时可在区 11 顺次向右选择较大的电流量程挡；恒电流工作方式时，区 10 的显示值为仪器提供的恒电流值，该方式下，在区 11 选择的电流量程越大，仪器提供的极化电流也越大，若过大的极化电流造成区 9 电压显示溢出（数码管各位全零"00000"闪烁显示），可在区 11 顺次向左选择较小的电流量程挡。

⑦ 区 11　电流量程选择区，由七挡按键开关组成，分别为"1μA"、"10μA"、"100μA"、"1mA"、"10 mA"、"100 mA"和"1A"。实际电流值为区 10 数据乘以所选择挡位的量程值。

⑧ 区 12　溶液电阻补偿区，由控制开关和电位器（10kΩ）组成，控制开关分"×1"、"断"和"×10"三挡。"×10"挡时补偿溶液电阻是"×1"挡的十倍，"断"则溶液反应回路中无补偿电阻。

⑨ 区 13　电解池电极引线插座，"WE"插孔接研究电极引线，"CE"插孔接辅助电极引线。

⑩ 区 14　参比输入端。

（2）恒电位仪后面板功能说明

交流电源插座用于连接 220V 交流电压，保险丝座内接 3A 保险丝管。信号选择由选择开关及其右侧相邻的高频插座组成，"内给定"、"外给定"和"外加内"三种给定方式由选择开关选定。"内给定"时由仪器内部提供内给定直流电压；"外给定"时外加信号从与选择开关右侧相邻的高频插座输入；"外加内"时，给定信号由外加信号和内部直流电压信号两者合成。

"参比电压"、"电流对数"、"电流"和"槽电压"四个高频插座输出端，可与外接仪表或记录仪连接（图 3-49）。

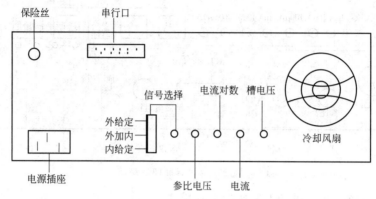

图 3-49　恒电位仪后面板示意

（3）开机前的准备

① 区 8 的调节旋钮左旋到底；

② 区 11 电流量程选择"1mA"按键按下；

③ 区 12 溶液电阻补偿控制开关置于"断"；

④ 仪器参比探头和电解池电极引线按图 3-50 所示连接；

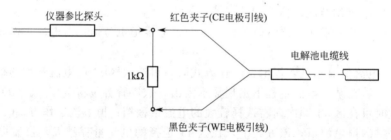

图 3-50　1kΩ 电阻为外接电解池时的连接

⑤ 后面板选择开关置于"内给定"；

⑥ 确认供电电网电压无误后，将随机提供的电源连线插入后面板的电源插座中。

（4）开机后的初始状态

接通前面板的电源开关，仪器进入初始状态，前面板显示如下。

① 区 4 的"恒电位"工作方式指示灯亮；

② 区 5"模拟"负载指示灯亮；

③ 区 6"0—2"指示灯亮；

④ 区 7 负载工作状况的"断"指示灯亮。

若各状态指示正确，预热 15min，可进入"仪器调零和验收测试"。

（5）仪器调零

① 按图 3-50 所示 1kΩ 电阻作为电解池如图接好；

② 按下区 3 的负载选择按键，使区 5"电解池"指示灯亮，即仪器以电解池为负载；

③ 按下区 3 的通/断按键，使区 7 负载工作状况的"通"指示灯亮；

④ 经数分钟后，观察电压、电流的显示值是否显示"00000"，若显示值未到零，按下述步骤调零。

a. 先小心调节区 1 的"电压调零"电位器，使电压显示为零；

b. 再小心调节区 1 的"电流调零"电位器，使电流显示为零。完毕后，进行后续测试。

⑤ 旋内给定电位器旋钮，使电压表显示"1.0000"，而电流表的显示值应为"－1.0000"左右；按一下区 3 的＋/－按键，电压表显示值反极性，调节内给定旋钮使电压表显示"－1.0000"，电流表显示值应为"1.0000"左右。若仪器工作如上所述，说明仪器工作正常。

（6）实验操作步骤

① 通电前必须按照实验指导书正确连接好电化学实验装置，并根据具体所做实验选择好合适的电流量程（如用恒电位法测定极化曲线，可将电流量程先置于"100 mA"挡），内给定旋钮左旋到底。实验装置如图 3-51。

② 电极处理。用金属相砂纸将碳钢电极擦至镜面光亮状，然后浸入 100mL 蒸馏水中含 1mL H_2SO_4 的溶液中约 1min，取出用蒸馏水洗净备用。

③ 在 100mL 烧杯中加入 NH_4HCO_3 饱和溶液和浓氨水各 35mL，混合后倒入电解池。研究电极为碳钢电极，靠近毛细管口；辅助电极为铂电极；参比电极为甘汞电极。

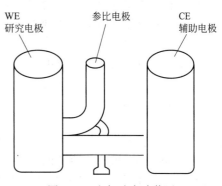

图 3-51　电解池实验装置

④ 接通电源开关，通过工作/方式按键选择"参比"工作方式；负载选择为电解池，"通/断"开关置"通"，此时仪器电压显示的值为自然电位（应大于 0.7V 以上，否则应重新处理电极）。

⑤ 按"通/断"置"断"工作方式选择为"恒电位"，负载选择为模拟，接通负载，再按"通/断"置"通"，调节内给定使电压显示为自然电压。

⑥ 将负载选择为电解池，间隔 20mV 往小的方向调节内给定，等电流稳定后，记录相应的恒电位和电流值。

⑦ 当调到零时，微调内给定，使得有少许电压值显示，按"＋/－"使显示为"－"值，再以 20mV 为间隔调节内给定直到约－1.2V 为止，记录相应的电流值。

⑧ 将内给定左旋到底，关闭电源，将电极取出用水洗净。

（7）仪器的提示和保护功能

① 实验中，若电压或电流值超量程溢出，相应的数码管各位全零"00000"闪烁显示，以示警示，提醒转换电流量程按键开关或减小内给定值。

② 仪器工作状况指示为"通"，即仪器负载接通时，工作方式的改变将强制性地使仪器工作状态处于"断"的状态，即仪器负载断开，以保护仪器的工作安全。

③ 在"通/断"的状态下选择工作方式、负载选择。

④ WE 和 CE 不能短路。

3.10. 2　WHHD-2 型恒电位仪

（1）使用方法

仪器面板包含显示区域、控制区域、三电极输出。

显示区域的液晶屏幕可以显示当前的电位、电流以及控制和设置信息。红色的过载指示灯在仪器过载时会闪亮并伴有蜂鸣声提醒，在仪器过载时应及时调整设定或负载，必要时可及时关闭仪器，避免长时间过载对仪器造成损伤。

控制区域包括 IR 补偿调节旋钮和开关、菜单/微调旋钮、输出调节旋钮、调零旋钮。

IR 补偿调节旋钮和开关用于调节恒电位仪的 IR 补偿量和控制开关。

菜单/微调旋钮可以按下和旋转，在测量状态下，按下旋钮调出设置菜单，旋转旋钮可以微调输出量；在设置菜单下，旋转旋钮用于选择需要调节的选项，按下旋钮用于确认和回到测量界面。

输出调节旋钮在测量状态下用于调节输出量，在设置界面可以调节要设置的内容。

调零旋钮用于在电位为 0 的情况下将电流归零，如果电位为 0 时而电流不为 0，则可以通过调节调零旋钮将电流调节到 0。

（2）设置方法

仪器接通电源后，处于恒电位模式，假负载状态，三电极在内部连接到两个串联的 $2k\Omega$ 电阻上。调节输出调节旋钮和微调旋钮，使电位为 0，调节调零旋钮，使电流为 0。

按下菜单/微调旋钮，即进入设置界面，可以选择恒定模式（恒电位或者恒电流）、输出模式（参比模式，假负载模式或者电解槽模式）、电位量程 VL（20V、2V 或自动切换 AUTO）、电流量程 AL（1A～2μA）。通过旋转菜单/微调旋钮选择要改变的选项，旋转输出调节旋钮来改变被选中选项的内容。如果不需要动态扫描而使用静态分析方法，则在设定好以上内容后选中"运行"，并按下菜单/微调旋钮，返回测量界面。此时旋转"菜单/微调"旋钮可以调节输出量，电位和电流则会发生相应的变化。

如果要进行动态扫描分析，在设置界面，选中"更多"并按下"菜单/微调"旋钮，进入扫描设置界面。在扫描设置界面，可以设置扫描方式（关闭，单次扫描，循环扫描）、起始电位（V）、终止电位（V）、扫描速度（mV/s），设置完成以上参数后，选中"运行"并按下"菜单/微调"旋钮返回测量界面，即开始动态扫描分析，在扫描的过程中，按下"菜单/微调"旋钮可以对扫描的过程进行终止、暂停等操作。在扫描设置中，扫描方式"关闭"表示不用扫描功能，"单次"表示从起始电位到终止电位进行一次扫描，循环扫描表示从当前电位开始，介于起始电位和终止电位之间的循环不断的扫描。

3.11 电容仪的测定原理及使用

电容的测定主要有电容电桥法、频率法等。由电容的测定可求算物质的介电常数 ε：

$$\varepsilon = \frac{C}{C_0}$$

式中，C 为某电容器以该物质为介质时的电容值；C_0 为同一电容器为真空时的电容值。因空气的介电常数接近 1，故介电常数近似为：

$$\varepsilon = \frac{C}{C_空}$$

式中，$C_空$ 为电容中以空气为介质时的电容值。

3.11.1 电容电桥法

（1）原理　CC-6 型小电容仪采用电容电桥法，测量原理如图 3-52(a) 所示。

桥路为变压器的比例臂电桥。电桥平衡时

$$\frac{C_X}{C_S} = \frac{U_S}{U_X} \tag{3.11-1}$$

式中，C_X 为两极间电容；C_S 为标准的差动电容。

调节 C_S，当 $C_S = C_X$ 时，$U_S = U_X$。此时放大器输出趋近于零，C_S 值可以从刻度盘上直接读出，C_X 值亦可得。

电容池的构造如图 3-52(b) 所示，将待测样品装于电容池的样品室中测量。

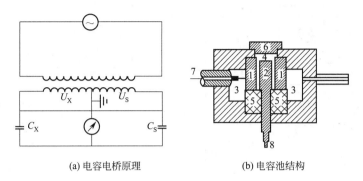

(a) 电容电桥原理　　　　　(b) 电容池结构

图 3-52　电容电桥原理及电容池结构示意

1—外电极；2—内电极；3—恒温室；4—样品池；5—绝缘板；6—池盖；

7—外电极接线；8—内电极接线

实际所测的电容 C_X 包括样品的电容 $C_样$ 和电容池的分布电容 C_d，即

$$C_X = C_样 + C_d \tag{3.11-2}$$

应从 C_X 中扣除 C_d，才得到样品电容 $C_样$。C_d 由下法求出。

由一已知介电常数 $\varepsilon_标$ 的标物，测其电容为 $C'_标$，则

$$C'_标 = C_标 + C_d \tag{3.11-3}$$

再测得电容池中不放样品时的电容 $C_空$，则

$$C'_空 = C_空 + C_d \tag{3.11-4}$$

由式(3.11-3)、式(3.11-4) 并近似取 $C_空 \approx C_0$，则

$$C'_标 - C'_空 = C_标 - C_空 \approx C_标 - C_0 \tag{3.11-5}$$

$$\varepsilon_标 = \frac{C_标}{C_0} \approx \frac{C_标}{C_空} \tag{3.11-6}$$

由式(3.11-6)、式(3.11-5) 可得：

$$C_0 \approx C_空 = \frac{C'_标 - C'_空}{\varepsilon_标 - 1} \tag{3.11-7}$$

$$C_d = C'_空 - \frac{C'_标 - C'_空}{\varepsilon_标 - 1} \tag{3.11-8}$$

由实验测定的 $C'_标$、$C'_空$ 和已知的 $\varepsilon_标$，经式(3.11-8) 可算出 C_d。

(2) CC-6 型小电容仪的使用方法　将电容池的下插头（连接内电极）插在小电容测量仪插口 "m" 上，再将连接外电极的侧插头插在 "a" 上（见图 3-53）。

接通恒温油槽电源，使循环恒温油温度为 25.0℃。将小电容测量仪的电源旋转到 "检查" 位置，此时表头指针的偏转应大于红线，表示仪器的电源电压正常。否则应调换作为电源的干电池，使指针偏转正常。然后把电源旋转到 "测试" 挡。倍率旋转到位置 "1"，调节灵敏度旋钮，使表头指针有一定的偏转（灵敏度旋钮不可一下子开得太大，否则会使指针打出格）。旋转差动电容旋钮，寻找电桥的平衡位置（指针由大折转向小变化），继续调节差动电容器旋钮和损耗旋钮并逐步增大灵敏度，使表头的指针趋于最小。电桥平衡后，读出电容

值，重复调节三次，三次读数的平均值即为 $C'_\text{空}$。

再用滴管吸取干燥过的标准物或样品，从金属盖的中间口加入，使液面超过两电极，盖上塑料塞。恒温后同法测量可得 $C'_\text{标}$ 或 C_X。

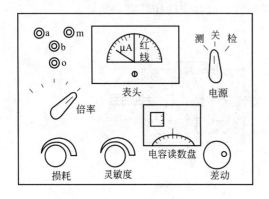

图 3-53　小电容测定仪面板

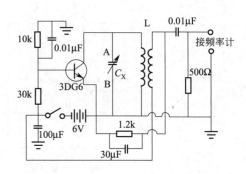

图 3-54　频率法测电容原理

L—初级 120 圈次级 60 圈绕在微型磁芯上

C_X 约为 $250\mu F$ 的 2 型单联空气电容器

3.11.2　频率法测电容原理

频率法测电容的原理如图 3-54 所示。实际为一个单晶体管电感偶合正弦波高频振荡器。振荡频率为：

$$f = \frac{1}{2\pi\sqrt{HC_X}}$$

式中，H 为线圈的电感，为一定值；C_X 为可变电容器电容，为 $C_\text{样}$ 与 C_d 之和。

合并常数项后上式变为：

$$f = \frac{K}{\sqrt{C_X}} \quad \text{或} \quad C_X = \frac{K^2}{f^2} \tag{3.11-9}$$

溶液的介电常数则为：

$$\varepsilon \approx \frac{C_\text{样}}{C_\text{空}}$$

当用可变电容器进行测定时，为了消除 C_d 的影响，在以空气为介质和以溶液为介质时，均用可变电容器的两个固定位置。如用动片完全旋进和完全旋出两个位置的测定值之差，这时

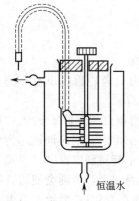

$$\varepsilon = \frac{(C_\text{进} - C_\text{出})_\text{样}}{(C_\text{进} - C_\text{出})_\text{空}} = \frac{\left(\frac{1}{f^2_\text{进}} - \frac{1}{f^2_\text{出}}\right)_\text{样}}{\left(\frac{1}{f^2_\text{进}} - \frac{1}{f^2_\text{出}}\right)_\text{空}} \tag{3.11-10}$$

实验中所用电容池即介电常数测定装置如图 3-55 所示。

3.11.3　PGM-Ⅱ型数字小电容测试仪的使用方法

（1）小电容测试仪的使用方法

① 准备　用配套电源线将后面板的"电源插座"与 ～220V 电源连接，再打开前面板的电源开关，此时 LED 显示某一电容值。预热 5min。

图 3-55　介电常数测定装置

② 按一下 采零 键，以清除仪表系统零位漂移，显示器显示"00.00"。

③ 将被测电容两引出线分别插入仪器前面板"电容池"插座、"电容池座"插座后，使其接触良好，显示稳定后的值即为被测电容的电容量。

（2）介电常数实验装置的使用方法

① 准备

a. 用配套电源线将后面板的"电源插座"与～220V 电源连接，再打开前面板的电源开关，此时 LED 显示某一电容值。预热 5min。

b. 电容池使用前，应用丙酮或乙醚对内、外电极之间的间隙进行数次冲洗，并用电吹风吹干，才能注入样品溶液。

用配套测试线将数字小电容测试仪的"电容池座"插座与电容池的"内电极"插座相连，将另一根测试线的一端插入数字小电容测试仪的"电容池"插座，插入后顺时针旋转一下，以防脱落，另一端悬空。

c. 采零：待显示稳定后，按一下 采零 键，以消除系统的零位漂移，显示器显示"00.00"。

② 空气介质电容的测量　将测试线悬空一端插入电容池"外电极"插座，插入后顺时针旋转一下，以防脱落。此时仪表显示值为空气介质的电容（$C_{空}$）与系统分布电容（$C_{分}$）之和。

③ 液体介质电容的测量　逆时针旋转，拔出电容池"外电极"插座一端的测试线。打开电容池加料口盖子，用移液管向池内注入实验液体介质，介质注入量以测试仪显示数据不变为止（以高于池内铜柱平台为佳），盖紧加料口盖子。待显示稳定后，按一下 采零 键，显示器显示"00.00"。

将拔下的测试线的一端插入电容池"外电极"插座，顺时针旋转一下，以防脱落。此时，显示器显示值即为实验液体介质电容（$C_{液}$）与分布电容（$C_{分}$）之和。

3.12　阿贝折光仪的原理和使用

3.12.1　折射率的测量原理

光在不同介质中的传播速率是不同的。当光线通过两种不同介质的界面时会改变方向（即折射），如图 3-56 所示。

折射角度与介质密度、分子结构、温度以及光的波长有关。根据折射定律，波长一定的单色光线，在确定的外界条件（如温度、压力等）下，从一个介质 A 进入另一个介质 B 时，入射角 α 和折射角 β 的正弦比和这两个介质的折射率 N（介质 A）与 n（介质 B）成反比，即：

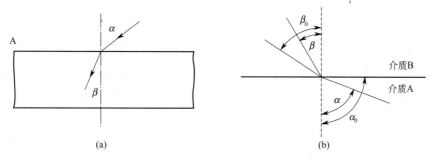

图 3-56　光的折射

$$\frac{\sin\alpha}{\sin\beta}=\frac{n}{N}$$

若介质 A 是真空，则 $N=1$，于是

$$n=\frac{\sin\alpha}{\sin\beta}$$

折射率是有机化合物重要的物理常数之一，它能精确而方便地测定出来。作为液体物质纯度的标准，它比沸点更为可靠。可以根据所测得的折射率识别未知物。折射率也用于确定液体混合物的组成。当组成的结构相似和极性小时，混合物的折射率和物质的组成之间呈线性关系。

折射率的表示须注明所用的光线的波长和测定时的温度，常用 n_D^t 表示。D 是以钠灯的 D 线（5893Å，$1Å=0.1nm=10^{-10}m$）作为光源，t 是与折射率相对应的温度。

作为参考，可以粗略地把每一温度下测定的折射率换算成另一温度下的折射率：

$$n_D^t=n_D^{20}+(20-t)\times4\times10^{-4}$$

用折射率测定样品的浓度所需试样量少，且操作简单方便，读数准确。实验室中常用阿贝折光仪测定液体和固体物质的折射率。阿贝折光仪的外形见图 3-57。

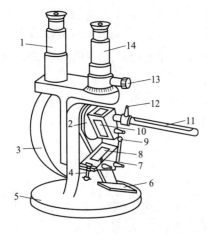

图 3-57　阿贝折光仪外形

1—读数望远镜；2—转轴；3—刻度盘罩；
4—锁钮；5—底座；6—反射镜；7—加液槽；
8—辅助棱镜（开启状态）；9—铰链；
10—测量棱镜；11—温度计；12—恒温水
入口；13—消色散手柄；14—测量望远镜

3.12.2　阿贝折光仪的使用方法

（1）安装　将阿贝折光仪放在光亮处，但避免置于直曝的日光中，用超级恒温槽将恒温水通入棱镜夹套内，其温度以折射仪器上温度计读数为准。

（2）加样　松开锁钮，开启辅助棱镜，使其磨砂斜面处于水平位置，滴几滴丙酮于镜面上，可用镜头纸轻轻揩干。滴加几滴试样于镜面上（滴管切勿触及镜面），合上棱镜，旋紧锁钮。若液样易挥发，可由加液小槽直接加入。

（3）对光　转动镜筒使之垂直，调节反射镜使入射光进入棱镜，同时调节目镜的焦距，使目镜中十字线清晰明亮。

（4）读数　调节读数螺旋，使目镜中呈半明半暗状态。调节消色散棱镜至目镜中彩色光带消失，再调节读数螺旋，使明暗界面恰好落在十字线的交叉处。若此时呈现微色散，继读调节消色散棱镜，直到色散现象消失为止。这时可从读数望远镜中的标尺上读出折射率 n_D。

为减少误差，每个样品需重复测量三次，三次读数的误差应不超过 0.002，再取其平均值。

3.12.3　注意事项

① 使用时必须注意保护棱镜，切勿用其他纸擦拭棱镜，擦拭时注意指甲不要碰到镜面，滴加液体时，滴管切勿触及镜面。保持仪器清洁，严禁油手或汗触及光学零件。

② 使用完毕后要把仪器全部擦拭干净（小心爱护）流尽金属套中的恒温水，拆下温度计，并将仪器放入箱内，箱内放有干燥剂硅胶。

③ 不能用阿贝折光仪测量酸性、碱性物质和氟化物的折射率，若样品的折射率不在1.3～1.7 范围内，也不能用阿贝折光仪测定。

3.13　旋光仪的原理和使用

3.13.1　旋光度与浓度的关系

许多物质具有旋光性。所谓旋光性就是指某一物质在一束平面偏振光通过时，能使其偏振方向转一个角度的性质。旋光物质的旋光度，除了取决于旋光物质的本性外，还与测定温度、光经过物质的厚度、光源的波长等因素有关，若被测物质是溶液，当光源波长、温度、厚度恒定时，其旋光度与溶液的浓度成正比。

（1）测定旋光物质的浓度　配制一系列已知浓度的样品，分别测出其旋光度，作浓度-旋光度曲线，然后测出未知样品的旋光度，从曲线上查出该样品的浓度。

（2）根据物质的比旋光度，测出物质的浓度　旋光度可以因实验条件的不同而有很大的差异，所以又提出了"比旋光度"的概念，规定：以钠光 D 线作为光源，温度为 20℃ 时，一根 10cm 长的样品管中，每毫升溶液中含有 1g 旋光物质时所产生的旋光度，即为该物质的比旋光度，用符号 $[\alpha]$ 表示。

$$[\alpha]=\frac{10\alpha}{lc}$$

式中，α 为测量所得的旋光度值；l 为样品的管长，cm；c 为浓度，$g \cdot mL^{-1}$。

比旋光度 $[\alpha]$ 是度量旋光物质旋光能力的一个常数，可由手册查出，测出未知浓度的样品的比旋光度，代入上式可计算出浓度 c。

3.13.2　旋光仪的结构原理

测定旋光度的仪器叫旋光仪，物理化学实验中常用 WXG-4 型旋光仪测定旋光物质的旋光度的大小，从而定量测定旋光物质的浓度，其光学系统见图 3-58。

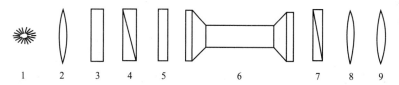

1　2　3　4　5　6　7　8　9

图 3-58　旋光仪的光学系统

1—钠光灯；2—透镜；3—滤光片；4—起偏镜；5—石英片；

6—样品管；7—检偏镜；8,9—望远镜

旋光仪主要由起偏器和检偏器两部分构成。起偏器是由尼科尔棱镜构成的，固定在仪器的前端，用来产生偏振光。检偏器也是由一块尼科尔棱镜组成，由偏振片固定在两保护玻璃之间，并随刻度盘同轴转动，用来测量偏振面的转动角度。

旋光仪就是利用检偏镜来测定旋光度的。如调节检偏镜使其透光的轴向角度与起偏镜的透光轴向角度互相垂直，则在检偏镜前观察到的视场呈黑暗，再在起偏镜与检偏镜之间放入一个盛满旋光物质的样品管，则由于物质的旋光作用，使原来由起偏镜出来的偏振光转过了一个角度 α，这样视场不呈黑暗，必须将检偏镜也相应地转过一个角度 α，视野才能恢复黑暗。因此检偏镜由第一次黑暗到第二次黑暗的角度差，即为被测物质的旋光度。

如果没有比较，要判断视场的黑暗程度是困难的，为此设计了三分视野法，以提高测量准确度。即在起偏镜后中部装一狭长的石英片，其宽度约为视野的 1/3，因为石英也具有旋光性，故在目镜中出现三分视野，如图 3-59 所示。当三分视野消失时，即可测得被测物质的旋光度。

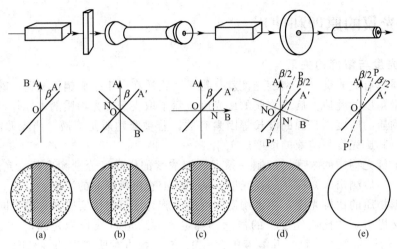

图 3-59　旋光仪三分视野

3.13.3　自动旋光仪的结构及原理

仪器采用 20W 钠光灯作光源，由小孔光栅和物镜组成一个简单的点光源平行光管，平行光经第 1 个偏振镜变为平面偏振光，当偏振光经过有法拉第效应的磁旋线圈时，其振动平面产生 50Hz 的 β 往复摆动，光线经过第 2 个偏振镜投射到光电倍增管上时，产生交变的电讯号。

3.13.4　操作方法

① 将仪器电源插头插入 220V 交流电源（要求使用交流电稳压器 1KVA），并将接地线可靠接地。

② 向上打开电源开关（右侧面），这时钠光灯在交流工作状态下起辉，经 5min 钠光灯激活后，钠光灯才发光稳定。

③ 向上打开光源开关（右侧面），仪器预热 20min（若光源开关扳上后，钠光灯熄灭，则再将光源开关上下重复扳动 1～2 次，使钠光灯在直流下点亮，为正常）。

④ 按"测量"键，这时液晶屏应有数字显示。注意：开机后"测量"键只需按一次，如果误按该键，则仪器停止测量，液晶无显示。用户可再次按"测量"键，液晶重新显示，这时需重新校零（若液晶屏已有数字显示，则不需按"测量"键）。

⑤ 将装有蒸馏水或其他空白溶剂的试管放入样品室，盖上箱盖，待示数稳定后，按"清零"键。试管中若有气泡，应先让气泡浮在凸颈处；通光面两端的雾状水滴应用软布揩干，试管螺帽不宜旋得过紧，以免产生应力，影响读数。试管安放时应注意标记的位置和方向。

⑥ 取出试管。将待测样品注入试管，按相同的位置和方向放入样品室内，盖好箱盖，仪器将显示出该样品的旋光度，此时指示灯"1"点亮。注意：试管内腔应用少量被测试样冲洗 3～5 次。

⑦ 按"复测"键一次，指示灯"2"点亮，表示仪器显示是第一次复测的结果，再次按"复测"键，指示灯"3"点亮，表示仪器显示第二次复测结果。按"123"键，可切换显示各次测量的旋光度值。按"平均"键，显示平均值，指示灯"AV"点亮。

⑧ 如样品超过测量范围，仪器在 ±45° 处来回振荡。此时，取出试管，仪器即自动转回零位。此时可将试液稀释一倍再测。

⑨ 仪器使用完毕后，应依次关闭光源、电源开关。

⑩ 钠灯在直流供电系统出现故障不能使用时，仪器也可以在钠灯交流供电（光源开关

不向上开启）的情况下测试，但仪器的性能可能略有降低。

⑪ 当放入小角度样品（小于±5°）时，示数可能变化，这时只要按"复测"键钮，就会出现新数字。

3.14　分光光度计的原理及使用

物质的吸光度法是利用光电效应，测量透过光的强度，以测定物质含量的方法，吸光度的测量可用分光光度计来完成的。分光光度计在近紫外和可见光谱区域内对样品物质作定性和定量的分析，是物理化学实验室常用的分析仪器之一。该仪器应安放在干燥的房间内，使用温度为 5～35℃。使用时放置在坚固平稳的工作台上，而且避免强烈震动或持续震动。室内照明不宜太强，且避免日光直射。电风扇不宜直接吹向仪器，以免影响仪器的正常使用。尽量远离高强度的磁场、电场及发生高频波的电气设备。供给仪器的电源为 220V±10%，49.5～50Hz，并须装有良好的接地线。宜使用 100W 以上的稳压器，以加强仪器的抗干扰性能。避免在有硫化氢、亚硫酸氟等腐蚀性气体的场所使用。

下面介绍 722 型分光光度计的原理、结构及使用与维护。

3.14.1　分光光度计的工作原理

分光光度计的基本原理是溶液中的物质在光的照射激发下，产生了对光吸收的效应，物质对光的吸收是有选择性的，各种不同的物质都具有其各自的吸收光谱，因此当某单色光通过溶液时，其能量就会被吸收而减弱，光能量减弱的程度和物质的浓度有一定的比例关系，符合比色原理——比耳定律。

$$T = \frac{I}{I_0} \qquad A = \lg \frac{I_0}{I} = kcl$$

式中，T 为透射比；I_0 为入射光强度；I 为透射光强度；A 为吸光度；k 为吸收系数；l 为溶液的光径长度；c 为溶液的浓度。

从以上公式可以看出，当入射光、吸收系数和溶液的光径长度不变时，透过光的强度是根据溶液的浓度而变化的，分光光度计的基本原理是根据上述物理光学现象而设计的。

3.14.2　722 型分光光度计的光学系统

722 型分光光度计采用光栅自准式色散系统和单光束结构光路。钨灯发出的连续辐射经滤色片选择聚光镜聚光后投向单色器进入狭缝，此狭缝正好处于聚光镜及单色器内准直镜的焦平面上，因此进入单色器的复合光通过平面反射镜反射及准直镜准直变成平行光射向色散元件光栅，光栅将入射的复合光通过衍射作用形成按照一定顺序均匀排列的连续单色光谱，此单色光谱重新回到准直镜上，由于仪器出射狭缝设置在准直镜的焦平面上，这样，从光栅色散出来的光谱经准直镜后利用聚光原理成像在出射狭缝上，出射狭缝选出指定带宽的单色光通过聚光镜落在试样室被测样品中心，样品吸收后透射的光经光门射向光电管阴极面。

3.14.3　仪器的结构

722 型分光光度计由光源室、单色器、试样室、光电管暗盒、电子系统及数字显示器等部件组成。

（1）光源室部件　氢灯灯架、钨灯灯架、聚光镜架、截止滤光片组架及氢灯接线架等各通过两个螺丝固定在灯室部件底座上。氢灯及钨灯灯架上装有氢灯与钨灯，分别作为紫外和可见区域的能量辐射源。聚光镜安装在聚光镜架上通过镜架边缘两个定位螺丝及后背部的拉紧弹簧，经角度校正顶针使其定值。当需要改变聚焦光斑在单色器入射狭缝的上下位置时，可通过角度校正顶针进行调整。聚光镜下有一定位梢，旋转镜架可改变光斑在单色器入射狭缝左、右位置。为了消除光栅光谱中存在着级次之间的光谱重叠问题以及当在紫外区域时使紫外辐射能量进入单色器，在灯室内安置了截止滤光片组。截止滤光片组通过柱头螺丝固定在一联动轴上，改变滤光片组的前后位置可改变紫外能量辐射传输在聚光镜上的方位。轴的另一端装有一齿轮，用以齿合单色器部件波长传动机构大滑轮上的齿轮，使截止滤光片组的选择与波长值同步。

（2）单色器部件　单色器是仪器的心脏部分，布置在光源与试样室之间，用三个螺丝固定在灯室部件上。单色器部板内装有狭缝部件、反光镜组件、准直镜部件，以及光栅部件波长线性传动机构等。

① 狭缝部件　仪器入射、出射狭缝均采用宽度为 0.9mm 的等宽度双刀片狭缝，通过狭缝固定螺丝固定在狭缝部件架上，狭缝部件是用两个螺丝安装在单色器架上的。安装狭缝时注意狭缝双刀片斜面必须向着光线传播方向，否则会增加仪器的杂散光。反光镜组件安装在入射狭缝部件架上，反光镜采用一块方形小反光镜，通过组件架上的调节螺钉可改变入射光的反射角度，使光斑打在准直镜上。

② 准直镜部件　准直镜是一块凹形玻璃球面镜，装在镜座上，后部装有三套精密的细牙调节螺钉。用来调整出射光聚焦于出射狭缝，以及出射于狭缝时光的波长与波长盘上所指示的波长相对应。

③ 光栅部件与波长传动机构　光栅在单色器中主要起色散作用，由于光栅的色散是线性的，因此光栅可采用线性的传动机构。722 型仪器采用扇形齿轮与波长转动轴上的齿轮相吻合，使得波长刻度盘带动光栅转动，改变仪器出射狭缝的波长值。另外在单色器由转盘大、小滑轮及尼龙绳组成了一套波长联动机构，大滑轮上的齿轮与截止滤光片转轴上的齿轮啮合，使波长值与截止滤光片组同步。光栅安装在光栅底座上，通过光栅架后的三个螺钉可改变光栅的色散角度。

（3）试样室部件　试样室部件由比色皿座架部件及光门部件组成。

① 比色皿座架部件　整个比色皿座连滑动座架通过底部三个定位螺丝全部装在试样室内，滑动座架下装有弹性定位装置，拉动拉杆能正确地使滑动座架带动四挡比色皿正确处于光路中心位置。

② 光门部件　在试样室的右侧通过三个定位螺丝装有一套光门部件，其顶杆露出盒右侧小孔，光门挡板依靠其本身重量及弹簧作用向下垂落至定位螺母，遮住透光孔，光束被阻挡不能进入光电管阴极面，光路遮断，仪器可以进行零位调节。当关上试样室盖时，顶杆便向下压紧，此时顶住光门挡板下端。在杠杆作用下，使光门挡板上抬，打开光门，可调整 100 % 进行测量工作。

③ 光电管暗盒部件　整个光电管暗盒部件通过四个螺钉固定在仪器底座上。部件内装有光电管、干燥剂筒及微电流放大器电路板。光电管采用插入式 G1030 型端窗式光电管，其管脚共有 14 个，其中 4、8 两脚为光电阴极，1、6、10、12 四脚为阳极。

3.14.4　仪器的安装使用

① 使用仪器前，应该首先了解本仪器的结构和工作原理，以及各个操作旋钮的功能。在未接通电源前，应该对于仪器的安全性进行检查，电源线接线应牢固。接地要良好，各个调节旋钮的起始位置应该正确，然后再接通电源开关。仪器在使用前先检查一下，放大器暗盒的硅胶干燥筒（在仪器的左侧），如受潮变色，应更换干燥的蓝色硅胶式或者倒出原硅胶，烘干后再用。

仪器经过运输和搬运等原因，会影响波长精度、吸光度精度，请根据仪器调校步骤进行调整，然后投入使用。

②　将灵敏度旋钮调置"1"挡（放大倍率最小）。开启电源，指示灯亮，选择开关置于"T"，波长调置测试用波长，仪器预热 20min。

③　打开试样室盖（光门自动关闭），调节"0"旋钮，使数字显示为"00.0"，盖上试样室盖，将比色皿架处于蒸馏水校正位置，使光电管受光，调节透过率"100%"旋钮，使数字显示为"100.0"。

④　如果显示不到"100.0"，则可适当增加微电流放大器的倍率挡数，但尽可能使倍率置低挡使用，这样仪器将有更高的稳定性，但改变倍率后必须按③重新校正"0"和"100%"。

⑤　预热后，按③连续几次调整"0"和"100%"，仪器即可进行测定工作。

⑥　吸光度 A 的测量按③调整仪器"00.0"和"100 %"，将选择开关置于"A"，调节吸光度调节器调零旋钮，使得数字显示为".000"，然后将被测样品移入光路，显示值即为被测样品的吸光度值。

⑦　浓度 c 的测量：选择开关由"A"旋置"C"，将已标定浓度的样品放入光路，调节浓度旋钮，使得数字显示为标定值，将被测样品放入光路，即可读出被测样品的浓度值。

⑧　如果大幅度改变测试波长，在调整"0"和"100%"后稍等片刻（因光能量变化急剧，光电管受光后响应缓慢，需一段光响应平衡时间），当稳定后，重新调整"0"和"100%"即可工作。

⑨　每台仪器所配套的比色皿，不能与其他仪器上的比色皿单个调换。

3.14.5　仪器的维护

①　为确保仪器稳定工作在电压波动较小的地方，220V 电源预先稳压，宜备 220V 稳压器一只（磁饱和式或电子稳压式）。

②　当仪器工作不正常时，如数字表无亮光、光源灯不亮、开关指示灯无信号，应检查仪器后盖保险丝是否损坏，然后查电源线是否接通，再查电路。

③　仪器要接地良好。

④　仪器左侧下角有一只干燥筒，应保持其干燥，发现干燥剂变色立即更新或加以烘干再用。

⑤　另外有两包硅胶放在样品室内，当仪器停止使用后，也应该定期更新烘干。

⑥　当仪器停止工作时，切断电源，电源开关同时切断。

⑦　为了避免仪器积灰和沾污，在停止工作时间内，用塑料套子罩住整个仪器，在套子内应放数袋防潮硅胶，以免灯室受潮、反射镜镜面发霉点或沾污，影响仪器性能。

⑧　仪器工作数月或搬动后，要检查波长精度和吸光度 A 的精度等，以确保仪器的正常使用和测定精度。

3.14.6　仪器的调校和故障修理

仪器使用较长时间后，与同类型的其他仪器一样，可能发生一些故障，或者仪器的性能指标有所变化，需要进行调校或修理，现分别简单介绍如下，以供使用维护者参考。

（1）仪器的调整

①　钨灯的更换和调整　光源灯是易损件，当破损更换或仪器搬运后均可能使其偏离正常位置，为了使仪器有足够的灵敏度，如何正确地调整光源灯的位置则显得更为重要，用户在更换光源灯时应戴上手套，以防沾污灯壳而影响发光能量。722 型仪器的光源灯采用 12V 30W 插入式钨卤素灯，更换钨灯时应先切断电源，然后用附件中的扳手旋松钨灯架上的两个紧固螺丝，取出损坏的钨灯，换上钨灯后，将波长选择在 550nm 左右，开启主机电源开关，移动钨灯上、下、左、右位置，直到成像在入射狭缝上。选择适当的灵敏度开关，观察数字表读数，

经过调整至数字表读数为最高即可。最后将两个紧固螺丝旋紧。注意：两个紧固螺丝为钨灯稳压电源的输出电压，当钨灯点亮时，千万不能短路，否则会损坏钨灯稳压电源电路元件。

② 波长精度检验与校正　采用镨钕滤色片 529nm 及 808nm 两个特征吸收峰，通过逐点测试法来进行波长检定与校正。本仪器的分光系统采用光栅作为色散元件，其色散是线性的，因此波长分度的刻度也是线性的。当通过逐点测试法记录下的刻度波长与镨钕滤色片特征吸收波长值超出误差时，则可卸下波长手轮，旋松波长刻度盘上的三个定位螺丝，将刻度指示置特征吸收波长值，误差范围（≤±2nm），旋紧三个定位螺丝即可。

③ 吸光度精度的调整　选择开关置于"T"，调节透过率"00.0"和"100.0"后，再将选择开关置于"A"，旋动"吸光度调零"旋钮，使得显示值为".000"。将 0.5 A 左右的滤光片（仪器附）置于光路，测得其吸光度值。选择开关置于"T"，测得其透过率值，根据 $A = \lg 1/T$ 计算出其吸光度值。如果实测值与计算值有误差，则可调节"吸光度斜率电位器"，将实测值调整至计算值，两者允许误差为 ±0.004A。

（2）故障分析

① 初步检查　当仪器一旦出现故障，首先关主机电源开关，然后按下列步骤逐步检查。

当开启仪器电源后，钨灯是否亮。

波长盘读数指示是否在仪器允许波长范围内。

仪器灵敏度开关是否选择适当。

T、A、C 开关是否选择在相应的状态。

试样室盖是否关紧。仪器调零及调 100％ 时是否选择在相应的旋钮调节位置。

② 初步判断　仪器的机械系统、光学系统及电子系统为一整体，工作过程中互有牵制，为了缩小范围及早发现故障所在，按下列试验可以原则上区分故障性质。

a. 光学系统试验

（a）灯电源开关按下，点亮钨灯。

（b）仪器波长刻度选择在 580nm，打开试样室盖以白纸插入光路聚焦位置，应见到一较亮、完整的长方形光斑。

（c）手调波长向长波，白纸上应见到光斑由紫逐渐变红；手调波长向短波，白纸上应见到光斑由红逐渐变紫。

（d）波长在 330～800nm 范围，改变相应的灵敏度挡调节 100％ 旋钮，观察数字表读数显示能达到 100.0 值。

上述试验通过，光学系统原则上正常。

b. 机械系统试验

（a）手调波长钮 330～800nm 往返手感平滑无明显卡住感。

（b）检查各按钮、旋钮、开关及比色皿选择拉杆手感是否灵活。

上述试验通过，机械系统原则上正常。

c. 电子系统试验

（a）灯电源按钮按下，应点亮钨灯。

（b）打开试样室盖，调节调零旋钮观察数字显示读数应为 00.0 左右可调。

（c）选择波长 580nm，灵敏度开关选择 T 挡，关上试样室盖，此时调节 100％ 旋钮观察数字显示读数应为 100.0 左右可调。

（d）T、A、C 转换开关选择 T 挡，试样室空白，当完成仪器调零及调 100％ 后选择 A 挡，调节消光零旋钮观察数字显示读数应在 .000 左右可调。

上述试验通过，电子系统原则上正常。

3.14.7 TU-1901/1900 紫外可见分光光度计使用说明

（1）功能指标

① 光度测量 测量 1～10 个波长处的吸光度或透过率并可按设定的公式进行数学计算。还可计算平均值及四则运算结果。

② 光谱扫描 按设定的波长范围进行吸光度或透过率的谱图扫描并可进行各种数据处理，如峰值检出、导数光谱、谱图运算等。

③ 定量计算 无论是单波长、双波长、三波长及微分定量，定量测定的工作曲线制作都更加方便，可实现多达 20 点的 1～4 次曲线回归，对吸光度非线性样品也可实现准确测定。

④ 时间扫描 在设定的 1～10 个波长处进行吸光度或透过率的时间扫描并可进行各种数据处理，如峰值检出、谱线微分、谱线运算等。

⑤ 结果输出 数据文件和参数文件存取；测量结果可输出至其它文档编辑器或电子表格，用以生成测量报告。

（2）光度测量简介

"光度测量"是指在指定的波长处读取数据测量数据，也就是我们常说的定点读数。在 UVWin5.0 中，可以指定多个波长点进行光度测量，并且还可以对测量数据进行简单的数学计算。具体的设置方法如下。

① 光度测量参数设置

激活光度测量窗口，选择【测量】菜单下的【参数设置】子菜单，即可打开光度测量设置窗口，如图 3-60 所示。窗口中共有五个选项卡，可以根据不同的需要进行设置。

图 3-60 光度测量参数设置窗口（测量选项卡）

测量选项卡中有以下几个功能模块。

a. 测量波长 在测量选项卡中，可以在【波长】编辑框中输入需要测量的波长点，然后点击【添加】按钮，即可在下面的波长点列表中添加一个测量波长点，测量波长点最多可设置 26 个，最少需要设置一个。如果需要删除波长点或清除波长类表，可点击【删除】按钮和【清除】按钮。当在波长列表中选择了一个波长后，波长编辑框中同样会显示此波长，这时，可以修改此波长，然后点击【修改】按钮，即可修改波长列表中相应的内容。

b. 重复测量　光度测量允许对测量重复次数进行选择。如果不希望重复测量，可选择【重复测量】中的【无】。如果需要手动重复测量，可选择【手动】，然后在【重复次数】编辑框中输入需要重复的次数。【自动重复】的功能与手动重复类似，都是进行重复测量，但自动重复可自动完成多次重复测量，无须每次都去按测量键。但自动测量需要指定一个测量【时间间隔】，也就是每次测量之间所停顿的时间。此时间可以是零，也就是不停顿的连续测量。如果选择了自动重复测量，还可以选择【根据样品池数量自动重复测量】，此选项的功能是将样品池中所有的样品自动测量一次。因此，无须指定重复次数，重复次数选项将被禁止。如果所设置的样品池是固定样品池，则无法设置此选项。总之，重复测量的目的其实主要是进行平均值的计算，因此，可以选择【计算平均值】将平均值计算功能打开。这样，在每次重复测量结束后，系统会自动计算平均值并显示在测量表格中。

c. 光度模式　光度模式是指仪器当前运行的模式，可供选择的光度模式有：Abs（吸光度模式）、T％（透过率模式）、Es（能量模式——样品光）、Er（能量模式——参比光）、R％（参比光透过率——积分球附件专用）。

d. 启始编号　设置样品编号中的启始数字。可输入任意数字。

简单计算选项卡可分为以下几个功能模块。

简单计算对测量结果的计算提供了很大的方便。利用此功能，可以计算出一些比较专业的数据和分析结果，设置画面如图 3-61 所示。可以选择【启用简单计算】选项来开启简单计算功能。

图 3-61　光度测量设置窗口（简单计算选项卡）

a. 计算公式　在【计算公式】编辑框中，可以输入需要进行结果运算的公式。在公式中，A、B、C、D……代表对应的波长点的测量数据。例如，在测量选项卡的波长列表中输入了两个波长，分别是 600nm 和 500nm，当要计算这两个波长的测量数据的比值时，可以在简单计算选项卡的计算公式编辑框中输入 A/B，然后点击【添加】按钮即可。计算公式默认的标题是"结果 1"、"结果 2"……。如果指定标题，可在输入计算公式的同时，在【标题】编辑框中输入相应的标题即可。如果要修改某个公式，可在公式列表中选择相应的公式，在公式编辑框中修改其内容，然后点击【修改】按钮即可。如果要删除或清除公式列表的内容，可以点击【删除】和【清除】按钮。计算公式最多可输入十个。

　　b. 符号　【符号】的作用其实就是模仿键盘的输入，点击符号按钮，就等于输入了对应的符号。

　　c. 显示　【显示】选项的作用是为计算公式提供不同的显示方式。下拉框共有两个选择，分别是：公式和标题。"公式"表示在测量结果表格中，计算公式将以公式的形式进行显示。"标题"则会以默认标题或用户设置的标题进行显示。

　　仪器选项卡的内容与仪器性能窗口的内容完全一致。附件选项卡的内容与附件设置窗口的内容完全一致。

　　质量控制选项卡的功能模块如下。

　　质量控制是 UVWin5.0 中新推出的一项功能。此功能的作用是对测量数据进行质量监控，一旦出现异常数据，系统会立即进行提示或按照预先设置的动作进行处理。当然，对数据的判断方法是可以设置的。如图 3-62 所示。

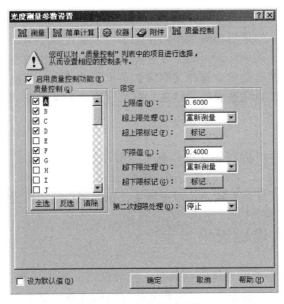

图 3-62　质量控制设置窗口

　　在质量控制窗口中，可以通过【启用质量控制功能】选项来设置质量控制的开关。

　　a. 质量控制列表　设置质量控制的项目。A、B、C、D…表示测量波长点，结果 1、结果 2、结果 3…表示计算结果。点击【全选】按钮可选中所有的项目，点击【反选】按钮可反选所有的项目，点击【清除】按钮可清除所有的选择。

　　b. 限定　在限定框中，可以输入对选择的项目所控制的【上限值】和【下限值】。【超限处理】可设置超上限或下限时系统做出的动作。可选的动作有：【继续】——继续进行测量；【停止】——停止测量；【重新测量】——重新对当前样品进行测量。如果需要在测量表格中对超限结果进行标记，可点击【标记】按钮对标记进行设置。如图 3-63 所示。

　　选择【开启】可开启标记功能。在【方式】框中，可以选择对超限数据的标记方式。【标记表格】是将数据所在的表格进行标记，可选的标记可在【表格】下拉框中进行选择。

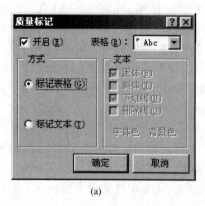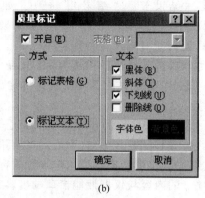

| (a) | (b) |

图 3-63　质量标记中的标记表格（a）标记文本（b）

如果选择了【标记文本】，则可以对文本的字体、颜色进行设置。

c. 第二次超限处理　【第二次超限处理】是指连续两次超限时系统所做出的动作。可选的动作有【继续】和【停止】。

② 光度测量

光度测量的测量过程非常简单，只需要点击" ◎ 开始 "按钮即可完成一次测量。测量结果将显示在测量表格中。如果想删除某个测量结果，可使用鼠标点击此结果，然后选择【编辑】菜单下的【删除】子菜单，即可将结果删除。如果需要恢复被删除的结果，可在测量表格上点击鼠标右键，在弹出菜单中选择【删除】菜单下的【撤消删除】子菜单，即可恢复被删除的测量结果。如果要隐藏被删除的结果，取消【删除】菜单下的【显示删除的样品】的选择即可。

③ 结果保存与打印

对于测量结果，既可以保存为文件，也可以打印输出。当完成了分析测量后，可选择【文件】菜单下的【保存】子菜单，或点击" 💾 "按钮，系统会弹出保存文件窗口，输入需要保存的文件名，点击【保存】按钮，即可将文件保存到指定的位置。

3.15　CTP-Ⅰ型古埃磁天平

古埃（Gouy）磁天平的特点是结构简单，灵敏度高。用古埃磁天平测量物质的磁化率进而求得永久磁矩和未成对电子数，这对研究物质结构有着重要的意义。

3.15.1　工作原理

古埃磁天平的工作原理，如图 3-64 所示。将圆柱形样品（粉末状或液体装入匀称的玻璃样品管中），悬挂在分析天平的一个臂上，使样品底部处于电磁铁两极的中心（即处于均匀磁场区域），此处磁场强度最大。样品的顶端离磁场中心较远，磁场强度很弱，而整个样品处于一个非均匀的磁场中。但由于沿样品的轴心方向，即图示 Z 方向，存在一个磁场强度 $\partial H/\partial Z$，故样品沿 Z 方向受到磁力的作用，它的大小为：

$$f_Z = \int_H^{H_0} (\chi - \chi_空) \mu_0 SH \frac{\partial H}{\partial Z} \mathrm{d}Z \tag{3.15-1}$$

式中，H 为磁场中心磁场强度；H_0 为样品顶端处的磁场强度；χ 为样品的体积磁化率；$\chi_空$ 为空气的体积磁化率；S 为样品的截面积（位于 X、Y 平面）；μ_0 为真空磁导率。

通常 H_0 即为当地的地磁场强度，约为 $40\mathrm{A \cdot m^{-1}}$，一般可略去不计，则作用于样品的力为：

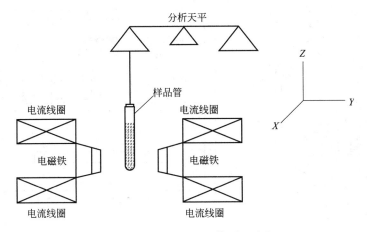

图 3-64　古埃磁天平工作原理示意

$$f_Z = \frac{1}{2}(\chi - \chi_{空})\mu_0 S H^2 \qquad (3.15\text{-}2)$$

由于天平分别称装有被测样品的样品管和不装样品的空样品管，在有外加磁场和无外加磁场时的质量变化为：

$$\Delta m = m(磁场) - m(无磁场) \qquad (3.15\text{-}3)$$

显然，某一不均匀磁场作用于样品的力可由下式计算：

$$f_Z = (\Delta m_{样品+空管} - \Delta m_{空管})g \qquad (3.15\text{-}4)$$

于是有：

$$\frac{1}{2}(\chi - \chi_{空})\mu_0 H^2 S = (\Delta m_{样品+空管} - \Delta m_{空管})g \qquad (3.15\text{-}5)$$

整理后得：

$$\chi = \frac{2(\Delta m_{样品+空管} - \Delta m_{空管})g}{\mu_0 H^2 S} + \chi_{空} \qquad (3.15\text{-}6)$$

物质的摩尔磁化率为：$\chi_M = \dfrac{M\chi}{\rho}$，故：

$$\chi_M = \frac{M}{\rho}\chi = \frac{2(\Delta m_{样品+空管} - \Delta m_{空管})ghM}{\mu_0 m H^2} + \frac{M}{\rho}\chi_{空} \qquad (3.15\text{-}7)$$

式中，h 为样品的实际高度；m 为无外加磁场时样品的质量；M 为样品的摩尔质量；ρ 为样品密度（固体样品指装填密度）。

式(3.15-7)中真空磁导率 $\mu_0 = 4\pi \times 10^{-7} \text{N} \cdot \text{A}^{-2}$；空气的体积磁化率 $\chi_{空} = 3.64 \times 10^{-7}$（SI 单位），但因样品体积很小，故常予以忽略。该式右边的其他各项都可通过实验测得，因此样品的摩尔磁化率可由式(3.15-7)算得。

式(3.15-7)中磁场两极中心处的磁场强度 H，可使用面板上的毫特斯计（原称高斯计）测出，或用已知磁化率的标准物质进行间接测量。常用的标准物质有纯水、$NiCl_2$ 水溶液、莫尔氏盐 $[(NH_4)_2SO_4 \cdot FeSO_4 \cdot 6H_2O]$、$CuSO_4 \cdot 5H_2O$ 和 $Hg[Co(NCS)_4]$ 等。例如莫尔氏盐的 χ_M 与热力学温度 T 的关系式为：

$$\chi_M = \frac{9500}{T+1} \times 4\pi \times 10^{-9} \ (\text{m}^3 \cdot \text{mol}^{-1}) \qquad (3.15\text{-}8)$$

3.15.2　仪器的结构及使用

磁天平是由电磁铁、稳流电源、数字式毫特斯拉计和数字式电流表、分析天平、照明等构成的，如图 3-65 和图 3-66 所示。

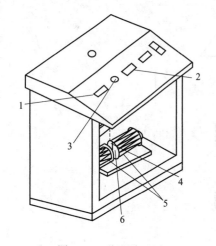

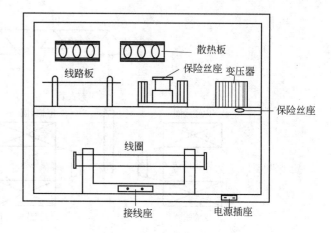

图 3-65　磁天平正面　　　　　　　　　　　　　图 3-66　磁天平背面
1—电流表；2—特斯拉计；3—电流调节电位器；
4—样品管；5—电磁铁；6—霍尔探头

（1）磁场　仪器的磁场由电磁铁构成，磁极材料用软铁，在励磁线圈中无电流时，剩磁为最小。磁极极端为双截锥的圆锥体，极的端面须平滑均匀，使磁极中心磁场强度尽可能相同。磁极间的距离连续可调，便于实验操作。

（2）稳流电源　励磁线圈中的励磁电流由稳流电源供给。电源线路设计时，采用了电子反馈技术，可获得很高的稳定度，并能在较大幅度范围内任意调节其电流强度。

（3）分析天平　CTP-Ⅰ型古埃磁天平需自配分析天平。在做磁化率测量中，常常配以半自动电光天平。在安装时需做些改装，将天平左边盘底托盘拆除，改装一根细铁丝。在铁丝中点系一根细的尼龙线，线从天平左边托盘处孔口穿出，经下端连接一只和样品管口径相同的橡皮塞，以连接样品管用。

（4）样品管　样品管由硬质玻璃管制成，直径 $0.6 \sim 1.2 \mathrm{cm}$，高度大于 16cm，一般样品管露在磁场外的长度应为磁极间隙的 10 倍或更大；样品管底部用喷灯封成平底，要求样品管圆而均匀。测量时，将上述橡皮塞紧紧塞入样品管中，样品管将垂直悬挂于天平盘下。注意样品管底部应处于磁场中部。

样品管为逆磁性，可按式(3.15-4)予以校正，并注意受力方向。

（5）样品　金属或合金物质可做成圆柱体直接在磁天平上测量；液体样品则装入样品管测量；固体粉末状物质要研磨后再均匀紧密地装入样品管中测量。古埃磁天平不进行气体样品的测量。

微量的铁磁性杂质对测量结果影响很大，故制备和处理样品时要特别注意防止杂质的沾染。

（6）CTP-Ⅰ型毫特斯拉计使用说明

① 检查两磁头间的距离在 20mm 处，试管尽可能在两磁头间的正中。

② 电流调节旋钮（是多圈电位器）左旋至最小（在接通电源时电流为零）。

③ 接通电源。首先调节电流调节旋钮，使电流表显示 000，此时按下采零键，然后调节电流，即可测试。

（7）注意事项

① 磁天平总机架必须放在水平位置，分析天平应作水平调整。

② 吊绳和样品管必须与其他物件相距 3mm 以上。

③ 励磁电流的变化应平稳、缓慢，调节电流时不宜用力过大。

④ 测试样品时，应关闭玻璃门窗，对整机不宜振动，否则实验数据误差较大。霍尔探头两边的有机玻璃螺丝可使其调节到最佳位置。在某一励磁电流下，打开特斯拉计，然后稍微转动探头使特斯拉计读数在最大值，此即为最佳位置。将有机玻璃螺丝拧紧。如发现特斯拉计读数为负值，只需将探头转动180°即可。

⑤ 在测试完毕之后，请勿必将电流调节旋钮左旋至最小（显示为0000），然后方可关机。

3.15.3　MB-1A/2A 型磁天平使用

该仪器常用于研究分子结构的顺磁和逆磁磁化率的测定实验。其主要有以下部分组成：电磁铁、数字式特斯拉计、励磁源、数字式电流表、分析天平（电子天平），见图3-67。

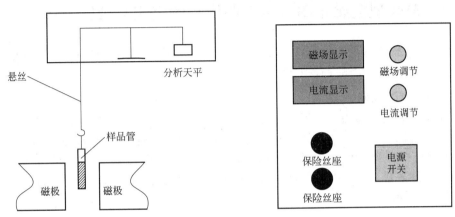

图 3-67　磁化率测定实验装置连接示意及面板图

（1）结构与原理

古埃磁天平由分析天平、悬线（尼龙丝或琴弦）、样品管、电磁铁、励磁电源、特斯拉计、霍尔探头等部件构成。磁天平的电磁铁由单轭电磁铁构成，磁极直径为40mm，气隙宽度6～40mm，电磁铁的最大磁场强度可达0.85特斯拉。励磁电源是220V的交流电源，经整流将交流电变为直流电，再经滤波恒流输入电磁铁，励磁电流可从0A调至10A。

（2）操作步骤

① 实验前在未通电源时，逆时针将励磁电流调节旋钮调到最小，并将特斯拉计探头放在两个磁极中间位置的支撑架上，使探头平面垂直置于磁场两极中心。

② 打开电源，调节电流调节旋转，使电流增加至特斯拉计显示约"0.300T"，调节探头上下、左右位置，观察数字显示值，把探头位置调节至显示值为最大的位置，此乃探头的最佳位置（此时探头平面应平行于磁极端面。将固定螺杆拧紧，探头位置固定好后不要经常变动）。关闭电源前，应调节励磁电流调节旋钮，使输出电流为零。

③ 用标准样品标定磁场强度。先取一支清洁的干燥空样品管悬挂在磁天平的挂钩上，使样品管正好与磁极中心线平齐，样品管不可与磁极接触，并与探头有合适的距离。准确称取空样品管的质量（$H=0$ 时），得 $m_1(H_0)$，调节电流调节旋钮，使特斯拉计显示"0.300T"（H_1），迅速称得 $m_1(H_1)$。逐渐增大电流，使特斯拉计数字显示为"0.350T"（H_2），称得 $m_1(H_2)$。将电流略微增大后再降至特斯拉计显示"0.350T"（H_2），又称得 $m_2(H_2)$。将电流降至特斯拉计显示"0.300T"（H_1）时，称得 $m_2(H_1)$，最后将电流调节至特斯拉计显示"0.000T"（H_0）称得 $m_2(H_0)$。这样调节电流由小到大再由大到小的测定方法是为了抵消实验时磁场剩磁的影响。

$$m_{空管}(H_1)=\frac{1}{2}\left[\Delta m_1(H_1)+\Delta m_2(H_1)\right]$$

$$m_{空管}(H_2) = \frac{1}{2}\left[\Delta m_1(H_2) + \Delta m_2(H_2)\right]$$

式中，$\Delta m_1(H_1) = m_1(H_1) - m_1(H_0)$；$\Delta m_2(H_2) = m_2(H_2) - m_2(H_0)$；$\Delta m_1(H_2) = m_1(H_2) - m_1(H_0)$；$\Delta m_2(H_1) = m_2(H_1) - m_2(H_0)$。

④ 按步骤②所述高度，在样品管内装好样品并使样品均匀填实，挂在磁极之间（装样品管至 3/4 高度合适）。再按步骤③所述的先后顺序由小到大调节电流，使特斯拉计显示在不同点，同时称出该点的样品管和样品的总质量。后按前述的方法由高调低电流。当特斯拉计显示不同点磁场强度时，同时称出该点电流下降时的样品管加样品的质量。

3.16 JX-3D8 型金属相图（步冷曲线）测定实验装置

JX 系列金属相图（步冷曲线）测定实验装置，主要用于完成金属相图实验数据的采集、步冷曲线和相图曲线的绘制等各项任务。

3.16.1 JX-3D8 型仪器

整个实验装置由金属相图专用加热装置（8 头加热单元）、计算机、JX-3D8 型金属相图控制器（含热电偶）以及其他附件组成。金属相图专用加热装置用于对被测金属样品进行加热。计算机用于对采集到的数据进行分析、处理，绘制曲线。JX-3D8 型金属相图控制器连接计算机和加热装置，用于控制加热、采集和传送实验数据。其前、后面板及加热炉的简单示意如图 3-68 所示。

（1）仪器说明

① 加热炉上左右两侧分别有一个风扇，风扇 1 开关控制左侧风扇，风扇 2 开关控制右侧风扇（当风扇正常运转时，其相对应的开关上方指示灯亮）。同时打开风扇 1、2，炉体散热较快。

② 加热炉开关在"0"挡时不能加热，当开关拨到"1"挡时，1、2、3、4、5、6 号炉口同时加热，当开关拨到"2"挡时，7、8 炉口同时加热，当开关拨到"3"挡时，9、10 炉口加热。

③ 开机后控制器显示屏上有两列温度数值，左侧从上往下分别是 1、2、3、4 号温度传感器对应的温度值，右侧从上至下分别为 5、6、7、8 号温度传感器对应的温度值。

（2）操作方法

① 检查各接口连线连接是否正确，然后接通电源开关。

② 设置工作参数步骤

a. 按"设置"按钮，进入数值调节界面，当箭头指向目标温度，可设置目标温度（即加热温度上限，当温度达到此温度时，控制器自动停止加热）。按"+1"增加，按"−1"减少，按"×10"左移一位即扩大十倍，相应显示在加热功率显示器上仪器默认的目标温度是 400℃，目标温度最高为 600℃，若想将目标温度改为 500℃，步骤如下：按下设置键进入数值设定界面，当设定箭头指向目标时按下"停止/×10"键，将原来的目标温度清零，然后按 5 次"加热/+1"键，然后再按两次"停止/×10"键，即完成目标温度的设定。

b. 再按"设置"按钮，数字调节箭头指向加热时，设置加热功率，显示在加热功率显示器上。按"+1"增加，按"−1"减少，按"×10"左移一位即扩大十倍（改变加热功率，可控制升温速度和停止加热后温度上冲的幅度）。

c. 再按"设置"按钮，数值调节箭头指向保温时，设置保温功率，显示在加热功率显示器上。按"+1"增加，按"−1"减少，按"×10"左移一位即扩大十倍（根据环境温度

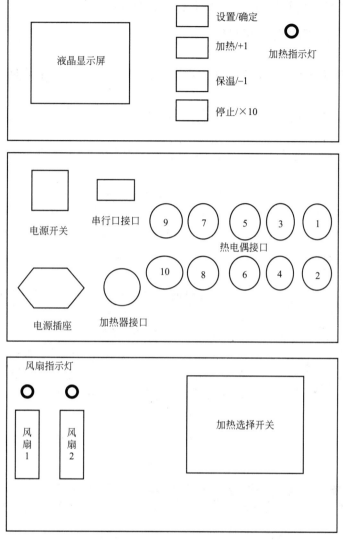

图 3-68　JX-3D8 型仪器前、后面板及加热炉面板示意

等因素改变保温功率，可改善降温速率，以便更好地显现拐点和平台）。

　　d. 设置完成后，再按下"设置"按钮，显示屏返回温度显示界面，如不进行设置，系统会采用默认值（表 3-8）。

表 3-8　系统默认值数据

参数	默认值	最高值
目标温度　C	400℃	600℃
加热功率　P1	250W	250W
保温功率　P2	30W	50W

　　③ 将温度传感器插入样品管细管中，样品管放入加热炉，炉体的挡位拨至相应炉号。按下控制器面板加热按钮进行加热，到样品熔化（设定温度）加热自动（或按下控制器面板的停止）停止。

　　当环境温度较低，散热速度过快时可以根据需要关闭风扇，开启保温功能，并根据需要设定保温功率。当环境温度较高，样品降温过慢时可以开启一侧或者两侧风扇，加快降温速度。

采集数据完成后，按软件使用说明即可绘制相应的曲线。

3.16.2　JX-3D8型绘图软件使用说明

（1）软件简介

该软件主要完成金属相图实验数据的采集、步冷曲线的绘制、相图曲线的绘制等功能。

（2）系统连接

用仪器附带的串口线将计算机和仪器联接起来。

（3）软件安装

将光盘插入光驱，点击金属相图（8通道）SETUP.EXE按照安装程序的提示进行安装。

点击开始菜单，可在开始菜单中发现"金属相图"软件的快捷方式。

（4）软件功能实现说明

① 进行实验　进行实验前，将仪器开启两分钟。设置好仪器的各种参数，具体的参数设置方法请参照仪器的使用说明书。

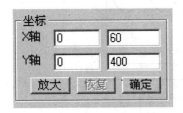

图3-69　参数设置示意

图形框内温度的最大值、最小值（Y轴）和时间范围（X轴）可根据实验需求进行设置，输入数值后点击"确定"按钮［图像显示框中X轴表示时间坐标，Y轴表示温度坐标，单位为℃；X轴程序默认值为0～60min；温度为0～400℃（图3-69）。实验开始前可以根据实验实际需求设定坐标范围］。"放大"可将图形的某一部分进行放大，方便观察；之后可点击"恢复"按钮将图形恢复到默认大小。

按下"操作"按钮后，点击"开始"，进行记录实验数据。实验数据将以波形的形式显示在程序界面上，其每条曲线前面有其对应颜色（图3-70）。

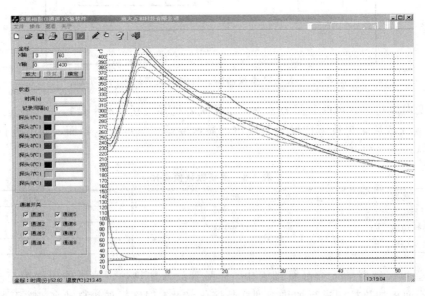

图3-70　实验数据显示示意

实验结束后，按下"操作"按钮后点击"结束"，保存好本次的实验数据。

本次实验的数据可通过"步冷曲线"按钮再次调入程序进行观看。

② 步冷曲线的绘制　进行多次实验后，便可以绘制步冷曲线。绘制曲线前，可设置好步冷曲线的温度范围及时间长度。按下"查看"按钮后选择"相图曲线绘制"，根据实验要求将实验结果添加至图形上（图 3-71）。

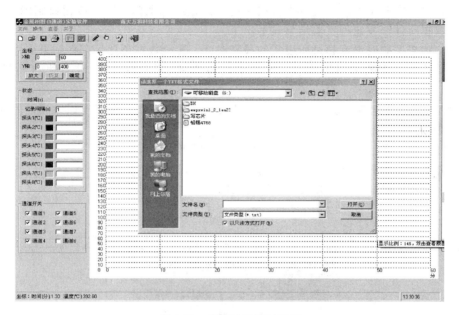

图 3-71　实验结果添加示意

③ 绘制相图曲线　从步冷曲线上读出拐点温度及水平温度。按下"相图绘制"按钮，分别输入"拐点温度"、"平台温度"、"百分比"，输入顺序需按照其中一种物质的百分比（图 3-72）。为了保证相图的正确性，必须保证实验结果覆盖相图曲线的两段直线。

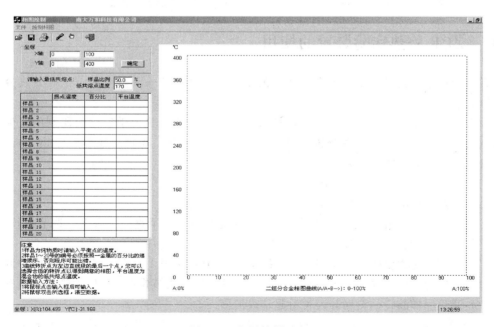

图 3-72　相图绘制示意

（5）程序按钮的含义说明

①"新建"　将软件图形清除，进行新一次实验。

②"开始"　在实验前，初步估计实验所需时间，实验所需最高温度，点击开始按键，做实验时，可将温度及时间坐标范围选宽一点，以完整记录实验过程，如需具体观察某一段温度曲线，可在实验结束后，用以下方法实现：首先用"坐标设定"按钮设定图形的参数，用"添加数据文件"按钮将实验结果显示出来。

提示：如果实验时温度超过所设定的最高温度，实验数据仍然保存在结果文件中。

③"结束"　观察到所需实验现象后，可点击实验结束按键，计算机自动保存实验结果。

④"打印"　打印程序所显示的图形。需要指出的是：虽然图像可以缩放，但打印时仍然在一张纸上。

⑤"打开"　将已保存的实验数据结果添加到图形上。

⑥"退出"　点击"退出"，退出实验

⑦"串口"　根据计算机和仪器连接所用的串口，选择串口 1 或 2 或 3 或 4，当所选无效时，系统将给出如下提示（图 3-73）。

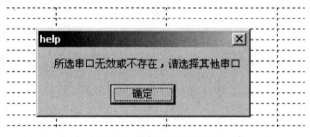

图 3-73　串口无效时示意

⑧ 点击画图区，则在软件左下角可出现鼠标所点击位置处的温度坐标。

3.17　ZCR 差热实验装置的使用

差热分析是通过温差测量来确定物质的物理化学性质的一种热分析方法，差热分析简称 DTA。

ZCR 差热实验装置是专为大专院校及科研单位进行化学热力学实验而研制的较为理想的专用实验仪器，主要由差热分析炉（电炉）、差热分析仪、温度传感器、差热分析软件、电脑和打印机组成（图 3-74）。

（1）差热分析电炉的结构（图 3-75）

（2）差热分析电炉的使用方法

① 电炉放置水平的调节　电炉放置在具有一定支撑力的平整的平台上，调节螺丝 14 直至水平仪 10 的气泡在中心圆圈之内。

② 炉管中心位置的调节　取下保护罩 4，取下炉膛端盖 15，炉管 5 在炉膛内，调节三只炉管调节螺栓 7 使炉管 5 处于炉膛中央后拧紧三只炉管调节螺栓 7，使炉管稳固地置于炉膛中央，避免因样品杆、坩埚等因素引起基线偏移。

③ 试样和参比物坩埚的放置　逆时针旋松两只炉体固定螺栓 8，双手小心轻轻向上托取炉体至最高点后（右定位杆脱离定位孔），将炉体逆时针方向推移到底（90°），此时将符合

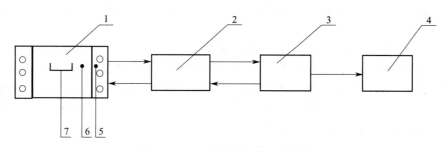

图 3-74　ZCR 差热分析装置结构框

1—差热分析炉；2—差热分析仪；3—电脑；4—打印机；

5—温控（Ts）热电偶；6—参比物测温热电偶（To）；7—DTA 测温热电偶及托盘

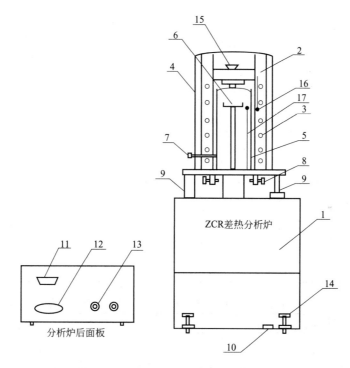

图 3-75　ZCR 差热分析电炉结构示意

1—电炉座（内含配件盒：两手分别抠住炉座前板标贴两侧凹槽处稍用力即可打开）；

2—炉体；3—电炉丝；4—保护罩；5—炉管；6—坩埚托盘及差热热电偶；7—炉管调节螺栓；

8—炉体固紧螺栓；9—炉体定位（右）及升降杆（左）；10—水平仪；11—热电偶输出接口；12—电源插座；

13—冷却水接口；14—水平调节螺丝；15—炉膛端盖；16—炉温热电偶；17—参比物测温热电偶

实验要求的两坩埚分别放置在托盘 6 上，左边托盘放置试样坩埚，右边托盘放置参比物坩埚。然后反序操作放下炉体，并旋紧炉体紧固螺栓 8。

　　④ 用配备的橡胶管将电炉冷却水接口 13 与自来水（冷却液）相连接，实验开始前，必须先开通冷却水。

　　⑤ 差热分析炉与差热分析仪的连接　用配备的加热炉电源线将差热分析电炉与差热分析仪连接，一端插入电炉后面板电源插座 12 处，另一端插入差热分析仪后面板分析炉电源处。用配备的数据线将差热分析电炉与差热分析仪连接，一端接电炉后面板热电偶输出接口 11 处，另一端插入差热分析仪后面板热电偶输入插孔处。配备的另一根数据线是差热分析

仪与电脑的连接线，用时只需两端分别插入差热分析仪后面板 RS-232 串行口，电脑 RS-232 串行口插座上即可。

注：a. 炉体的升降虽有定位保护装置，但在放下炉体 2 时，务必将炉体 2 转回原处，将定位杆插入定位孔后，再缓慢向下放入。因高钢玉管是坩埚托盘支撑杆又是差热分析炉两只热电偶的套管，即细又脆，制作难度大，故价格昂贵。所以托取或放下炉体时要特别小心，轻拿轻放，以免碰断。b. 坩埚托盘支撑杆验收合格后，不在保修范围内。

（3）差热分析仪结构原理（图 3-76）

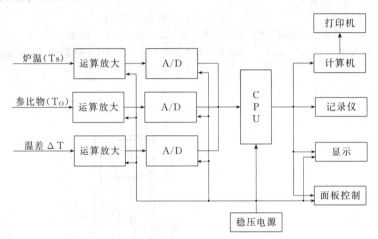

图 3-76 差热分析仪原理框

（4）差热分析仪的使用方法

① 差热分析仪前面板（图 3-77）

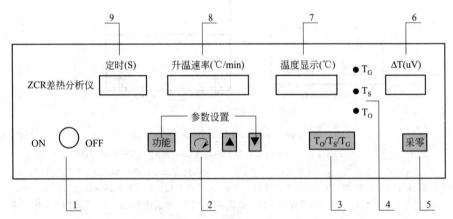

图 3-77 差热分析仪前面板示意

● 电源开关：差热分析炉和差热分析仪总电源开关。

● 参数设置

功能：选择参数设置项目（定时、升温速率、差热分析炉最高炉温设置）。只有在 T_G 指示灯亮时，按此键参数设置才起作用。

↻：移位键，选择参数设置项目位。

▲、▼：加、减键，增加或减少设置数值。

● $T_O/T_S/T_G$：温度显示键。T_O—参比物温度，T_S—加热炉温度，T_G—设定差热分析最高控制温度。

- 指示灯：T_O、T_S、T_G 仅其中某一指示灯亮时，温度显示器显示示值即为与之对应的温度值，三只指示灯同时亮时，显示器显示示值为冷端温度（作热电偶自动冷端补偿用）。
- 采零：清除 ΔT 的初始偏差。
- $\Delta T(\mu V)$：DTA 显示窗口。
- 温度显示（℃）：T_O、T_S、T_G 及冷端温度显示窗口，温度区间 0～1100℃。
- 升温速率（℃/min）：升温速率窗口，1～20℃/min。
- 定时（S）：定时器显示窗口 0～99s（10s 内不报警）

② 差热分析仪后面板（图 3-78）

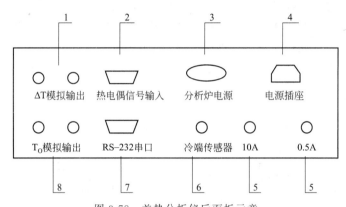

图 3-78　差热分析仪后面板示意

- ΔT 模拟输出：ΔT 模拟信号输出，可与记录仪连接使用。
- 热电偶信号输入：与分析炉热电偶输出相连接。
- 分析炉电源：提供分析电炉的加热电源。
- 电源插座：提供差热分析仪和差热分析炉的总电源。
- 保险丝：0.5A 和 10A 两个选择。

③ 差热分析仪的操作步骤

假设某差热分析实验需电炉控制温度为 1100℃，升温速率 12℃/min，报警记录时间 45s，应按下述步骤进行。

a. 接通电源后，T_O、T_S、T_G 三只指示灯中只有当 T_G 指示灯亮时，参数设置功能才起作用，否则需按 $T_O/T_S/T_G$ 键，直至 T_G 指示灯亮。

b. 按功能键，使定时显示器十位 LED 闪烁，用 ▲、▼ 键设定其值为 4，然后按"移位键"，定时显示器个位 LED 闪烁，用 ▲、▼ 键设定其值为 5，报警记录时间 45s 设定完毕。

c. 再按一下功能键，此时升温速率显示器十位 LED 闪烁，用 ▲、▼ 键设定其值为 1，然后按"移位键"，显示器个位 LED 闪烁，用 ▲、▼ 键设定其值为 2，此时显示器显示值为 12，即升温速率为 12℃/min。

d. 再按一下功能键，此时 T_G 显示器千位 LED 闪烁，用 ▲、▼ 键设定其值为 1，按"移位键"，百位 LED 闪烁，用 ▲、▼ 键设定其值为 1，连续按两下"移位键"，此时显示器显示值 1100，即最高炉温为 1100，若此时再按一下功能键，程序返回 b 步骤，即可循环选择参数设定。设置完毕，按 $T_O/T_S/T_G$ 键，三只指示灯同时亮，仪器进入升温阶段。

e. 升温过程中如需观察 T_S 或 T_O 温度，只需按 $T_O/T_S/T_G$ 键，使之相对应的指示灯亮。

3.18　气相色谱工作原理及使用

　　色谱仪是一种基于分离原理而设计的柱色谱仪器，以气体作为流动相的称为气相色谱仪。它不仅被广泛用于化学、石油化工、生物、食品、医药等方面，而且还广泛用于物理化学领域。按操作技术方法来说可分为脉冲色谱法、顶替色谱法、迎头色谱法等。这里只介绍脉冲进样的色谱操作方法。待测试样由流动相带动进入色谱柱，并在流动相和固定相之间进行分配，最后经检测器检测后逸出。流动相是一些不会与固定相也不会与待测试样起化学作用的气体，它自始至终承载着待测组分，故又称为载气。固定相可以是固体吸附剂，也可以是涂覆在惰性多孔载体上的液体薄膜。前者称气-固色谱，后者称气-液色谱。

　　国内外各厂家生产的气相色谱仪型号繁多，其性能或功能及自动化程度也有较大差异，但其结构可归纳为：气流控制系统、进样系统、色谱柱、检测器、信号记录及处理系统以及温度控制系统等几大部分。图 3-79 所示为其方框图，而实际设计可有不同组合形式，但在各系统之间都有固定接口相连接。

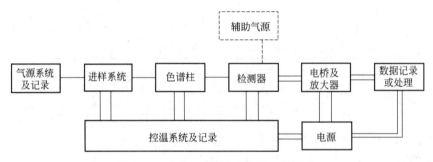

图 3-79　气相色谱仪主要部件方框示意

　　目前，载气流路的连接方式，有单柱单气路、双柱双气路。图 3-80 所示为单柱单气路最基本的载气流程形式。

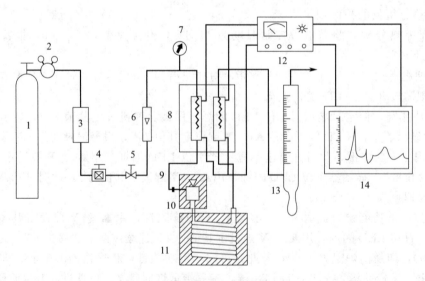

图 3-80　单柱单气路流程示意

1—载气；2—减压阀；3—净化器；4—稳压阀；5—针型阀；6—转子流量计；7—压力表；8—热导池；
9—进样口；10—气化室；11—色谱柱；12—电桥控制器；13—皂膜流量计；14—记录仪（或色谱工作站）

3.18.1　载气系统及辅助气源

（1）载气和辅助气　作为流动相的载气，常用的有 He、H_2、N_2、Ar 等永久性气体，可根据测定需要选用。载气的压力和流速对于测定结果影响颇大，因为载气不仅带动样品沿着色谱柱方向运动，为样品的分配提供了一个相空间，而且在一定的温度和流速条件下，将在特定的时间把待测组分冲洗出来。在物理化学实验中用到的脉冲色谱保留时间正是以此为依据的。其次，色谱柱的分离效率取决于载气流速的选择，而检测器的灵敏度又与所用载气种类密切相关。

用热导池作为检测器时，以 He 和 H_2 最为理想，这是因为它们的摩尔质量小、热导率大、黏度小，故灵敏度高。He 比 H_2 性能更佳，只是由于来源及成本问题，故常以 H_2 为载气，但氢气易燃、易爆，操作时应特别注意。N_2 的扩散系数小，柱效较高，所以在 FID 中多采用之。

检测器的辅助气源，在这里指的是氢火焰离子化检测器所需的燃气（H_2）和助燃气（空气），其流量配比及流速的稳定性直接影响到测定结果的灵敏度和稳定性。

（2）气源及其控制　实验室常以高压气体钢瓶作为气源，经减压、净化、稳压后，以针形阀控制流量。载气和辅助气源系统都有压力表和转子流量计分别示出其压力和流量，在测定过程中保持恒定。进入色谱柱前的载气压力，有时用较精密的压力表指示，柱后压力常近似以大气压力计算。至于流量，则常以皂膜流量计，在载气放空前精确测量。考虑到待测组分在两相间的分配平衡、气路死体积的影响等因素，一般情况下，载气流速可控制在 $30\sim$ $60\text{mL}\cdot\text{min}^{-1}$。

为了补偿各种条件波动所引起的误差，不少新类型的色谱仪，采用双柱双气路结构。载气经稳压后分成两路，分别进入两个平行的气化室和色谱柱。当然双气路也各有自己的检测器。在外界条件或操作条件改变时，双柱及两检测器的工作情况同时变化，互相补偿。在物理化学实验中，常需测定一系列柱温条件下的色谱行为，利用这种双气路色谱仪可迅速达到平衡。

（3）进样系统　如前所述，脉冲气相色谱的工作原理是将少量气体或液体样品快速通过进样器进入色谱柱，并在气、固两相之间进行分配，最后由检测器测出样品峰。因此，进样量的大小、进样时间的长短、液体样品气化速度、样品浓度等都会影响色谱测定结果。为了得到符合热力学理想状态的分配条件，进样量宜尽可能减少，当然进样量受仪器灵敏度制约。一般来说，气体样品进样量可为 0.1mL 左右，液体样品可为 $0.1\mu\text{L}$ 左右，最佳进样量通常根据色谱柱大小、检测器灵敏度等条件通过实验具体确定。

① 进样器　塞式进样是脉冲色谱的基本要求，只有在 1s 之内完成进样操作，才有可能形成近于高斯分布的色谱峰。

常用液体进样器为微量注射器，气体进样器除注射器之外，还常用拉杆式或平面转动式六通阀，其结构详见有关参考资料。

② 气化室　气化室用来使液体样品瞬时受热气化。目前常用气相色谱仪气化室的结构如图 3-81 所示。

3.18.2　色谱柱

在细长管内装入固定相就成为填充式的色谱柱。色谱柱材料多为不锈钢管或玻璃管，内径一般为 $2\sim6\text{mm}$，

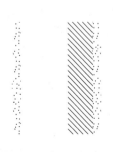

图 3-81　气化室结构

长 0.5～10m。以毛细管为分离柱的称为毛细管柱，其内径大约为 0.1～0.5mm，长可达数十至数百米。可用玻璃、金属、尼龙或塑料制成。

为了减少色谱柱所占空间，常把它弯成 U 形或螺旋形，其弯形直径比管子内径要大 15 倍以上。

(1) 气-固填充色谱柱　管内填充具有表面活性的吸附剂，如分子筛、硅胶、氧化铝、活性炭以及各种型号的高分子多孔微球，它们以一定粒度（通常采用 40～60 目、60～80 目、80～100 目）装入色谱柱，直接作为固定相材料样品在气-固两相间吸附-脱附进行分配。

(2) 气-液填充色谱柱　将固定液均匀涂布于一定颗粒度的惰性载体上，装入填充柱即成。它不仅化学性质稳定，而且对热也稳定，比表面积通常为每克数百平方米，表面吸附性很好。固定液应是高沸点，低蒸气压，通常以蒸气压小于 133Pa（即 1mmHg）的温度作为该固定液的最高使用温度。如使用温度过高，固定液流失严重，色谱柱性能改变，并且会污染检测器，影响基线的稳定。

液体固定相的制作比固相复杂。选用一定溶剂将固定液溶解，再加入一定量的载体搅拌，这样固定液可借助溶剂作用，均匀涂敷在载体表面上，最后在红外灯下烘干（可轻轻搅拌，让溶剂完全蒸发掉）。如果载体表面或其孔中有空气，会影响固定液渗入。因此还可以用减压法，将空气抽走。

(3) 色谱柱的装填和老化　在使用前应先清洗柱管。玻璃柱管的清洗方法与一般玻璃仪器的洗涤方法相同。不锈钢柱管可用 5%～10% 的热碱水溶液抽洗数次，再用自来水冲洗。所有管子最后都必须用蒸馏水清洗，再烘干备用。旧的柱管应选择适当溶剂，如乙醚、乙醇、热碱液等，经洗涤除去原来所用固定相物质，然后再按上法处理。

固定相装填务需紧密均匀，从分析的角度来说，可得到较好的分离效果，峰的形状可以如实反映被测组分在气-固两相间分配的情况。通常可将柱的尾端塞上色谱用脱脂棉，再接真空泵，而柱的前端接上专用漏斗。开启真空泵，不间断地从漏斗装入固定相，同时轻轻均匀敲打色谱柱管壁，色谱柱两端均应堵塞硅烷化的玻璃棉。将色谱柱的前端与进样器连接，尾端与检测器连接，经检漏后，即可予以老化。

老化过程可使其表面得以活化。对于固定液来说，则可彻底除去固定相中的残余溶剂和某些挥发性杂质，并可使固定液更均匀、牢固地分布在载体表面上。老化时通常将尾端与检测器分开，让载气连同挥发物直接放空，防止检测器被沾污。按预计实际载气流速，略高于实际最高操作温度条件下，用高纯氮气或氦气通气 8h 左右。接上检测器后，记录仪基线很快达到平衡，即可认为老化正常。

3.18.3　检测器

检测器是一种测量载气中待测组分的浓度随时间变化的装置，同时还把待测组分的浓度变换成电信号。一般来说，检测器死体积应尽可能小，响应快，灵敏度高、稳定且噪声小，在定量分析中还要求线性范围宽。热导池和氢火焰离子化鉴定器是最常用的两种通用检测器。

(1) 热导池检测器　热导池检测器，简称 TCD（Thermal Conductivity Detector）。

① 结构及原理　热导池检测器结构简单，制作及维修方便，而且性能稳定，对各种气体都有响应，所以是气相色谱仪中最通用的检测装置。图 3-82 为四臂热导池结构示意图。

热导池体由整块不锈钢制作而成，四臂热导池装有长短、粗细、电阻值相同的金属丝，这就是热导池的核心部分——热敏元件。其电阻温度系数要大，通常选用的是钨丝、镍丝、铼钨合金丝或铂铱合金丝。钨丝为最常用的热敏感元件，其阻值随温度上升而上升。以一定直流电通入钨丝，使其钨丝发热，但热量不断地被载气带走，最后钨丝处于热平衡状态。因此具有恒定的温度和电阻值。其中只通过纯载气的池臂为参考臂，而接在色谱柱后的为测量臂。当待测组分随载气进入热导池时，由于热导率不同，钨丝的温度将发生变化，并导致其电阻值改变。如果把钨丝元件接于图 3-83 所示的直流电桥中，桥路的不平衡将有一个电信号输出，在记录仪上显示出该信号随时间的变化关系，这就是色谱曲线。

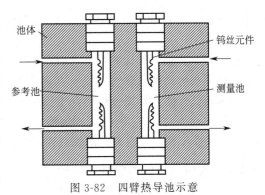

图 3-82　四臂热导池示意

从图 3-83 可看出，当没有样品进入（即四臂为纯载气）时，电桥平衡，则有：$R_1R_3 = R_2R_4$；当有样品进入测量臂时，即有混合气体进入，由于样品与载气的热导率不同，因而引起温度变化，进而引起阻值的改变，于是电桥不平衡了，即 $(R_1 + \Delta R_1)(R_3 + \Delta R_3) \neq R_2R_4$。桥路不平衡的信号将在记录仪上反映出来。

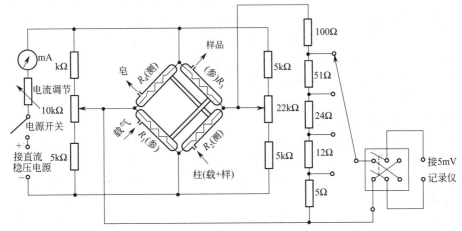

图 3-83　四臂式直流电桥示意

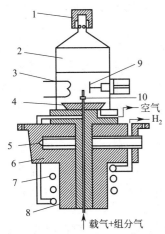

图 3-84　色谱仪离子室结构示意

1—端盖；2—圆罩；3—发射极（点火极）；
4—空气挡板；5—内热式烙铁芯；
6—加热铁块；7—氢气预热管；
8—离子式底座；9—收集极；10—喷嘴

② 操作参数的选择　热导池温度的波动，对记录仪上的基线稳定性影响很大，在待测样品不致冷凝的前提下，适当降低热导池温度，有利于提高检测灵敏度。通常可控制在与色谱柱所在层析室温度相近或略高一些。上海分析仪器厂生产的 102G 型气相色谱仪的热导池体就是置于层析室内的。

热导池的灵敏度与电桥电流的三次方成正比，但桥流过大，噪声明显，而且热丝易氧化甚至烧毁。另一方面，检测室温度和载气的导热性质对热丝的温度也有直接影响。

（2）氢焰离子化检测器　氢焰离子化检测器简称 FID（Flame Ionization Detector）。它主要由离子室和微电流放大器两部分组成。离子室主要由收集极（电场）和火焰燃烧嘴（能源）组成，图 3-84 为离子室结构示意图。当含样品的气体通过离子室时，在动力作用下，定向运动，形成微电流（电流的大小直接正比于组分的含量），它流经一个高电阻（$10^7 \sim 10^{10}$ Ω），产生电压降，电压降和微电流

95

大小成正比，经过静电计管前置放大，再经过晶体管多级放大，在记录仪上便显示出色谱流出曲线。

为了使氢火焰离子化鉴定器有好的敏感度和大的线性范围，除了离子室和放大器的设计外，还必须很好地净化载气（N_2）和燃烧气（H_2和空气），尤其注意清除压缩空气中可能含有的机油蒸气，同时柱温一般要低于固定液最高使用温度50℃，以保证低噪声工作。载气与氢气流量比约为（1～1.5）∶1，燃烧嘴总流量应小于$80mL \cdot min^{-1}$，空气与氢气之比为（10～15）∶1。实验证明，按这种比例关系控制流量，输出信号不受气体流速波动的影响。

3.18.4　气相色谱仪的安装与使用

尽管气相色谱仪的型号各式各样，但其基本原理和结构基本相同，仪器的安装和使用也大同小异。下面简单介绍有关国内生产的气相色谱仪的型号及性能，以便根据实际需要选用。另外以102G型气相色谱仪为例介绍其安装和使用方法。

（1）气相色谱仪的选用　目前国内生产的气相色谱仪的型号很多，如上海色谱有限公司的GC9310型，安捷伦的7890型，还有北京、重庆、天津、南京、大连等地都有不同型号的产品。这些产品在性能上大同小异。譬如最高柱温一般在250～400℃，柱温均匀性在±0.1～±0.3之间；有单柱式和双柱式；所用的检测器多为TCD、FID，少量ECD、AFID、FPD可选择使用；进样方式有气体进样阀、柱头进样和自动进样等。物理化学实验中较多地选用单柱式，最高柱温300℃，检测器为TCD和FID的色谱仪。

（2）安装和使用方法

① 使用热导池检测器的操作步骤

a. 气路装接　根据气体流程图检查须安装的部位装接管道，在装接前应保持接头的清洁，钢瓶到仪表的连接管用$\phi 3 \times 0.5$不锈钢管（或$\phi 3 \times 0.5$的聚乙烯管同样可连接），在连接时应特别注意在层析室或其他近高温处的接头一律应用紫铜垫圈而不能应用塑料垫圈，同时勿忘装上干燥筒。

b. 密封性检查　先将载气出口处用螺母及橡胶闷住，再将钢瓶输出压力调到4～6$kg \cdot cm^{-2}$左右，继而再打开载气稳压阀，使柱前压力调到3～4$kg \cdot cm^{-2}$左右，并查看载气的转子流量计，如流量计无读数（转子沉于底部）则表示气密性良好，若转子流量计有读数则表示有漏气现象，可用十二烷基硫酸钠水溶液探漏。

c. 电器线路的装接　对号入座地接好主机与电子部件和记录仪之间的连线插头和插座；接地线必须良好可靠，绝对不可将电源的中线代替地线；电源的输入线路的承受功率必须大于成套仪器的消耗功率，且电源电路尽可能不要与大功率设备相连接或用同一线路，以免受干扰。

d. 通载气　将钢瓶输出气压调至2～5$kg \cdot cm^{-2}$，调节载气稳压阀，使柱前压在设定值上。注意钢瓶的输出压力应比柱前压高0.5$kg \cdot cm^{-2}$以上。

e. 调节温度　开启仪器电源总开关，主机指示灯亮，鼓风马达开始运转。开启层析室加热开关，加热指示灯亮，层析室升温，升温情况可用测温选择开关，在测温毫伏表上读出，也可以在层析室左侧孔插一支水银温度计测得。当加热指示灯呈暗红或闪动时则表示层析室开始恒温，调节层析室温度控制器使层析室恒温在所需温度上。开启气化加热开关，调节气化温度控制旋钮，使气化室升温，并用测温选择开关，同上述一样控制在需要的温度上。加热时应逐步升温，防止调压加热控制得过高，使电热丝和硅橡胶烧毁。

f. 调节电桥　层析室温度稳定后，氢焰热导选择开关放置在"热导"，开启放大器电源开关，调节热导电流至电流表指示出需要值（N_2作载气时，电流为110～150mA；H_2作载气时，电流为150～200mA）。"衰减"置于合适值。

g. 测量　开启记录仪电源开关，反复调整热导"平衡"和热导"零调"两旋钮，使记录仪指针在零位上，开启记录仪开关让其走基线。待基线稳定后，按下记录笔，注入试样，得色谱流出曲线。

h. 关机　测量完毕后，先关闭记录仪各开关，抬起记录笔。然后，先关闭热导池电源及温度控制器的加热开关，然后开启层析室，待降至近室温，关闭主机电源。最后关闭钢瓶气源和载气稳压阀。

② 使用氢焰离子化检测器的操作步骤

a. 开机前的准备和温度调节同热导池检测器的操作步骤中 a.～e.。

b. 检查放大器的稳定性、将氢焰热导选择旋钮拨向"氢焰"，开启放大器电源开关，电流表指示约为 30mA，（出厂时已调好）。待 20min 后开启记录仪电源开关，灵敏度选择在"1000"，基始电流补偿逆时针旋到底，用零调将记录仪指针调在零位。

c. 点火　层析室温度稳定半小时后，用空气针型阀将流量调至 $200～800mL \cdot min^{-1}$，调节氢气稳压阀，使氢气流量略高于载气流量，将点火引燃开关置于"点火"位置，约半分钟后再复原。如记录仪指针已显著偏离零点，则表示已点燃。此时若改变氢气流量或变换灵敏度位置，基线会发生变动。调节基始电流补偿，将记录仪指针调回到记录仪量程中。然后，慢慢降低氢气流量至所需值。不要降得太快，以防熄火。再调节基始电流补偿至记录笔指零。待基线稳定后方可进样。

d. 测量　待基线走稳后，调节变速器至适宜纸速，注入试样，得色谱图谱。

e. 关机　测量完毕后，先关闭记录仪，抬起记录笔，关闭氢气稳压阀及空气针型阀，使火焰熄灭。再关闭温度控制器、放大器的电源开关。然后，开启层析室。待冷至近室温，关闭总电源。最后关闭载气稳压阀和各钢瓶气源。

3.18.5　注意事项

① 在启动仪器前应先通上载气，特别是开"热导池电源"时必须检查气路是否接在热导池上。关闭时，要先关电源后关载气，以防烧断热导池中的钨丝。

② 为防止放大器上热导氢焰开关选择开至"热导"而烧断钨丝，在使用氢火焰离子化检测器时可把仪器后背的热导池检测器的信号引出线插头拔去。

③ 层析室的使用温度不得超过固定液的最高使用温度。否则，固定液要蒸发流失。

④ 仪器测温是用镍铬-考铜热电偶及测温毫伏表完成的。表头指示温度值应加上室温值。由于环境温度的变化及仪器壁的升温，特别是在高温工作时，会造成测温误差，为此，在主机的左侧备有测温孔，必要时可用水银温度计测量层析室的精确温度。采用铂电阻温度计测量温度时则无此问题。

⑤ 连接气路管道的密封垫圈，若使用温度在 150℃ 以内，可用聚四氟乙烯管，超过 150℃ 时，应使用紫铜垫圈。

⑥ 气化器的硅橡胶密封垫片应注意及时更换，一般可进样 20～30 次，进样次数过多，垫片会被刺碎造成漏气或碎渣堵塞管道。

⑦ 稳压阀和针型阀的调节必须缓慢进行。稳压阀不工作时，必须放松调节手柄（顺时针旋转）。针型阀不工作时，应将阀门处于"开"的状态（逆时针旋转）。

⑧ 热导池的灵敏度用衰减开关来调节，放大器的灵敏度由放大器灵敏度开关来调节，开关在 10000 时灵敏度最高。

⑨ 当热导池使用时间长或沾污脏物后，必须进行清洗。放松安装钨丝的螺帽，取出钨丝，用丙酮或其他低沸点有机溶剂清洗并烘干。热导池块也作同样清洗后烘干。在清洗钨丝

时当心钨丝扭断。重新安装钨丝时注意不能使钨丝碰到热导池块的腔体。

3.19 TP-5076 TPD/TPR 动态吸附仪的使用

TP-5076 TPD/TPR 动态吸附仪是催化剂动态分析仪，是研究金属表面特性的分析设备之一。该仪器可作程序升温还原（TPR）、程序升温脱附（TPD），研究金属的氧化、还原特性，确定酸性中心及脱附性能。该仪器可以显示吸附、脱附全过程，是普通实验室教学用必备的实验室仪器。

（1）操作步骤

① 准备

a. 首先启动计算机，然后插上吸附仪电源，再进入 TP-5076 软件测控系统（如果顺序不对，则出现鼠标跳动）。

b. 进入 TP-5076 动态吸附仪测控系统，选择辅助测量。

c. 确定试验内容 TPR（TPO）、TPD。

TPR（TPO）：TPR 和 TPO 是使用瓶配气的。配气：做 TPR（TPO）时，一般氮气中含氢气（氦气中含氧）5%～15%。仪器不要求配气浓度的准确性，有良好的稳定性即可。

方法：将氢气瓶与氮气瓶调至 0.2MPa 输出即可满足。当使用某一种介质时在辅助测量栏中确定该气体介质的校正系数（如氮气、氢气等）。

TPD：如氨 TPD，将吸附载气换成氦气，系统载气是由质量流量计控制的。改变流量时可以直接改变。

走基线：接好气体后在尾气处可以通过皂膜流量计测得载气的流量，大小可以通过压力调节，一般 0.2MPa 可对应 30mL。流量调好后可用鼠标点动参数设置内桥流闭合按钮，加上桥流后就可以走基线了。这里要特别注意做完实验后需要把桥流关掉，再关载气，以免损坏检测器。

② 吸附管的连接和装样方式（图 3-85）

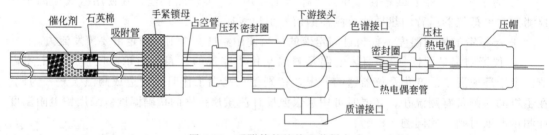

图 3-85 吸附管的连接和装样方式

a. 吸附管中套上占空管和热电偶套管，其中占空管用来支撑样品，热电偶套管用于套上热电偶，实时检测和控制样品的温度。吸附管下端（图中为吸附管右端）通过手拧方式连接上手紧螺母，手紧螺母的一测开口为吸附气的出口，可连接 TCD 检测器进口。

b. 在下端已连接好的吸附管内的占空管放少许石英棉，用装样棒将其转入热电偶套管中，再倒入已称重的样品（样品一般需要压片造粒 40～60 目，对于粉体样品由于密实气阻太大，此时应用 ϕ1mm 的不锈钢针穿透 2～3 个孔为好），然后在样品层上再垫上些石英棉，用装样棒微微推紧。具体可使用与本仪器配套特制的加样器，这种装样的方式可阻止气体将样品吹走。要称取的质量与该测试样品的密度和测试方法等有关，一般来说做 TPR 和 TPO 测试时样品一般约为 50mg，做 TPD 测试时一般约为 100mg，如果样品的密度太小，可适当地降低质量。将样品装好后，然后将气体进口端与吸附管上端口（图中应为吸附管左端）连接好（手拧即可）。

c. 用肥皂水涂抹的方式检查拆装接口处的气密性，如发现漏气的地方，需要重新拧紧以保证整个体系不漏气。

③ 运行

TP-5076 动态吸附仪配有专用的测控系统，可选择自已写入的标准自动分析程序，也可根据用户要求手动编辑自动分析程序。用户编程自动分析程序可参考测控系统编程说明。标准自动分析程序中采用一些常用的测试条件和方法，如图说明，当启动自动控制程序时，仪器即自动运行。当然程序中温度和时间等参数可能不大合适，可根据实际样品情况自行设置。

（2）标准自动分析程序说明

图 3-86 和图 3-87 显示了 TPR、TPO 与 TPD 测试方法中一般的设定程序和步骤，例如 H_2-TPR，样品可以先在某气氛中（可以为氮气，也可以为空气或者氧气）一定温度 T_1 下（一般大于 100℃）进行预处理，然后降至室温，再将气体切换成 H_2/N_2，待基线稳定后即可开始程序升温还原（升温至 T_2），并记录相应的结果。对于 O_2-TPO，方法与 H_2-TPR 类似，只是相应的预处理气氛改为纯 H_2 或者 H_2 混合气，测定时载气为 O_2/He。再例如 NH_3-TPD 或者 CO_2-TPD，当样品在一定温度 T_1 预处理（一般大于 100℃）后，降至吸附温度 T_2（NH_3 吸附可设定为 100℃，CO_2 吸附可设定为 40℃或者室温），在一定时间内吸附饱和，然后将气体切换为载气 N_2 或者 He，吹扫除去物理吸附的部分，同样待基线稳定后即可开始程序升温脱附（升温至 T_3），也可以先升到相对较高的温度下先吹扫除去物理吸附的部分，然后降至之前的温度，待基线稳定后再进行程序升温脱附，并记录相应的结果。

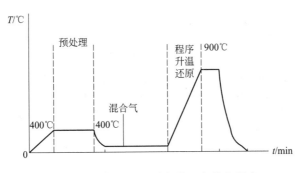

图 3-86　TPR、TPO 分析的一般设定程序

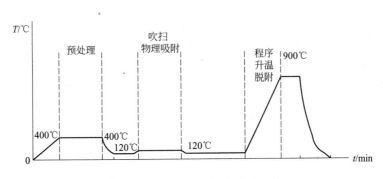

图 3-87　TPD 分析的一般设定程序

（3）数据采集与分析

TP-5076 动态吸附仪自配高灵敏度 TCD 检测器，对吸附或反应后的尾气进行检测。在程序升温过程中，出现的峰位及其数目可以定性说明吸附、脱附的强度或者反应的性能以及位点的数量和种类。而定量一般是根据产物的 TCD 信号峰的面积，采用外标法或者内标法来实现。其中外标法是最常用的方法，对于 H_2-TPR，业界一般采用氧化铜作为外标，来确定样品的氢还原量。对于其他气体，多采用注射器的进样方式，即用注射器向体系中注射一定量的标准气体，可得到该气体的信号灵敏度，然后与产物峰比较即可得到尾气中该气体的含量。另外，还可以将尾气中的产物进行收集和浓缩，例如，对于 NH_3-TPD 和 CO_2-TPD 等的脱附量可用吸收管吸收，然后用化学滴定的方法来进行测定。

对于 TPD 方法，在探针分子脱附过程中，可能会伴随着其与样品的反应，使得产物分析较为复杂。TP-5076 动态吸附仪上可选配连接色谱和质谱等，可以对产物组分以及各组分的含量进行分析，从而得到更多有用的信息。

（4）除水剂及其装填方法

测试时在反应管和 TCD 检测器之间一般要加上除水管，以去除反应过程中生成的水。可以自行准备干燥剂，当脱附气体为碱性时，可采用碱石灰（氢氧化钠和氧化钙混合物）；当脱附气体为酸性时，可采用五氧化二磷。

① 碱石灰的装填方法　取 20～40 目的氧化钙与氢氧化钠的颗粒以 1：1 的体积比进行混合，迅速装入除水管中，并在两端填入石英棉。不用时可将两端口密封，以备用。对 600mm 长的除水管，一般做 3～5 次实验后则需更换除水剂。

② 五氧化二磷的装填方法　先将除水管一端填入石英棉并压好，再用少许石英棉沾满五氧化二磷粉末，迅速装入除水管中，然后在另一端填入石英棉。装填过程应在红外线加热灯下进行，一般也是做 3～5 次实验后需更换除水剂。如果能买到颗粒状的五氧化二磷，装填则更为方便。

参 考 文 献

[1] 成都科学技术大学分析化学教研室. 分析化学手册第四分册色谱分析上册. 北京：化学工业出版社，1984.
[2] 商登喜，丘弋棚. 色谱仪的原理及应用. 北京：高等教育出版社，1980.

第4章 基础实验

Ⅰ．化学热力学

实验 1　溶解焓的测定

【关键词】　溶解焓　量热计　雷诺图解法

【实验目的】

1. 用量热法测定 KCl 在水中的积分溶解焓,了解量热技术的基本原理和实验方法。

2. 掌握贝克曼温度计的调节和使用方法。

3. 学习用雷诺图解法校正温度改变值。

【实验原理】

盐类溶于溶剂中有热效应发生。恒温恒压下一定量物质溶于一定量溶剂中的热效应,称为该物质的溶解焓。实验所得的是溶于物质的量为 n 摩尔的溶剂中形成一定浓度溶液的热效应,故所测量的结果是摩尔积分溶解焓:$\Delta_{sol}H_m(kJ \cdot mol^{-1})$。

晶体盐类溶解过程包括在溶剂作用下晶格离子的由晶格进入溶液及离子的溶剂化过程,破坏晶格是吸热过程,而离子溶剂化是放热过程,故盐溶解过程的热效应是这些过程热效应的总和。溶解焓与溶质、溶剂的特性、温度及所形成溶液的浓度有关。

实验测定 KCl 在水中的摩尔积分溶解焓。实验用测定装置如图 1-1 所示。

量热容器为 800mL 杜瓦瓶,内装一定量蒸馏水。瓶盖上装有搅拌器、电加热器、样品管和贝克曼温度计。搅拌器由调速马达带动。电加热器为一根浸入绝缘油中的阻值为 2Ω 的锰铜丝。用贝克曼温度计测定温度变化值,用放大镜可以读至 $0.002℃$。

在样品管中装入一定量 KCl,实验时击破样品管底部,盐溶于水中,实验测定溶解过程温度改变值 $\Delta T_溶$,溶解过程热效应 $Q_溶$ 计算如下:

$$Q_溶 = K \cdot \Delta T_溶 \tag{1-1}$$

式中,K 为量热计常数,即量热计各部分的热容,$kJ \cdot K^{-1}$。为测定量热计常数,在与待测量系统接近的 ΔT 范围内用电热法对量热系统输入一定热量 $Q_电$,测定电热过程温度的变化值 $\Delta T_电$,由:

$$Q_电 = K \Delta T_电 \tag{1-2}$$

可计算出 K 值,电热法提供的热量由下式求得:

$$Q_电 = 10^{-3}IUt \tag{1-3}$$

式中,I 为电流,A;U 为电压,V;t 为时间,s。量热计常数也可由已知溶解焓的物

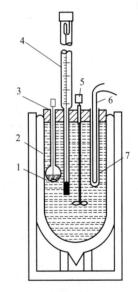

图 1-1　溶解焓测定装置
1—样品;2—杜瓦瓶;3—样品管;
4—贝克曼温度计;5—搅拌器;
6—电热丝;7—绝缘导热油

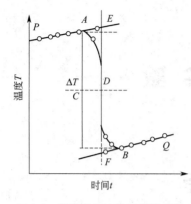

图 1-2 雷诺图解法校正温度读数

质进行实验求得。

因杜瓦瓶不是严格的绝热体系，因此在盐溶解过程中体系与环境仍有微小的热交换。为了消除热交换的影响，求得绝热条件下的温度改变值 ΔT，本实验采用雷诺图解法对温度读数进行校正（见图 1-2）。

将观察到的温度读数对时间作图，连成 $PADBQ$ 线，PA 为初期，ADB 为主期，BQ 为末期。由 A 点和 B 点的温度值可求出主期的温度读数变化值为 $\Delta T'$。过 $\Delta T'$ 的中点 C 作平行于时间轴的直线交曲线于 D 点，过 D 点作垂线分别交 PA 和 BQ 的延长线于 E 和 F，E、F 点对应的温度差值即为校正后的温度改变值 ΔT。该法分别用初期和末期的温度变化率对前半主期和后半主期体系与环境间的热交换进行补偿。

求得 ΔT 后，按下式计算溶质的摩尔积分溶解焓：

$$\Delta_{sol}H_m = \frac{10^{-3}IUt}{\Delta T_电} \cdot \Delta T_溶 \cdot \frac{M}{m} \quad (kJ \cdot mol^{-1}) \tag{1-4}$$

式中，M 为溶质的摩尔质量，$kg \cdot mol^{-1}$；m 为溶质的质量，kg；$\Delta T_电$，$\Delta T_溶$ 分别为校正后的盐溶解和电加热过程体系温度改变值，K。

【仪器和试剂】

晶体管稳压器、直流电流表、直流电压表、滑线电阻、单刀双掷换向开关、杜瓦瓶量热器及附件（搅拌器、电加热器、样品管等）、贝克曼温度计或数字温度计、放大镜、秒表、量筒。

KCl（分析纯）。

【实验步骤】

① 按图 1-3 接好线路，由晶体管稳压器 P 输出的直流电压经滑线电阻 R 加在电加热器 H 上，滑线电阻 R 用来调节电流强度。通过电流表 A 和电压表 V 可以读出流经加热器 H 的电流和 H 两端的电压。若将开关 K 倒向接点 2，电流在滑线电阻上放电，使其在电加热前整个电学系统处于较稳定的状态，以便正式加热时在 H 上稳定放电。

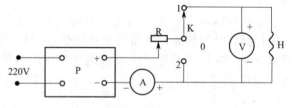

图 1-3 电加热线路示意

P—稳压电源；R—滑线电阻；H—电加热器；K—单刀双掷开关；V—直流电压表；A—直流电流表

② 调节贝克曼温度计（贝克曼温度计的结构及使用方法参见第 3 章 3.1.2 节），将温度计插于待测体系中，水银柱在标尺刻度 3℃左右。

③ 在量热器的盖上安装好各个附件（搅拌器、加热器、贝克曼温度计等）。要注意调整各零件的合理位置（例如温度计的水银球要全部浸在水面以下，搅拌器与其余部件无摩擦，样品管底部位于搅拌器之上等）。

④ 量取 500mL 蒸馏水倒入杜瓦瓶中，盖好量热器的盖子。

⑤ 在干燥的样品管中用分析天平称入 KCl 晶体 7～7.5g（称准至 0.0002g），放好玻棒，安装在量热器盖子上。

⑥ 把滑线电阻调至最大阻值，K 保持在 0 点，接通晶体管稳压器电源，然后将开关 K 扳向 1，调节滑线电阻 R，使电压在 2.0～2.5V 之间，然后立即将开关 K 扳向 2，任其在电

阻 R 上放电。

⑦ 开动同步电机，用放大镜读出贝克曼温度计上的温度读数，读准到 0.002°，每分钟读一次，读数前用套有橡胶管的玻棒在温度计的水银柱面附近轻敲几下以消除水银在毛细管中的黏滞性。

⑧ 在温度变化率恒定 5min 后，将样品管击破使 KCl 溶解，但切勿用力过猛，使杜瓦瓶损坏。继续读取温度，直到杜瓦瓶中温度回升。

⑨ 在温度回升其温度变化率稳定 5min 后，记取第 5 分钟末（t_1）的温度，同时使开关 K 倒向 1，电加热器 H 正式加热，在加热期间每分钟记录电流、电压、温度各一次。

⑩ 当量热器内水温上升到接近加入 KCl 以前的最高温度，将开关 K 再扳向 2，停止加热，同时记下准确时间（t_2）。再继续记录温度读数 10 次。

⑪ 切断所有电源，打开量热器，检查 KCl 是否溶完，如 KCl 未溶完，则须重做。

注意：在安装量热计盖子上各附件时，若样品管底部位于搅拌器以下，击穿样品管后因搅拌效果差至使样品沉于杜瓦瓶底部，延长溶解过程，引入误差。故应调整好搅拌器位置。

第⑥步操作动作应快，以避免调节电流、电压值时电加热器 H 工作时间过长，引起水温明显升高，增加体系与环境间的热交换。

击穿样品管时切勿用力过猛，损坏杜瓦瓶。

【数据记录和处理】
① 记录样品质量和溶剂用量。
② 列表记录温度、电流和电压随时间变化的数据。
③ 在坐标纸上绘制温度-时间曲线，用雷诺图解法分别求出 $\Delta T_溶$ 和 $T_电$。
④ 求出电加热时间 $t = t_2 - t_1$，计算加热电压和电流的平均值：

$$U = \frac{1}{n}\sum_{i=1}^{n} U_i \qquad U = \frac{1}{n}\sum_{i=1}^{n} I_i$$

式中，n 为电加热过程中的读数次数。
⑤ 按式(1-1)～式(1-4) 计算 $\Delta_{sol}H_m$。

思 考 题

1. 讨论量热计常数的物理意义和测定方法。
2. 温度和浓度对溶解焓有无影响？如何由实验温度下测得的溶解焓计算其他温度下的溶解焓？还需要什么数据？
3. 实验中若先进行电加热测定量热器常数 K，再溶解 KCl，对测定结果有无影响？
4. 讨论实验中所取水量和 KCl 量的精度对实验结果的影响。

实验 2 燃烧焓的测定

【关键词】 摩尔燃烧焓 恒容燃烧热 氧弹式量热计
【实验目的】
1. 使用氧弹式量热计测定固体有机物质的恒容燃烧热，并由此求算其摩尔燃烧焓。
2. 了解氧弹式量热计的结构及各部分作用，掌握氧弹式量热计的使用方法，熟悉贝克曼温度计的调节和使用方法。

3. 掌握恒容燃烧热和恒压燃烧热的差异和相互换算。

【实验原理】

恒温恒压下 1mol 的物质完全燃烧，其组成元素生成较高级的稳定氧化产物，如碳氧化为 $CO_2(g)$，氢氧化为 $H_2O(l)$，硫氧化为 $SO_2(g)$，氯变为 $HCl(aq)$，氮变为 $N_2(g)$ 等，此过程的热效应称为该化学物质的摩尔燃烧焓 $\Delta_c H_m$。若燃烧在恒容容器中进行，体系不对外做体积功，实验测定的是恒容燃烧热 Q_V。

由热力学第一定律可以导出：不做非体积功的封闭体系内的单位反应：

$$0 = \sum_B \nu_B B$$

$$\Delta_r H_m = Q_p , \quad \Delta_r U_m = Q_V$$

且

$$\Delta_r H_m = \Delta_r U_m + \Delta(pV) \tag{2-1}$$

对于单位燃烧反应，其气相可视为理想气体：

$$\Delta_c H_m = \Delta_r U_m + \sum_B \nu_B RT \tag{2-2}$$

式中，$\sum_B \nu_B$ 为燃烧反应前后气态物质计量系数改变量。由实验测定的 Q_V 及反应计量方程式，可计算化学物质的摩尔燃烧焓。燃烧焓是重要的热力学数据，由此可计算单位反应的摩尔反应焓。

氧弹法测定燃烧焓是分别将一定量 (m_e) 的已知燃烧焓的标准量热物质和待测物质 (m_x) 置于氧弹中，在相同条件下由点火丝通电引燃，并用相同温度、相同质量的水吸收燃烧过程产生的热量。在量热计与环境没有热量交换的情况下，由热平衡原理得：

$$Q_V(e)\left(\frac{m_e}{M_e}\right) + \varepsilon b_e + q c_e = K \Delta T_e \tag{2-3}$$

$$Q_V(x)\left(\frac{m_x}{M_x}\right) + \varepsilon b_x + q c_x = K \Delta T_x \tag{2-4}$$

式中，$Q_V(e)$、$Q_V(x)$ 分别为标准量热物质和待测物质的摩尔恒容燃烧热，$kJ \cdot mol^{-1}$；M_e、M_x 分别为标准量热物质和待测物的摩尔质量，$g \cdot mol^{-1}$；ε 为点火丝热值，$kJ \cdot g^{-1}$；q 为助燃棉线热值，$kJ \cdot g^{-1}$；b_e、b_x 分别为两次燃烧中所耗点火丝质量，g；c_e、c_x 分别为两次燃烧所耗棉丝质量，g；ΔT_e、ΔT_x 分别为两次燃烧过程体系温度改变值，K；K 为氧弹量热计常数，$kJ \cdot K^{-1}$。

由式(2-3)和式(2-4)可得，

$$Q_V(x) = \frac{K \Delta T_x - \varepsilon b_x - q c_x}{(m_x/M_x)} \tag{2-5}$$

$$K = \frac{Q_V(e)(m_e/M_e) + \varepsilon b_e + q c_e}{\Delta T_e} \tag{2-6}$$

再由式(2-1)和式(2-2)求算待测物质摩尔燃烧焓 $\Delta_c H_m$，实验中选用苯甲酸为标准量热物质，待测物为萘。

【仪器和试剂】

氧弹式量热计一套，氧气钢瓶1个（带氧气表），压片机，1000mL、2000mL 容量瓶各1个，贝克曼温度计（或数字温度计）一支。

苯甲酸（标准量热物质），摩尔恒容燃烧热 $Q_V = -3230.6 kJ \cdot mol^{-1}$，萘（A.R），$\Delta_c H_m^{\ominus}$ (298K) $= -5157 kJ \cdot mol^{-1}$，Fe 点火丝（热值 $9.310 kJ \cdot g^{-1}$），棉线（热值 $12.740 kJ \cdot g^{-1}$）。

【实验步骤】

1. 仪器说明

氧弹式量热计、氧弹构造和实物图如图 2-1 所示。

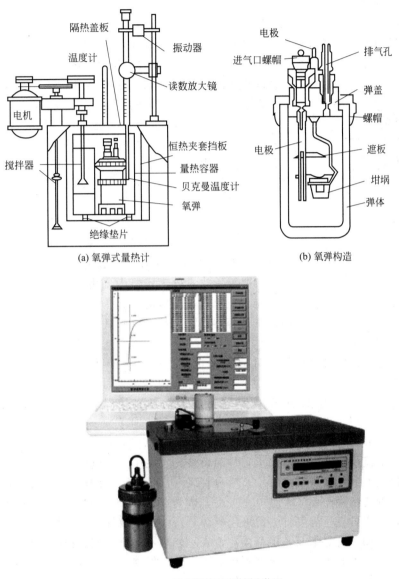

(a) 氧弹式量热计　　(b) 氧弹构造

(c) 燃烧热实验装置实物图

图 2-1　氧弹式量热计、氧弹构造和实物图

　　图 2-1(a) 中量热容器内筒部分为仪器的主体。体系与外界以空气层绝热,下方由热绝缘垫片托起,上方由绝缘胶板覆盖,以减小对流和蒸发。为减小热辐射及控制环境温度恒定,体系外围包有温度与体系相似的水套外筒即恒热夹套(本实验中不采用水套,而是采用与体系温度接近的空气浴以减小热交换)。为了使体系温度很快达到均匀,还装有搅拌器,由马达带动。贝克曼温度计测量温度的变化,其上附有放大镜和为消除水银在毛细管内壁黏滞作用的振动器。燃烧前的点火是由附加的电路装置来完成的,该装置还可自动计时。

　　图 2-1(b) 是氧弹的构造示意图。氧弹由不锈钢制成,主要部分是厚壁圆筒弹体、弹盖

和螺帽。在弹盖上有用来充入氧气的进气口螺帽、排气孔和电极。电极直接通弹体内部，同时作为燃烧坩埚的支架。为把火焰反射向下使弹体温度均匀，在另一电极（同时也是进气管）的上方还装有火焰遮板。

2. 量热计常数 K 的测定

粗称研细并经烘干（100～105℃下烘3～4h）的苯甲酸约1.0g，用压片机压片，片中部系一已知重量的棉线，在分析天平上称取洁净坩埚放置样片前、后的质量 W_1 和 W_2。

压片由压片机完成（见图2-2）。把苯甲酸倒入筒状的内膜中，转紧螺杆，螺杆下段的压棒

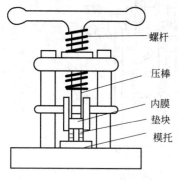

将试样在模中推压成饼。松开螺杆，推开模托，取出垫块，再旋紧螺杆样片即从模底推出。

将弹盖拧下置于弹架上，把盛有苯甲酸片的坩埚放在坩埚架上。先将点火丝（重量已知）两端固定在两电极上，借助棉线使苯甲酸片系于点火丝上。仔细检查确证点火丝与弹体内壁，坩埚架与另一电极不得接触短路。

将弹盖与弹体拧紧，用氧气接头铜管把弹盖上的充气管口与钢瓶减压阀连接，开启减压阀，缓缓充气到弹内压力为12kg或1.2MPa时停止充气（从减压阀上充气压力表观察弹内压力），关闭减压阀，取出氧弹。

图2-2 压片机

螺杆
压棒
内膜
垫块
模托

把氧弹放入量热容器中，用容量瓶共加入3000mL水。注意浸在水中的氧弹不应漏气。为避免点火丝位置移动，氧弹的拿取和放置应平稳、小心。

把调整好的贝克曼温度计插入量热容器内，水银球应在氧弹高度大约1/2处（贝克曼温度计的调节方法见第3章3.1.2节）。

接好控制箱背面的各个电路。计时开关指向"1分"，点火开关倒向"振动"，开启电源。开动搅拌器，约10min后，通过放大镜观察贝克曼温度计所指示的水温，若变化均匀，可开始读取温度。每次读数前5s振动器自动振动贝克曼温度计一次。两次振动间隔为1min，由控制箱上计时开关自动控制，在每次振动结束时读数。

在第10min读数后按下"点火"开关，并同时将计时开关倒向"半分"，点火指示灯亮。加大点火电流使点火指示灯熄灭，样品燃烧，再关小点火电流。这时温度上升较快，读数时间由控制箱上的计时指示灯指示，半分钟亮一次，持续5s熄灭，灯灭时即读取温度。

当温度的变化率降为0.05℃·min^{-1}后，改为1min计时，再记录温度读数至少10min，关闭电源。先取出贝克曼温度计，再取出氧弹，缓缓旋松放气口使废气排出。打开弹盖，看样品是否烧尽，如果有黑烟及苯甲酸微粒，表示燃烧不完全，实验报废，重做。

称量所余点火丝质量。倒出金属桶内的水，洗净氧弹内部及坩埚，先用毛巾擦干，再用电吹风冷风吹干氧弹内外壁、坩埚及金属桶内壁。

3. 萘的恒容燃烧热测定

取萘0.6g压片，重复上述步骤进行实验，测定燃烧过程中温度随时间变化的数据。

注意：因燃烧过程中，氧弹内残余的 N_2 会氧化为 NO_2 并溶于水中生成硝酸，为避免弹体各部分被腐蚀，实验完毕后，必须认真冲洗氧弹各部分并擦干，供下一组使用。

点火成败是本实验的关键。因此应仔细安装点火丝和盛样品的坩埚。点火丝不应与弹体内壁接触，坩埚支持架不应与另一电极相碰。否则通电后电流将流经弹体或坩埚，电热放热，无法进行实验测试，严重时还会损坏氧弹内部构件。点火后，如发现点火指示灯不熄灭，应立即切断电源检查，排除故障。

铁坩埚在燃烧过程中会发生氧化，重量改变，故每次实验前均应称量坩埚。

【数据记录和处理】

① 记录以下各项：室温、大气压、样品重（$m_2 - m_1$）和剩余燃烧丝重。

② 列表记录温度随时间变化的数据：

前期 （每分钟一次）	温度读数 /℃	主期 （半分钟一次）	温度读数 /℃	末期 （每分钟一次）	温度读数 /℃
1		1		1	
2		2		2	
……		……		……	

③ 画出雷诺图进行温度读数校正，求出体系与环境在绝热条件下的真实温度改变值 ΔT_e 和 ΔT_x（校正方法见实验 1 原理部分）。

④ 由式(2-6) 计算量热计常数 K。

⑤ 由式(2-5) 计算萘的恒容燃烧热 $Q_V(x)$。

⑥ 由式(2-1) 和式(2-2) 计算萘的摩尔燃烧焓 $\Delta_c H_m$，并与文献值比较。

思　考　题

1. 使用氧气钢瓶及减压阀，应注意哪些事项？

2. 本实验中哪些是体系，哪些是环境？体系与环境通过哪些途径进行热交换？对此如何进行校正？

3. 由文献查出的是 298.15K 时的标准摩尔燃烧焓，本实验偏离标准态，如何估算由此引入的误差？

4. 请估算因忽略硝酸生成过程的热效应对实验结果引入的误差。

实验 3　液体饱和蒸气压的测定

【关键词】　饱和蒸气压　沸点　等压计　摩尔汽化焓

【实验目的】

1. 利用等压计测定不同温度下环己烷的饱和蒸气压。

2. 掌握等压计测定液体饱和蒸气压的原理和方法。掌握机械泵的使用方法。

3. 掌握由克拉伯克-克劳修斯方程求算纯液体的摩尔汽化焓。

【实验原理】

一定温度下，当单位时间从液相逸出的分子数目与气相凝结的分子数目相等时达到气液平衡，此时蒸气的压力就是液体在该温度时的饱和蒸气压（以下简称蒸气压）。液体温度升高时分子的动能增加，因而有更多的分子逸出液面，其蒸气压也增高。若温度继续升高，蒸气压也继续增大，当其与外界压力相等时，液体即开始沸腾，沸腾时的温度即为该液体的沸点。如果外界压力为 101.325kPa（即 $p^\ominus$）时，此沸点称为该液体的正常沸点 T_b。

液体的蒸气压与温度的关系可用克拉伯龙-克劳修斯方程（Clapeyron-Clausius）方程表示：

$$\frac{\mathrm{d}\ln p}{\mathrm{d}T} = \frac{\Delta_{vap}H_m}{RT^2} \tag{3-1}$$

式中，p 为液体的蒸气压；$\Delta_{vap}H_m$ 为液体的摩尔汽化焓。

在温度变化间隔较小时，把 $\Delta_{vap}H_m$ 视为常数，积分式(3-1) 得

$$\ln p = -\frac{\Delta_{vap}H_m}{RT} + B$$

$$\lg p = -\frac{\Delta_{vap}H_m}{2.303RT} + B' \qquad (3-2)$$

由式(3-2)可以看出,以$\lg p$对$1/T$作图可得一直线,由直线的斜率$\left(-\dfrac{\Delta_{vap}H_m}{2.303R}\right)$可算出液体在该温度区间的平均摩尔汽化焓$\Delta_{vap}H_m$。

如果按实验结果作p-T曲线,就可由此曲线求得该液体的蒸气压在各温度时的温度系数$\left(\dfrac{dp}{dT}\right)_T$。

本实验采用静态法以等压计测环己烷在不同温度下的饱和蒸气压。实验装置如图 3-1(a)所示。其中等压计放大如图 3-1(b) 所示。

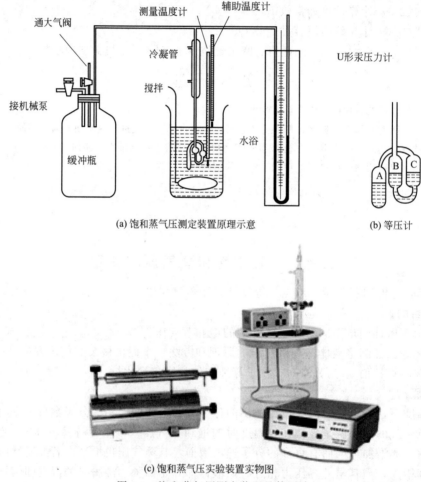

(a) 饱和蒸气压测定装置原理示意　　　　　(b) 等压计

(c)饱和蒸气压实验装置实物图

图 3-1　饱和蒸气压测定装置及等压计

小球 A 内盛待测液。BC 间 U 形管充以同样试液为封闭液。一定温度下若 AC 弯管内空间只含被测液体的蒸气,当 B、C 球液面平齐时,待测液的蒸气压即与 B 管液面上方压力相等。由与等压计相接的 U 形示压计读数与大气压就可求出液体的蒸气压。此时液体的温度则为气液平衡温度,即沸点。抽气使系统减压,再测定相应的沸点及蒸气压。

为使系统压力稳定,在系统中串一个大玻璃瓶,起缓冲和稳压作用。

【仪器和试剂】

等压计连冷凝管,0～50℃温度计一支(1℃分度),U 形水银示压计,50～100℃温度计一支（0.1℃分度），1000mL 大烧杯，酒精灯，机械泵（公用），放大镜。

环己烷（分析纯）。

【实验步骤】

1. 安装仪器

将待测液装入等压计中，A 管约 2/3、B 和 C 管各 1/2 体积。装好仪器各部分。

2. 检查装置气密性

启动机械泵，关闭通大气考克，开接机械泵考克抽气，使系统压力降低约 40cmHg（或约 53kPa），关闭考克。观察 U 形水银示压计两臂读数，如维持数分钟不变，则表示不漏气，否则应逐段检查原因并消除。检查完后使系统通大气。关闭机械泵（有关机械泵的结构及工作原理，参见第 3 章 3.4 节）。

3. 驱除尽等压计 AC 弯管间的空气

接通冷凝水，加热水浴并维持在 85℃，搅拌使水浴温度均匀。此时 A 管内液体部分气化，蒸气夹带 AC 弯管内的空气穿过液封一起从 B 管液面逸出，继续维持 10min，以保证驱尽 AC 弯管内空气。

4. 测定不同外压下环己烷的沸点

开启机械泵，停止加热水浴，控制水浴冷却速度小于 1℃·min^{-1}，液体的蒸气压（AC 弯管的气体的压力）随温度降低而下降，气泡逸出的速度逐渐减慢，当最后一个气泡逸出后，B、C 两管液面趋于平齐。一旦平齐立即用放大镜读取水浴温度（此温度即实验大气压下环己烷的沸点）、环境温度和 U 形示压计两臂读数。同时关闭通大气阀门，开启接机械泵阀门，使系统减压 5～6cmHg（或 6.7～8.0kPa）后关闭，同法测定 B、C 两管内液面再次平齐时的温度和 U 形示压计读数。如此重复数次，直到水浴温度降到 50℃。

5. 实验完毕，开启阀门，使系统通大气后切断机械泵电源。撤下水浴，关闭冷凝水。

注意：AC 管应侵入水浴水面之下，且实验过程中应持续搅拌水浴，使体系温度均匀。

必须充分驱尽 AC 弯管内的全部空气。在第 4 步操作中，读取温度及压力计示数后，应立即使系统减压，以防止空气倒流进 AC 管中。如果发生倒流，应重新加热水浴，使 A 管内液体气化，驱尽空气。

U 形示压计玻管内径不一定均匀，故应同时读取两管读数。

切断机械泵电源前，一定要使机械泵通大气，以防泵油返压进入系统造成污染。

【数据记录和处理】

① 记录室温及大气压。

② 对实验测定的沸点温度进行露茎校正（校正方法参见第 3 章 3.1 节）。

③ 按式：蒸气压 $p/Pa = p_{大气} + (h_右 - h_左)g\rho$ 计算蒸气压。式中 ρ 为水银密度；g 为重力加速度。

④ 将所得结果列于表 3-1 和表 3-2 中。

⑤ 绘出蒸气压 p-沸点 T 曲线，并求出 343K 时的温度系数 $\left(\dfrac{dp}{dT}\right)$。

⑥ 以 $\lg p$ 对 $\dfrac{1}{T}$ 作图，由直线斜率求平均摩尔汽化焓。

⑦ 以 $\lg p$ 对 $\dfrac{1}{T}$ 按直线方程进行最小二乘法处理，求平均摩尔汽化热。

表 3-1　沸点的测定

编号	$t_{观}/℃$	$t_{环}/℃$	$\Delta t_{露}/℃$	$\Delta t_{沸}/℃$	T/K	T^{-1}/K^{-1}
1						
2						
……						

表 3-2　蒸气压的测定

编号	U 形示压计读数		蒸气压 p/Pa	$\lg p$
	$h_右/mm$	$h_左/mm$		
1				
2				
……				

思　考　题

1. 为什么要排尽 AC 弯管内的空气？如何排尽？
2. 如何由 U 形示压计读数和实验大气压求算液体蒸气压？
3. 查出环己烷摩尔汽化焓的文献值，讨论实验值与文献值偏差的原因。
4. 使用机械泵应注意哪些事项？

【参考文献】

[1] 李森兰. 测定纯液体饱和蒸气压实验的改进. 大学化学，1988，3（4）：44.

[2] 李惠云，郭金福，栗鸿斌等. 简易动态法测定液体饱和蒸气压的装置. 大学化学，1998，13（5）：42.

实验 4　双液系气-液平衡相图

【关键词】　双液相图　恒沸混合物　阿贝折光仪

【实验目的】

1. 用沸点仪测定实验大气压下乙醇-环己烷双液系气-液平衡相图。
2. 掌握沸点的测定方法。
3. 用阿贝折光仪测定平衡液相和气相冷凝液的组成，掌握阿贝折光仪的使用方法。

【实验原理】

　　两种在常温时为液态的物质若能以任何比例相溶则形成完全互溶的双液系。双液系的沸点不仅与外压有关，还与其组成有关。实验测定双液系的沸点-组成图，对于了解体系气-液平衡性质及分馏特点均具有实际意义。

　　双液系的沸点-组成图有三种类型：溶液的沸点介于两种纯组分沸点之间，如苯-甲苯、甲醇-乙醇体系；具有低恒沸点，如苯-乙醇、环己烷-乙醇体系；具有高恒沸点，如 HCl-水体系。三种类型沸点-组成图分别如图 4-1(a)、(b)、(c) 所示。

　　图 4-1 中，横坐标表示组分 B 的摩尔分数或其他浓度单位，纵坐标表示温度。图形下方的一条曲线 l 为液相线，表示体系沸点与液相组成的关系，上方的一条曲线 g 为气相线，表示平衡温度与气相组成的关系。总组成为 x_0 的体系在恒定压力和温度 T 下沸腾，平衡气相和液相组成分别为 y_B 和 x_B。在图 4-1(b) 和 (c) 中，极值点处气相组成与液相组成相同，对应的温度为恒沸点，对应组成的混合物为恒沸混合物。

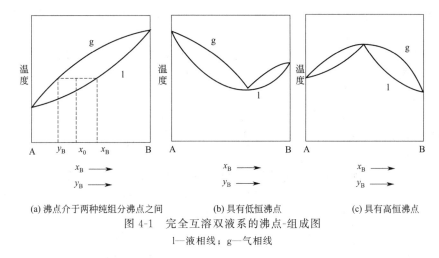

(a) 沸点介于两种纯组分沸点之间　　(b) 具有低恒沸点　　　　(c) 具有高恒沸点

图 4-1　完全互溶双液系的沸点-组成图

l—液相线；g—气相线

第一种类型双液系可用简单的蒸馏方法使两组分分离，第二、三类型双液系则只能得到一种纯组分和恒沸混合物。外界压力不同，恒沸点温度和恒沸物组成也不相同。

测定沸点-组成图时要求同时测定溶液的沸点及气-液两相平衡时两相的组成。本实验用回流冷凝法测定不同组成环己烷-乙醇溶液的沸点，由阿贝折光仪测平衡液相和气相冷凝液的组成。

本实验所用沸点仪如图 4-2 所示。

沸点仪主体是一只带有回流冷凝管的长颈圆底烧瓶，冷凝管底部有球形小室，用以收集气相凝聚液，由支管抽取液相样品，电热丝直接浸在溶液中加热液体，可减少过热和防止暴沸。测量温度计水银球的一半浸在液面下，一半露在蒸气中。为减小周围环境的影响，在水银球外套一小玻管，这样溶液沸腾时，气泡带动液体不断喷向水银球而自玻管上端溢出。为对沸点读数进行露茎校正，还应安置一支辅助温度计测量环境温度。

要分析平衡时气相和液相的组成，就必须正确取得气相和液相样品。本实验中所用沸点仪是将平衡的蒸气凝结在小球内，在容器中的溶液不会溅入小球的前提下，尽量缩短小球与原溶液的距离，以减少气相的分馏作用。

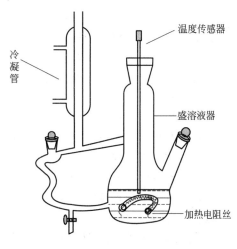

图 4-2　沸点仪

用折射率法分析平衡两相的组成。因为乙醇和环己烷的折射率相差较大，且折射率法所需样品量较少，对本实验较适用。溶液的折射率与组成有关。先测定一系列已知浓度溶液的折射率，作出在一定温度下该溶液的折射率-组成工作曲线。实验中测定平衡液相和气相冷凝液的折射率，在曲线上进行内查可得其组成。

物质的折射率与温度有关，大多数液态有机化合物折射率的温度系数为 -0.0004，因此在测定时应将温度控制在指定值的 $\pm 0.2℃$ 范围内，才能使液体样品的折射率读数准确到小数点后 4 位。

【仪器和试剂】

沸点仪 1 套，阿贝折光仪，调压变压器（1kVA）1 只，电吹风 1 只，温度计 50～

100℃、分度 0.1℃一支，0～50℃、分度 1℃一支，或者用数字温度计直接显示读数，取样滴管数支。

环己烷-乙醇混合液样 10 个（装在 50mL 磨口三角瓶中），丙酮（公用）。

【实验步骤】

1. 安装仪器

沸点仪按图 4-2 安装好，塞紧带有温度计的木塞，加热用电热丝要靠近容器底部的中心。温度计水银球的位置要在加热丝以上 1～2 cm。

2. 测定沸点

用电吹风微热吹干沸点仪的残余液体，冷却至室温后，从支管处将 1# 样品液（纯乙醇）全部倒入沸点仪中，使温度计的水银球（1/2）～（2/3）浸入液体中。接通冷凝水，先将调压变压器调至最小，再接通电源。转动变压器转柄，调节加热电压在 35V 左右，使液体缓缓加热。当液体沸腾后再调节电压，使沸腾液体刚好从小玻管向外溢，冲打在水银球上，且蒸气在冷凝管内凝聚（调节冷凝水流量，使回流高度为 2cm）。不断搅动小球内冷凝液使之回流良好，直到温度计上的读数稳定为止（温度保持恒定，证明气-液相达到平衡，一般约需 10min）。

记录温度计测量温度及环境温度的读数 $t_观$、$t_环$。

3. 取样及折射率的测定

切断电源，停止加热，用一支细长的干燥取样管，自冷凝管口伸入气相凝结液处，吸取全部冷凝液，在室温下用阿贝折光仪测定其折射率。阿贝折光仪的使用方法参见第 3 章 3.12 节。再用另一支干燥取样管自支管处吸取液相液 0.5mL，同法测定平衡液相的折射率。

从支管口将沸点仪中的液体倒回原贮液三角瓶中，并使残留在瓶中的液体尽可能少，用吹风机吹干后再加入 2# 瓶溶液，同上操作，测其沸点。

同法依次测定其余样品液的沸点及气-液平衡气、液两相的折射率。注意每次取样时，吸管一定要吹干后才能使用。

注意：为防止损坏沸点仪，必须在加入溶液后才能接通加热丝电源。调压变压器输出电压由小到大变化，但不可超过 36V。

沸点仪塞子不可漏气。

取样吸管应保持洁净干燥。

用电吹风吹干沸点仪时，温度不能太高，否则会损坏温度计。

【数据记录和处理】

① 将实验测定的气、液相样品的折射率校正为 25℃下的读数，在折射率-组成曲线上查出相应的组成（实验室已备有工作曲线）。

② 对沸点温度读数进行露茎校正（校正方法参见第 3 章 3.1 节）。

③ 列表记录各项（见表 4-1、表 4-2）。

室温_____（℃），大气压_____（Pa）

表 4-1　平衡组成测定

编号	气相组成			液相组成		
	$n_D^{测}$	$n_D^{25℃}$	组成/%	$n_D^{测}$	$n_D^{25℃}$	组成/%
1						
2						
……						

表 4-2 沸点测定

编号	$t_{观}/℃$	$t_{环}/℃$	$\Delta t_{露}/℃$	$t_{沸}/℃$
1				
2				
……				

④ 由 $t_{沸}$ 及气相、液相组成绘制实验压力下双液系沸点-组成图，确定低恒沸点温度和恒沸物组成。

思 考 题

1. 实验用的沸点仪应减少气相分馏及过热，为此应怎样设计和安装沸点仪？

2. 讨论本实验体系进行蒸馏分离时的特点。

3. 对于非理想完全互溶双液系，可由蒸气压法求各组分的活度 a_B 和活度系数 γ_B。以本体系为例，讨论如何由实验数据进行求算，还需哪些数据？

【参考文献】

周益明，邵宗明. 一种快速调整双液系浓度的方法. 大学化学，1998，13（4）：39.

实验 5　二元金属相图

【关键词】　金属相图　热分析法　步冷曲线

【实验目的】

1. 用热分析法测绘 Pb-Sn 二元金属相图。

2. 了解热分析法测量技术与热电偶测量温度的方法。

【实验原理】

两组分凝聚体系相图广泛地用于合金、硅酸盐、盐类水溶液以及有机物等体系的研究中。在金相学中，可利用相图判断合金的内部结构，在水盐、硅酸盐体系等方面，除研究它们的内部结构外，还可以根据相图确定分离个别组分的最适宜方法和条件。

绘制金属相图常用的实验方法是热分析法。该法主要考查体系在缓慢冷却过程中温度随时间的变化情况，绘制冷却曲线，根据冷却曲线的形状，绘制相图。

当熔融体系在均匀冷却过程中无相变化时，其温度将连续均匀下降，得到一条平滑的冷却曲线。如在冷却过程中发生了物相变化，则因相变化产生热效应，使热损失有所补偿，冷却曲线上就会出现转折或水平段。

恒压下纯物质的固相析出时达两相平衡，由相律知 $f^* = C - \Phi + 1 = 1 - 2 + 1 = 0$，体系自由度为零，体系温度不变，冷却曲线上出现一水平段，直到液相全部变为固相，温度再均匀下降。如图 5-1 中的 a、e 线所示。

两组分混合物冷却时，当一个组分的固相开始析出，放出凝固热，同时因液相中另一组分的含量逐渐增加，体系凝固点将不断下降，$f^* = 2 - 2 + 1 = 1$。放热的结果，仅使体系冷却速度变慢，在冷却曲线上，出现一转折，直到低共熔点两组分纯固相同时析出，体系出现三相共相存，$f^* = 2 - 3 + 1 = 0$，温度不再改变，曲线上出现水平段（见图 5-1 的 b、d 线）。

低共熔混合物样品冷却曲线的形状与纯物相似。曲线上的水平段对应的温度为低共熔点，此时相数为 3（两纯固相和一个饱和溶液），自由度为零，温度不再改变（见图 5-1 中的 c 线）。

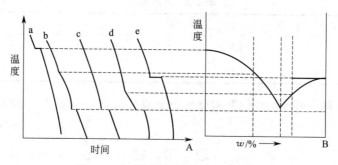

图 5-1 由冷却曲线绘制熔点-组成图

本实验测定 Pb-Sn 二元金属体系的冷却曲线,绘制相图,用热电偶作测温元件,冷却炉控制适当的冷却速度。

【仪器和试剂】

KWL-Ⅱ型金属相图实验装置,秒表 1 只。

镍铬丝、考铜丝(28#),铅、锡(化学纯)。

【实验步骤】

1. 测定冷却曲线

实验装置如图 5-2 所示。

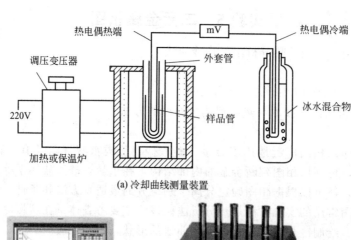

(a) 冷却曲线测量装置

(b) KWL-Ⅱ金属相图(步冷曲线)实验装置实物图

图 5-2 实验装置

① 用配制样品 用台秤分别配制含锡量为 20%、40%、61.9%、75% 的铅锡混合物 100g,另外称纯铅 100g、纯锡 80g 分别放在 6 个硬质玻璃样品管中,再把样品管放入硬质

玻璃套管中。

② 测定以上各样品的冷却曲线。在样品上覆盖一层石墨粉（以防止样品氧化）后放入加热炉中，打开软件，设置工作参数，按下控制面板加热按钮进行加热，样品熔化后，加热自动停止。当样品开始均匀散热冷却时，每隔 30s 读温度一次，直到冷却曲线水平部分以下为止。

【数据记录和处理】

列表表明各样品的组成以及它们在冷却曲线上所有转折点、水平段的温度，并以此作为 Pb-Sn 相图。

注意：热分析法测冷却曲线，要求被测体系必须处于平衡状态，因此体系散热速度应缓慢、均匀。实验测定过程中样品应不挥发、氧化或引入杂质。

思 　考 　题

1. 请用相律分析冷却曲线的形状及相图各区域内的相态及自由度。

2. 通常认为如果体系发生相变时的热效应很小，则热分析法很难获得准确的相图，为什么？在含 20% 及 80% 的锡的二元样品中，冷却曲线的第一个转折点那个转折是否明显？为什么？

3. 简述热电偶的测温原理。

实验 6 　差 　热 　分 　析

【关键词】 　差热分析法 　差热曲线 　差热分析仪

【实验目的】

1. 了解差热分析法的一般原理，掌握差热分析仪的使用方法。

2. 测定 $CuSO_4 \cdot 5H_2O$、苯甲酸等化合物的差热谱图，解释加热过程中所发生的物理化学过程。

【实验原理】

1. 差热谱的获得

差热分析是在程序控制升温下，测量试样与基准间温差随温度变化的一种技术。

将待测物质进行程序升温或冷却，在此过程中若样品发生变化（熔化、升华、气化、晶型转变、分解、脱水、氧化等），总伴随着吸热或放热现象。体系的温度-时间曲线上出现转折。若将该物质与基准物质（即在实验温度变化范围内不发生任何物理化学变化，无热效应产生的物质）在相同条件下进行加热或冷却，一旦样品发生物相变化，样品和基准物间将产生温差 ΔT。测定这种温差，用于分析物质变化规律，鉴定物质种类的方法为热差分析法。物相变化过程中 ΔT 由基线到极大值又回到基线，这种温差 ΔT 随时间（或温度）变化的曲线为差热曲线。典型的差热曲线如图 6-1(a) 所示。

以 T_s 和 T_r 分别代表样品基准物的温度。若样品没有发生变化，两者温差 $\Delta T = T_s - T_r = 0$（图 6-1 中 ab 段），形成基线。若样品发生吸热反应，样品温度低于基准物，$\Delta T = T_s - T_r < 0$，生产吸热峰（bcd 段）。若样品发生放热反应，样品温度高于基准物，$\Delta T > 0$，峰将出现在基线的另一侧（efg 段）。规定吸热峰 ΔT 为负，放热峰 ΔT 为正。

差热峰的位置可用图 6-1(b) 所示的方法确定。通过峰的起点 b、峰顶点 c 和终点 d

作三条垂线，与温度线相交于 b'、c' 和 d' 点，若温度线与差热曲线完全同步（即使用同一时间坐标），则 b'、c' 和 d' 点对应的温度 T_b、T_c 和 T_d 就分别代表峰起点、峰点和终点温度。

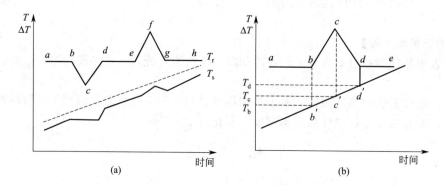

图 6-1 典型示温、温差曲线与差热峰温度确定

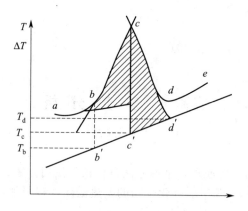

图 6-2 实际的差热曲线及校正

实验测量时，由于样品与基准物的热容、热导率、装填情况、坩埚等条件不可能全同；样品在测定过程中热容、体积等均会发生变化，两支测温热电偶的热电势也不一定完全等同；因此差热曲线的基线不一定与时间轴完全平行，峰前后的基线也不一定在同一条直线上，应按一定的方法校正。

图 6-2 所示为实际的差热曲线。曲线上各个转折点并不明显，发生热效应前后，基线出现偏离。可由作切线的方法确定峰的起点、终点和峰面积。

在发生相转变的差热曲线中，由国际热分析协会推荐，外推起始温度 T_{eo}，即图 6-2 中的 T_b 最接近热力学平衡温度，对于很尖端的峰，也可取峰顶温度 T_c 表示相变化温度。

由差热曲线上峰的位置、大小、方向及峰的数目可以得出所测温度范围内样品发生物理化学变化所对应的温度，热效应的大小，热效应的符号及发生物化变化的次数。可用于鉴别物质，进行相定性、相定量分析及化学动力学研究。差热曲线的形状还与升温速度、样品量、装填情况及气氛等因素有关。

2. 差热分析仪结构

差热分析仪结构如图 6-3 所示。

　　加热炉内坩埚中的样品和基准物在相同条件下加热或冷却。炉温由温度程序控制器监控，可按一定的升温速度加热或冷却。样品和基准物间的温差由对接的两支热电偶进行测定。热电偶的两个接点分别与盛装样品和基准物的坩埚底部接触。热电偶的热电势与样品和基准物间温差 ΔT 成正比。温差热电势经微伏放大器放大后由一双笔记录仪记录。样品的温度 T_s（或时间 t）也由同一记录仪记录，可得差热曲线 ΔT-T（或 t）图。

【仪器和试剂】

ZCR-1 型差热分析仪一套，分析天平一台（公用）。

α-Al_2O_3，$CuSO_4 \cdot 5H_2O$、苯甲酸等（分析纯，均经研细过筛，200 目）。

【实验步骤】

1. 仪器调整

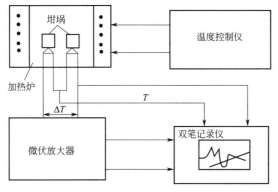

(a) 差热分析仪原理

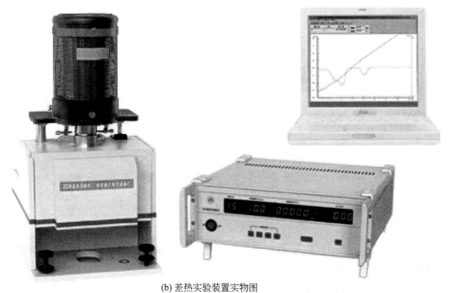

(b) 差热实验装置实物图

图 6-3　差热分析原理和实物

　　摇动电炉底座手柄，把炉体升到顶部后将炉体向外推出。取出两个洁净的铝坩埚，分别放在样品杆上部的托盘上，坩埚底部与托盘必须贴紧。将炉体转回，摇动手柄，使炉体向下复原。在炉体下降前，注意炉体与样品杆的相对位置是否正常，否则应调整后再放下炉体，以免炉体挤压样品杆造成损坏（参见 3.17-ZCR 差热实验装置的使用）。

盖上保温盖等附件，接通冷却水。用数据线连接差热分析炉和差热分析仪。

若仪器事先已调整，以上步骤可略。

2. 差热曲线测定

① 称取 15～20mg α-Al_2O_3 和 $CuSO_4 \cdot 5H_2O$（或其他样品），均匀、结实、平铺于两洁净的坩埚中。同步骤 1 中所述升起炉体，将坩埚小心置于托盘上，α-Al_2O_3 坩埚在右侧，样品坩埚在左侧。炉体复原。

② 准备工作同步骤 1，同时仪器预热 20min。

③ 选择升温速度 $10℃ \cdot min^{-1}$，差热量程 $\pm 100\mu V$，斜率 5～6，纸速 $300mm \cdot h^{-1}$，待基线平直后，开启电炉电源及温度程序控制器"工作"按键，记录差热谱图。

④ 记录完毕，首先切断电炉电源，再将各操作单元旋钮、开关恢复起始位置后关闭总电源。半小时后关闭冷却水。升起炉子，取出坩埚，残留物倒入回收瓶。

记录实验条件及红、蓝记录笔差。因红、蓝笔共用一卷记录纸，为避免两笔相遇时受阻，红、蓝笔不在同一水平线上，致使差热曲线的时间轴平移一段距离，应同时记录笔差以进行温度校正。

注意：基准物和样品的装填情况应一致。坩埚装样后应用平端玻棒轻压样品层，使传热均匀。

安放坩埚时应小心、仔细。防止抖动使样品溅出或坩埚翻倒，污染样品杆。

【数据记录和处理】

① 由差热谱图及热电偶工作曲线查出差热曲线上各峰对应的起始温度 T_{eo} 和峰温 T_m。

② 解释样品在加热过程中发生的物理、化学变化，写出相应的化学反应计量式。推测硫酸铜晶体中各结晶水的结构状态。

③ 根据峰的方向及大小，解释热效应的符号及大小。

思 考 题

1. 差热曲线的形状与哪些主要因素有关？试简述之。
2. 差热曲线中峰的方向、大小、数目有何物理意义？
3. 差热分析中基准物起什么作用？对基准物应有什么要求？

实验 7 气相色谱法测无限稀释活度系数

【关键词】 无限稀释活度系数 摩尔溶解焓 比保留体积 气相色谱法

【实验目的】

1. 由气相色谱法测定环己烷和苯在环丁砜中的无限稀释活度系数和摩尔溶解焓。
2. 掌握气相色谱仪的原理、构造及使用方法。
3. 掌握气体钢瓶、减压阀和皂膜流量计的使用方法。

【实验原理】

1. 比保留体积 V_g

气相色谱法提供了测定非电解质溶液中溶质活度系数的方法，该法简便且快速。气相色谱中固定相是涂渍在固体载体上的固定液，载体充填于色谱柱中，流动相为气体。当载气将某一气体组分带入色谱柱时，视该组分在固定液中溶解度的大小经过一定时间流出色谱柱。

典型的色谱流出曲线如图 7-1 所示。图中 t_r^0 为死时间，t_r 为 B 组分保留时间，V_R^0 为死体积，V_R 为 B 组分保留体积，$t_B = t_r - t_r^0$ 为 B 组分的校正保留时间，$V_B = V_R - V_R^0$ 为 B 组分的校正保留体积。

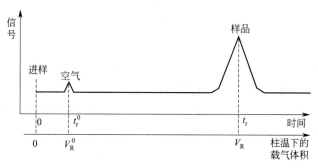

图 7-1　典型的色谱图

为了便于比较，还采用比保留体积，即 273K 时单位质量固定液的校正保留体积：

$$V_g = \frac{V_B(T=273\text{K})}{m_A} \quad (\text{m}^3 \cdot \text{kg}^{-1}) \tag{7-1}$$

式中，m_A 为柱内固定液的质量，kg。

若柱内气体可视为理想气体，则比保留体积可由柱温 T_C 下的保留体积 $V_B(T_C)$ 求出：

$$V_g = \frac{V_B(T_C)}{m_A} \times \frac{273.2}{T_C} \tag{7-2}$$

在一定的柱温柱压下载气的平均流速为 $\overline{F}$ 时

$$V_B(T_C) = t_B \cdot \overline{F}$$

若对流速 $\overline{F}$ 进行压力、温度校正，可得

$$V_g = \frac{273.2}{T_r} \times \frac{p_0 - p_w^*}{p_0} \times j \times F \times \frac{t_R - t_R^0}{m_A} \tag{7-3}$$

式中，T_r 为柱后皂膜流量计温度（通常为室温）；p_0 为色谱柱出口压力（通常为大气压）；p_w^* 为温度 T_r 时水的饱和蒸气压；F 为由皂膜流量计测定的色谱柱出口载气平均流速；j 为压力校正因子。

$$j = \frac{3}{2}\left[\frac{(p_b/p_0)^2 - 1}{(p_b/p_0)^3 - 1}\right]$$

式中，p_b 为色谱柱进口压力。

实验测定式(7-3)右端各项，则可计算比保留体积 V_g。

2. V_g 与活度系数 γ^∞ 的关系

由色谱理论，从进样开始经过保留时间 t_R 出现 i 组分峰峰顶时，正好有一半的溶质成为蒸气通过了色谱柱，另一半尚留在柱的气相空隙（死体积 V_R^0）和液相 V_l 中，即

$$V_R c_B^g = V_R^0 c_B^g + V_l c_B^l$$

或

$$V_B \cdot c_B^g = V_l \cdot c_B^l \tag{7-4}$$

式中，V_l 为液相体积；c_B^g，c_B^l 分别为 B 组分在气相和液相中的物质的量浓度。

设气相符合理想气体，液相为浓度不太高的非理想溶液，气液相达平衡时：

$$c_B^g = \frac{p_B}{RT_C} \tag{7-5}$$

$$c_B^l = \frac{\rho_1 x_B}{M_1} \tag{7-6}$$

$$p_B = \gamma_B p_B^* x_B \tag{7-7}$$

式中，p_B 为 B 组分气相分压；p_B^* 为纯 B 的饱和蒸气压；x_B 为 B 组分在液相中的质量分数；ρ_1、M_1 分别为液相的密度和摩尔质量。

将式(7-5)～式(7-7) 代入式(7-4) 中，且当溶液无限稀时，近似取 V_1、ρ_1、M_1 为固定液（溶剂 A）的体积、密度和摩尔质量，得

$$V_B = \frac{V_A \rho_A R T_C}{M_A \gamma^\infty p_B^*} = \frac{m_A R T_C}{M_A \gamma^\infty p_B^*} \tag{7-8}$$

式(7-8) 代入式(7-2) 中

$$\left.\begin{array}{l} V_g = \dfrac{273.2R}{M_A \gamma^\infty p_B^*} \\[3mm] \gamma_B^\infty = \dfrac{273.2R}{M_A V_g p_1^*} \end{array}\right\} \tag{7-9}$$

由柱温下的比保留体积 V_g 和纯 B 的蒸气压则可求活度系数 γ_B^∞。

3. V_g、γ_B^∞ 与热力学函数的关系

将式(7-9) 取对数

$$\ln V_g = \ln \frac{273.2R}{M_A} - \ln \gamma_B^\infty - \ln p_B^*$$

再对 $1/T$ 求微分

$$\begin{aligned} \frac{\mathrm{d}\ln V_g}{\mathrm{d}(1/T)} &= -\frac{\mathrm{d}\ln \gamma_B^\infty}{\mathrm{d}(1/T)} - \frac{\mathrm{d}\ln p_B^*}{\mathrm{d}(1/T)} = \frac{\Delta_{vap} H_m^*(B)}{R} - \frac{H_{B,m}^\infty - H_m^*(B)}{R} \\ &= \frac{\Delta_{vap} H_m(B)}{R} - \frac{\Delta_{sol} H_m(B)}{R} \end{aligned} \tag{7-10}$$

式中，$\Delta_{vap} H_m^*(B)$ 为纯溶质 B 的摩尔汽化焓；$H_m^*(B)$ 为纯溶质 B 的摩尔焓；$H_{B,m}^\infty$ 为无限稀释溶液中溶质 B 的偏摩尔焓；$H_{B,m}^\infty - H_m^*(B) = \Delta_{sol} H_m(B)$ 为溶质 B 的摩尔溶解焓。

如为理想溶液，则 $\gamma_B^\infty = 1$，等式右边第二项为零，作 $\ln V_g - \frac{1}{T}$ 图，由直线斜率可求纯溶质的摩尔汽化焓。若为非理想溶液，且 $\Delta_{vap} H_m(B)$ 和 $\Delta_{sol} H_m(B)$ 随温度变化不大，以 $\ln V_g$ 对 $\frac{1}{T}$ 作图，由直线的斜率及 $\Delta_{vap} H_m(B)$ 可求溶质 B 的 $\Delta_{sol} H_m(B)$。

【仪器和试剂】

气相色谱仪（使用热导池检测器），秒表，微量注射器。

苯、环己烷（均为分析纯），环丁砜（ ，色谱纯试剂），101 白色硅烷化载体（40～60 目）。

【实验步骤】

① 色谱柱的制备。按环丁砜：载体＝1：4 的比例，先准确称取一定量环丁砜放在蒸发皿中，再倒入适量溶剂氯仿以稀释环丁砜，然后倒入已称量的载体，混匀后在红外灯下缓慢加热使溶剂挥发。

洗净、干燥色谱柱（色谱柱长为 1~1.5m，管径 3~5mm），先在色谱柱的一端塞以少量玻璃棉，再接上真空泵抽气，在柱的另一端用小漏斗加入已涂好固定液的载体，同时不断振动柱管，以减少死体积。填满后同样塞以少量玻璃棉。用差重法准确计算装入色谱柱的固定液质量。

实验室将已填充好的色谱柱装入色谱仪。

② 色谱条件：接通载气气路，确证气路畅通后再开启色谱仪电源。

采用热导池检测器，N_2 为载气，用皂膜流量计测定其流速为 30~40mL·min^{-1}，桥电流 120mA，柱温起始控制为（60.0±0.1）℃，气化室 100℃。柱前压由一 U 形水银压力计测定，控制在 175~180kPa 即 1310~1350mmHg 间。

③ 待基线稳定后，用微量注射器注入 1μL 环己烷和苯的混合液，用两只秒表分别记录进样到环己烷和苯峰顶出现的时间即保留时间，同时记录柱温、柱前压及皂膜流量计流速。皂膜流量计的使用方法见第 3 章 3.6 节。

单独进 100μL 空气样，测定死时间 t_R^0。

④ 改变柱温为 65.0℃、70.0℃、75.0℃、80.0℃，重复步骤③，测定不同柱温下环己烷和苯的保留时间及死时间。

⑤ 实验结束后，先依次关闭色谱仪桥电流，气化室，层析室和总电源，保持小流量载气，待层析室温度接近室温后再关闭气源。

注意：实验要求系统达到热力学平衡，因此一定要等到色谱仪全部条件稳定后（记录仪基线平直无漂移）才开始进样。

实验过程中不允许固定液大量流失，但随着柱温上升，固定液饱和蒸气压升高且黏度下降，流动性增加，易发生流失。因此绝对不允许柱温超过 90℃。

微量注射器为价格昂贵的进样工具，针头内装有不锈钢丝，切忌将注射器拉杆拉过最大刻度，否则钢丝将从针头内脱出，造成报废事故。

【数据记录和处理】

① 数据记录

室温＿＿＿＿＿＿（℃），大气压＿＿＿＿＿＿（Pa）

室温下水饱和蒸气压 p_B^* ＿＿＿＿＿＿（Pa）（查附表 2-4）

固定液摩尔质量 M_A ＿＿＿＿＿＿（kg·mol^{-1}），固定液质量 m_A ＿＿＿＿＿＿（kg）。

编号 No.	柱温 T_C/℃	柱前压 p_b/Pa	出口流速 F/m^3·s^{-1}	死时间 t_R^0/ s	保留时间 t_R/ s	
1	60.0				环己烷	
					苯	
⋮	⋮	⋮	⋮	⋮	⋮	⋮

② 按式（7-3）计算不同柱温下各组分的比保留体积 V_g。按式（7-9）计算不同柱温下各组分的活度系数 γ_B^∞。式中所需环己烷和苯的饱和蒸气压数据由附表 2-10 所提供的经验公式求算。

计算结果列于下表中。

编号 No.	p_b/Pa	校正因子 j	组分 B	比保留体积 V_g/m³·kg⁻¹	纯组分蒸气压 p^*/Pa	活度系数 γ_B^∞
			环己烷			
			苯			
⋮	⋮	⋮	⋮	⋮	⋮	⋮

③ 作 $\ln V_g$-$1/T_C$ 图，分别求环己烷和苯在环丁砜中的摩尔溶解焓。所需摩尔汽化焓数据可查附表 2-12。

思 考 题

1. 由计算结果说明苯和环己烷在环丁砜中的溶液对 Raoult 定律是正偏差还是负偏差？为什么环己烷的 γ_B^∞ 更偏离 1？

2. 固定液流失对实验结果将产生什么影响？

3. 为什么本实验方法所测得的是无限稀活度系数？如何进行实验使测定体系接近无限稀？

4. 什么样的溶液体系适合用色谱法测定 γ^∞？

实验 8　凝固点降低法测溶质的摩尔质量

【关键词】　平衡温度　凝固点降低法　摩尔质量

【实验目的】

1. 了解凝固点降低法测量溶质摩尔质量的原理，掌握其实验技术。

2. 用凝固点降低法测定萘的摩尔质量。

【实验原理】

当溶质与溶剂不生成固溶体，而且浓度很稀时，溶液的凝固点降低与溶质的质量摩尔浓度成正比，即

$$\Delta T_f = K_f b \tag{8-1}$$

式中，ΔT_f 为凝固点降低值，K；b 为溶质的质量摩尔浓度，mol·kg⁻¹；K_f 为凝固点降低常数，K·mol⁻¹·kg。环己烷的 $K_f = 20.2$ K·mol⁻¹·kg。

设此稀溶液是由溶质 m_B、溶剂 m_A 配成，则其质量摩尔浓度

$$b = \frac{m_B/M_B}{m_A} \tag{8-2}$$

式中，M_B 为溶质的摩尔质量。将式(8-2) 代入式(8-1)，得

$$\Delta T_f = K_f \times \frac{m_B}{M_B m_A}$$

$$M_B = K_f \times \frac{m_B}{\Delta T_f m_A} \tag{8-3}$$

如果已知溶剂的 K_f 值，则测得溶液的凝固点降低值 ΔT_f 后即可按式(8-3) 计算溶质的摩尔质量。

纯溶剂的凝固点是其液-固共存时的平衡温度。将纯溶剂逐步冷却时，在未凝固之前温度将随时间均匀下降。开始凝固后由于放出凝固热而补偿了热损失，体系将保持液固两相共存的平衡温度不变，直到全部凝固，再继续均匀下降。但在实际过程中经常发生过冷现象，其冷却曲线如图 8-1(a) 所示。

溶液的凝固点是溶液与溶剂的固相共存时的平衡温度，其冷却曲线与纯溶剂不同。当有溶剂凝固析出时，剩下溶液的浓度逐渐增大，因而溶液的凝固点也逐渐下降，如图 8-1(b) 所示，故须用图 8-1(b) 所示的外推法求 T_f。

【仪器与试剂】

仪器装置见图 8-2。热敏电阻温度计（见第 3 章 3.2 节）及数显温度计；自动记录仪；分析纯萘丸；分析纯环己烷。

【实验步骤】

① 将冰敲成 2～4cm 的碎块；冬天可于冰浴槽中装 1/3 的冰，2/3 的水；夏天宜冰水各半，保持冰水浴 3℃左右，可随时加减冰和水调节。

② 将数显温度计、热敏电阻等连接好。

③ 用移液管取 30mL 环己烷加入干净的冷冻管中，安装好热敏电阻温度计和玻璃搅拌器，温度计居中，下端距管底约 1cm，用软木塞塞好管口。实验过程中尽可能避免空气中的潮气进入管中冷凝，也不能容许在管壁结晶。

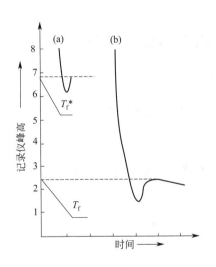

图 8-1　自动记录冷却曲线

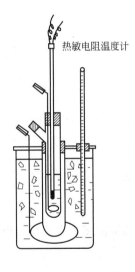

图 8-2　凝固点测定装置

④ 先把冷冻管直接放入冰浴中，匀速上下抽动搅拌器，不要使搅拌器触及热敏电阻和管壁。温度开始降低时，速将冷冻管取出，用毛巾擦干表面水滴后立即放入空气夹套中。不断搅拌，直到过冷后温度不再变化，即可作为纯溶剂凝固点的参考温度。取出冷冻管用手心温热至环己烷晶体全部熔化，重复上述操作测定凝固点两次，取其平均值。如液体过冷超过 0.2℃仍不结晶，则可用玻棒沾一小滴环己烷晶种（由置于冰水浴中另一小试管制得。小试管装 1～2 mL 环己烷附一小玻棒，用软玻璃毛塞好，以防潮气进入）从支管加到提起的搅拌器上，继续搅拌即可促使结晶，勿使过冷超过 0.5℃。

⑤ 用分析天平称取 0.15～0.20g 纯萘丸从支管投入冷冻管中立即塞好管口，搅拌使萘

完全溶解，测定溶液凝固点两次，取其平均值。

【数据处理】

从数显温度计的读数确定环己烷凝固点和用外推法确定溶液凝固点后，由两者间的温度差算出凝固点下降值。由此算得萘的摩尔质量，并与理论值比较。

思 考 题

1. 什么叫凝固点？凝固点降低的公式在什么条件下才适用？它能否用于电解质溶液。
2. 为什么会产生过冷现象？
3. 为什么要使用空气夹套？过冷太甚有何弊病？
4. 测定环己烷和萘丸质量时，精密度要求是否相同？为什么？

【参考文献】

［1］Matthews G P. Experimental physical chemistry. Oxford：Clarendon Pr，1985.46-52.

［2］Moare J P，Freeging point measurement. J Chem Educ，1960，37（3）：146-147.

［3］北京师范学院物理化学实验教学组．对"凝固点降低法测定萘的分子量"实验中一些问题的探讨. 化学教育，1982，(5)：40-43.

［4］王淑萍．"凝固点降低法测定分子量"实验的改进. 大学化学，1989，4（4）：45-46.

实验 9　光度法测络合物组成和稳定常数

【关键词】　分光光度法　　络合物组成　　稳定常数

【实验目的】

1. 掌握分光光度法测定络合物组成及稳定常数的基本原理和方法。
2. 熟悉分光光度计的使用方法。

【实验原理】

溶液中金属离子 M 和配位体 L 形成络合物 ML_n，络合达平衡时

$$M+nL \Longleftrightarrow ML_n$$

以物质的量浓度表示的络合稳定常数

$$K_c = \frac{[ML_n]}{[M][L]^n} \tag{9-1}$$

式中，$[ML_n]$、$[M]$、$[L]$ 分别为络合平衡时络合物、金属离子和配位体的浓度。标准平衡常数

$$K_c^{\ominus} = K_c \cdot (c^{\ominus})^n$$

式中，$c^{\ominus}$ 为标准态浓度；n 为配位数。

络合物的稳定常数不仅反应了它在溶液中的热力学稳定性，在络合物的实际应用中也具有重要的参考价值。本实验用分光光度法测定式(9-1) 右边各项以确定络合物组成及稳定常数。

1. 等物质的量连续递变法测络合物的组成

在保持总的物质的量不变的前提下，依次改变体系中两个组分的摩尔分数并测定体系的

光密度 D（吸光度），在一定波长 λ_{max} 下仅络合物有强烈吸收，当 $\dfrac{x_L}{x_M}=n$ 时，络合物的浓度最大。由比尔（Beer）定律得，D 与络合物的浓度成正比：

$$D=kcl$$

式中，l 为液槽厚度；k 为摩尔吸收系数，对一定体系和入射光而言，k 为常数；c 为络合物的浓度。

作 D-x_L 曲线，如图 9-1 所示，由曲线上光密度的极大值 D_{max} 所对应的摩尔分数值，即可求出 n 值。

为了便于配制溶液，通常取相同浓度的金属离子 M 和配体 L 溶液，在保持总体积不变的条件下，按不同的体积比配成一系列混合溶液，由体积比即可确定配体的摩尔分数 x_L。在 D_{max} 处，所取金属离子和配位体溶液的体积数分别为 V_M 和 V_L，则

$$x_L=\frac{V_L}{V_L+V_M}$$

配位数 $$n=\frac{x_L}{1-x_L} \qquad (9\text{-}2)$$

若溶液中除络合物外金属离子 M 及配位体 L 在该波长下也有微小吸收，实验所测溶液的光密度还包括了 M 和 L 的贡献，对此必须加以校正，校正如下：

作出实验测得的光密度 D' 对溶液组成的曲线，连接 $x_L=0$ 和 $x_L=1$ 两点（如图 9-2 所示），则直线上各点的光密度值 D_0 可视为 M 和 L 的贡献。

络合物的光密度值则应为

$$D=D'-D_0$$

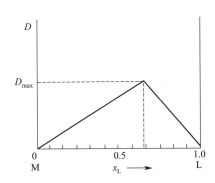

图 9-1　由 D-x_L 曲线确定络合物组成

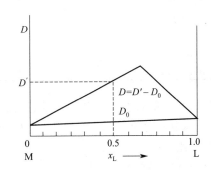

图 9-2　D'-x_L 曲线

再作 D-x_L 曲线，如图 9-3 中曲线 1 所示。由 D_{max} 即可确定 n。由于实验测定和作图引入误差，所得 n 值应用舍入法化为整数。

2. 稀释法测定络合物的稳定常数 K_c

若 M 和 L 的起始浓度分别为 a 和 b，达络合平衡时，络合物浓度为 x，则

$$K_c=\frac{x}{(a-x)(b-nx)^n} \qquad (9\text{-}3)$$

在两个不同的金属离子和配位体总浓度下，测定溶液的光密度随组成变化的数据，并在同一坐标下作出已经校正的密度 D-x_L 曲线。在两条曲线下取光密度相同的两点 M、N（见图 9-3），则两点所对应溶液中络合物浓度相同，故应有

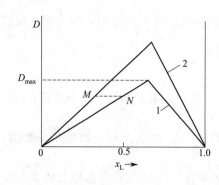

图 9-3 稀释法测配合物稳定常数示意图

$$K_c = \frac{x}{(a_1-x)(b_1-nx)^n} = \frac{x}{(a_2-x)(b_2-nx)^n}$$

$$(9-4)$$

式中，a_1、a_2、b_1、b_2 分别为两条曲线起始金属离子和配位体浓度。

解方程（9-4）。取 x 合理根带回式（9-4）即可求得 K_c 值。选取 M、N 点时纵坐标 D 应适宜（当 D 较大时，解得 x 值也较大），所求 x 值应与 a、b 有效数字位数相同，并舍去 $x>a$，$nx>b$ 的根。

【仪器和试剂】

721 型或 722 型分光光度计一套，5mL 刻度移液管 4 支，25mL 移液管 1 支，50mL 容量瓶 11 个。

硫酸高铁铵溶液（$0.005 mol \cdot L^{-1}$，$0.0025 mol \cdot L^{-1}$），钛铁试剂（1,2-二羟基苯-3,5-二磺酸钠）溶液（$0.005 mol \cdot L^{-1}$，$0.0025 mol \cdot L^{-1}$）。

pH＝4.6 的醋酸-醋酸铵缓冲溶液。

【实验步骤】

① 按 1L 溶液含有 100g 醋酸铵及 100mL 冰醋酸配制醋酸-醋酸铵缓冲溶液 1L。

② 按下表在 50mL 容量瓶中配制 11 个待测溶液样品。

加入溶液 \ 编号	1	2	3	4	5	6	7	8	9	10	11
Fe^{3+} 贮备液（$0.005 mol \cdot L^{-1}$）V_M/mL	0	0.5	1	1.5	2	2.5	3	3.5	4	4.5	5
钛铁试剂贮备液（$0.005 mol \cdot L^{-1}$）V_L/mL	5	4.5	4	3.5	3	2.5	2	1.5	1	0.5	0
缓冲溶液 V/mL	25	25	25	25	25	25	25	25	25	25	25

每份样品最后加水稀释到容量瓶刻度。

③ 再用浓度为 $0.0025 mol \cdot L^{-1}$ 的硫酸高铁铵及 $0.0025 mol \cdot L^{-1}$ 的钛铁试剂按上表同样配制第二组溶液。

④ 测络合物最大吸收波长 λ_{max}。从配制的第一组待测溶液中观察选取一个颜色最深的（4 号或 5 号）溶液，在分光光度计上，从 $500 \sim 650 nm$ 改变波长测定其吸光度。确定吸收曲线最大吸收峰所对应的波长（λ_{max}）数值。每次改变波长时，均应用蒸馏水重新调光度计的零点和透光率 100。

⑤ 测定各组溶液在 λ_{max} 下的光密度数值 D'。

【数据记录和处理】

① 列表记录实验步骤④、⑤所得数据。

② 作 4 号或 5 号试样的 D'-λ 曲线，确定 λ_{max}。

③ 作两组溶液的 D'-x_L 图，经校正后，再作 D-x_L 图。

④ 将 D-x_L 图中 $x_L \to 0$、$x_L \to 1$ 附近的直线部分外推，交点的横坐标值按式（9-2）计算络合比 n。

⑤ 在 D-x_L 图的两条曲线上选点，按式（9-4）计算 K_c 值。

思　考　题

1. 为什么只有在维持 M 和 L 总物质的量不变的条件下，改变 x_M 和 x_2，且当 $\dfrac{x_L}{x_M}=n$ 时，络合物的浓度达到最大？

2. 在两条 $D\text{-}x_L$ 曲线上，为什么光密度相同的两点对应的络合物浓度相同？

3. 为什么实验要求控制溶液的 pH 值？

4. 如何调节分光光度计的透光率零点和 100？

实验 10　合成氨反应平衡常数的测定

【关键词】　流动法　合成氨　平衡常数

【实验目的】

1. 掌握流动法测定气-固相反应平衡常数的方法和技术。

2. 测定合成氨反应在不同温度下的平衡常数。

3. 由化学反应的等压式和等温方程式计算合成氨反应的 $\Delta_r H_m^{\ominus}$、$\Delta_r G_m^{\ominus}$、$\Delta_r S_m^{\ominus}$。

【实验原理】

合成氨反应计量方程式为：

$$\frac{1}{2}N_2 + \frac{3}{2}H_2 = NH_3$$

反应的标准平衡常数 $K_p^{\ominus}$ 可用各组分的平衡分压表示：

$$K_p^{\ominus} = \frac{p_{NH_3}}{p_{N_2}^{\frac{1}{2}} p_{H_2}^{\frac{3}{2}}} p^{\ominus} \tag{10-1}$$

反应在常压下进行，因此可按理想气体处理。设反应生成 NH_3 的物质的量为 n_{NH_3}，反应时间为 $t(s)$，标准状态下气体的流速为 $v(m^3 \cdot s^{-1})$。在该实验条件下，反应的转化率很低，因此平衡体系各组分物质的量总和为 $n = n_{N_2} + n_{H_2} + n_{NH_3} \approx n_{N_2} + n_{H_2} \approx n_{N_2}^0 + n_{H_2}^0$（$n_i^0$ 为时间 t 内进入反应器的 i 种气体的物质的量）。所以

$$p_{N_2} = \frac{n_{N_2}}{n} p = \frac{v_{N_2}}{v_{N_2} + v_{H_2}} p$$

$$p_{H_2} = \frac{n_{H_2}}{n} p = \frac{v_{H_2}}{v_{N_2} + v_{H_2}} p$$

$$p_{NH_3} = \frac{n_{NH_3}}{n} p = \frac{n_{NH_3} p}{(v_{N_2} + v_{H_2}) t p^{\ominus}/273.2R}$$

$$= \frac{273.2R}{p^{\ominus}} \cdot \frac{n_{NH_3} p}{(v_{N_2} + v_{H_2}) t}$$

$$= \frac{0.0224 n_{NH_3} p}{(v_{N_2} + v_{H_2}) t}$$

代入式(10-1) 得：

$$K_p^{\ominus} = \frac{0.0224 n_{NH_3} (v_{N_2} + v_{H_2})}{v_{N_2}^{\frac{1}{2}} v_{H_2}^{\frac{3}{2}} t p} p^{\ominus} \tag{10-2}$$

在 T 及总压 p 下，由实验测得 N_2、H_2 流速（v_{N_2} 和 v_{H_2}）和产生一定量 NH_3（n_{NH_3}）所需时间 t，代入式（10-2）即可求得反应温度为 T 时的 $K_p^{\ominus}$ 值。

自化学反应等压方程式

$$\frac{\mathrm{d}\ln K_p^{\ominus}}{\mathrm{d}T} = \frac{\Delta_r H_m^{\ominus}}{RT^2} \quad \text{或} \quad \frac{\mathrm{d}\ln K_p^{\ominus}}{\mathrm{d}(1/T)} = -\frac{\Delta_r H_m^{\ominus}}{R} \tag{10-3}$$

式中，$\Delta_r H_m^{\ominus}$ 为反应的标准摩尔焓变。近似视 $\Delta_r H_m^{\ominus}$ 与温度 T 无关，根据不同温度时的 $K_p^{\ominus}$，则可由 $\ln K_p^{\ominus}$ 对 $1/T$ 作图求得 $\Delta_r H_m^{\ominus}$。

又自化学反应等温方程式

$$\Delta_r G_m^{\ominus} = -RT\ln K_p^{\ominus} \tag{10-4}$$

及

$$\Delta_r S_m^{\ominus} = \frac{\Delta_r H_m^{\ominus} - \Delta_r G_m^{\ominus}}{T} \tag{10-5}$$

根据求得的 $K_p^{\ominus}$ 和 $\Delta_r H_m^{\ominus}$，即可算得相应温度下的 $\Delta_r G_m^{\ominus}$ 和 $\Delta_r S_m^{\ominus}$。

【仪器和试剂】

流动反应装置一套（见图10-1）。

热电偶，1mL移液管，5A分子筛，AgX分子筛。合成氨铁催化剂 A_6（18～36目），$1.000 \times 10^{-2}\ mol \cdot L^{-1}$ 标准 H_2SO_4 溶液，甲基红指示剂（0.2%酒精溶液），石英砂。

【实验步骤】

① 实验的安装和检测。按图10-1组装实验装置。装好反应管和热电偶，检查系统的气密性。分别开启 N_2 和 H_2 气流，夹住尾气出口，若毛细管流量计回零表示不漏气，若毛细管流量计不回零则说明漏气，分段检测并排除。

② 将三通阀11旋至放空位置（即通入12后由支管引到室外），打开 H_2 钢瓶，调节针型阀使 H_2 流速为 27mL·min^{-1} 左右，数分钟后接通电炉，升温到450℃，由XCT-131控温仪或程序升温控制仪控制炉温恒定。使催化剂还原1h，然后升温到550℃（XCT-131控温仪及程序升温控制仪原理参见3.2节）。

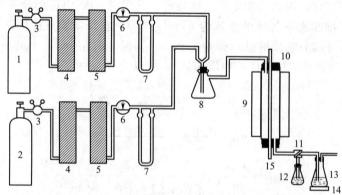

图10-1　合成氨反应平衡常数测定装置

1—氮气钢瓶；2—氢气钢瓶；3—减压阀；4—5Å分子筛干燥塔；
5—AgX分子筛干燥塔；6—针型阀；7—毛细管流速计；8—混合器；
9—管式电炉；10—石英反应管；11—三通阀；12—盛水三角瓶；
13—吸收瓶；14—磁力搅拌器；15—热电偶管

③ 打开 N_2 钢瓶，调节针型阀使 N_2 流速为 9mL·min^{-1} 左右，注意应控制 $v_{H_2} : v_{N_2} = 1:3$。

④ 于 NH_3 吸收瓶中移入 1.000mL 标准 H_2SO_4 溶液。

加入蒸馏水20mL，再加三滴甲基红指示剂，并将吸收瓶置于磁力搅拌器上，安装好。

⑤ 待 N_2、H_2 流速和反应温度稳定后，记下 N_2、H_2 流速和反应温度。打开磁力搅拌器，缓慢将三通阀 11 旋转到吸收瓶 13，当第一个气泡鼓出时按下秒表，记录吸收液变色所需的时间 $t(s)$。由中和反应计算式可求出 t 时间内反应生成 NH_3 的物质的量。

⑥ 重复④、⑤操作，测得此温度下吸收液变色的时间及 N_2、H_2 流速等稳定可靠的数据。

⑦ 升高炉温到 600℃、650℃、700℃、750℃，重复④、⑤、⑥操作，分别测得各温度下的吸收时间 t 及 N_2、H_2 流速。

注意：为获取平衡数据，应严格控制反应温度及反应气流速度。

【数据记录和处理】

1. 计算标准状态下气体的流速。

室温：_____℃，大气压：_____Pa

反应温度 T/K	流速计读数/mL·s^{-1}		标准状态下气体的流速/mL·s^{-1}	
	v_{N_2}	v_{H_2}	v_{N_2}	v_{H_2}

2. 计算不同温度时的 $K_p^{\ominus}$。

H_2SO_4 溶液的浓度：_____ mol·L^{-1}

H_2SO_4 溶液的体积：_____ mL

反应温度 T/K	p/Pa	v_{N_2}/mL·s^{-1}	v_{H_2}/mL·s^{-1}	n_{NH_3}/mol	t/s	$K_p^{\ominus}$

3. 以 $K_p^{\ominus}$ 对 $1/T$ 作图，求 $\Delta_r H_m^{\ominus}$。

4. 由式(10-4)、式(10-5)计算 $\Delta_r G_m^{\ominus}$ 和 $\Delta_r S_m^{\ominus}$。

<h2 style="text-align:center">思 考 题</h2>

1. 用流动法测定气、固相催化反应的平衡常数时应严格控制哪些条件？为什么？如何判断反应已达平衡？

2. 本实验对催化剂的活性有什么要求？

3. 为什么 N_2 和 H_2 的流速比要调节为 1∶3？是否可任意加大原料气流量？

【参考文献】

G Huybrechtsetal. J Chem Edu. 1976，53：443.

<h1 style="text-align:center">实验 11　氨基甲酸铵的分解平衡</h1>

【关键词】 等压法　氨基甲酸铵　平衡常数

【实验目的】

用等压法测定氨基甲酸铵的分解压力，并计算此分解反应的有关热力学函数。

【实验原理】

氨基甲酸铵的分解平衡可用下式表示：

$$NH_2CO_2NH_4(s) \rightleftharpoons 2NH_3(g) + CO_2(g)$$

在实验条件下可把氨和二氧化碳看成是理想气体，上式的标准平衡常数可表示为：

$$K^{\ominus} = \left(\frac{p_{NH_3}}{p^{\ominus}}\right)^2 \left(\frac{p_{CO_2}}{p^{\ominus}}\right) \tag{11-1}$$

式中，p_{NH_3}、p_{CO_2} 分别表示 NH_3 和 CO_2 的分压；$p^{\ominus}$ 为标准压力，通常选为 100kPa。设平衡总压是 p，则 $p_{NH_3}=2p/3$，$p_{CO_2}=p/3$。代入式(11-1)：

$$K^{\ominus} = \frac{4}{27}\left(\frac{p}{p^{\ominus}}\right)^3 \tag{11-2}$$

因此，测得给定温度下的平衡压力后，即可按式(11-2)算出平衡常数 $K^{\ominus}$。当温度变化范围不大时，测得不同温度下的 $K^{\ominus}$，可按

$$\lg K^{\ominus} = \frac{-\Delta_r H_m^{\ominus}}{2.303RT} + C \tag{11-3}$$

求得实验温度范围内的 $\Delta_r H_m^{\ominus}$。

根据 $\Delta_r G_m^{\ominus} = -RT\ln K^{\ominus}$ 的关系式，可求得给定温度下的 $\Delta_r G_m^{\ominus}$。

已知 $\Delta_r H_m^{\ominus}$ 及 $\Delta_r G_m^{\ominus}$，就可根据 $\Delta_r G_m^{\ominus} = \Delta_r H_m^{\ominus} - T\Delta_r S_m^{\ominus}$ 关系式求得 $\Delta_r S_m^{\ominus}$。

【仪器与试剂】

仪器装置如图 11-1 所示。化学纯氨基甲酸铵；硅油；真空泵。

【实验步骤】

① 如图 11-1 所示，将烘干的等压计 3 与真空胶管 2 接好，开关 9 与真空泵相连接，检查体系是否漏气。

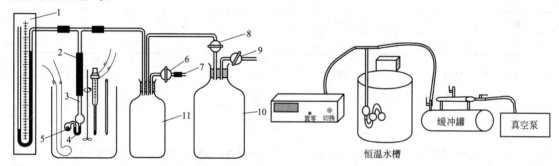

图 11-1 等压法测分解压力装置原理　　　　　图 11-2 氨基甲酸铵分解装置示意

1—U 形汞压计或精密数字式气压计；2—真空橡皮管；
3—等压计；4—液封；5—氨基甲酸铵；6，8，9—开关；
7—毛细管；10，11—缓冲瓶

② 确定不漏气后，取下等压计，将氨基甲酸铵粉末装入等压计盛样小球 5 中，用乳胶管将小球与 U 形管连接（必要时用细铁丝扎紧），在 U 形管中滴加适量硅油作密封液（硅油蒸气压极小）。如图 11-2 所示。

③ 将等压计小心地与真空橡皮管连接好，然后把等压计固定于恒温槽中。调整恒温槽的温度至 (25.00±0.05)℃。开动真空泵，将体系中的空气抽出。约 10min 后，关闭开关 9 和 8，停止抽气。开启开关 6，使空气通过毛细管缓缓进入体系，直至等压计 U 形管两臂液面齐平时，立即关闭开关，若在 15min 内保持不变，则读取 U 形汞压计 1 的汞高差、大气压及恒温槽的温度。

④ 为了检验盛氨基甲酸铵的小球内空气是否已置换完全，可打开开关 8，借缓冲瓶 10 的真空，让盛样小球继续排气 10min 后，按上述操作测定氨基甲酸铵的分解压力。

⑤ 如两次测定结果相差小于 2mmHg，就可进行另一温度下的分解压测定。这时调整恒温槽的温度为 (30.00±0.05)℃，观察 U 形管液面的变化，从毛细管 7 缓缓放入空气，至等压计 U 形管两臂液面齐平且保持 10min 不变，即可读取 U 形压力计的汞高差、大气压

及恒温槽的温度。然后用相同的方法继续测定 35℃、40℃、45℃、50℃的分解压。

实验过程中不能让硅油进入装样玻泡中阻碍氨基甲酸铵的分解。

⑥ 试验完成后，将空气放入体系中至汞高差接近为零时，取下等压计，将盛样小球洗净、烘干备用。

【数据处理】

① 将测得的数据和由式（11-2）计算的 $K^{\ominus}$ 结果列成表格，并分别计算出 $\lg K^{\ominus}$ 和 $\dfrac{1}{T}$。

② 根据实验数据作 $\lg K^{\ominus}$-$1/T$ 图，并由图计算氨基甲酸铵分解反应的 $\Delta_r H_m^{\ominus}$。

③ 计算 25℃时氨基甲酸铵分解反应的 $\Delta_r G_m^{\ominus}$ 及 $\Delta_r S_m^{\ominus}$。

思　考　题

1. 如何检查漏气？
2. 什么条件下才能用测总压的办法测定平衡常数？
3. 在实验装置中，安置两个缓冲瓶和使用毛细管放气的目的是什么？
4. 如在放空气进入体系时，放得过多后应怎么办？
5. 怎样选择等压计的封闭液？
6. 如何判定盛样小球的空气已抽尽？

【参考文献】

［1］Jonich M J. The thermodynamic properties of ammonium carbamate. J Chem Educ，1967，44（10）：598-600.

［2］Egan E P Jr，Potts J E Jr，Potts G D. Dissociation、pressufe of ammonium carbamate. IndEng Chem，1946，38（4）454-456.

［3］Richards R R. NH₄ HCO₃：Astimulant for learning. J Chem Educ，1983，60（7）：555-556.

［4］Kirk-Othur. Encyclopedia of chemical technology. 4thed. Vol 2. New York：John-Wiley&Sons，1992，693.

Ⅱ. 电　化　学

实验 12　界面移动法测离子迁移数

【关键词】　离子迁移数　界面移动法　电位梯度　离子淌度

【实验目的】

1. 加深理解离子迁移数的基本概念。
2. 掌握用界面移动法测定 HCl 水溶液中 H^+ 迁移数的实验方法和技术。

【实验原理】

当电流通过电解质溶液时，两极将发生电化学变化，溶液中阳离子和阴离子分别向阴极与阳极迁移。假若两种离子传递的电量分别为 q_+ 和 q_-，则通过的总电量为：

$$Q = q_+ + q_-$$

每种离子传递的电量与总电量之比，称为离子的迁移数。

阴离子的迁移数 $t_- = \dfrac{q_-}{Q}$，阳离子的迁移数 $t_+ = \dfrac{q_+}{Q}$

且

$$t_- + t_+ = 1 \tag{12-1}$$

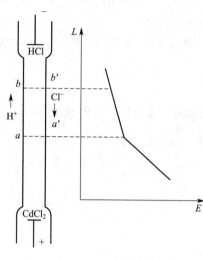

图 12-1　迁移管中的电位梯度

对于一定的电解质溶液，当浓度增加时，离子间相互作用加强，离子迁移数变化。变化的情况随离子种类、电荷和浓度不同而异。

温度改变，迁移数也会发生变化。一般是随温度升高，t_+ 和 t_- 的差别缩小。

测定离子的迁移数，对了解离子的性质以及在电解研究上都具有重要意义。

测定离子迁移数常用方法有希托夫（Hittorf）法、界面移动法和电动势法。因界面移动法操作简便，数据准确且重现性较好，本实验采用界面移动法。

在一截面均匀的垂直迁移管中充满 HCl 溶液，通以电流，当有电量为 Q 的电流通过某个静止的截面时（见图 12-1），物质的量为 t_+Q mol 的 H^+ 通过界面向上迁移，物质的量为 t_-Q mol 的 Cl^- 通过界面往下迁移。假定在管的下部某处存在一界面（aa'），在该界面以下没有 H^+ 存在，而被其他的正离子（例如 Cd^{2+}）取代，则该界面将随着 H^+ 往上迁移而移动。界面的位置可以通过界面上下溶液性质的差异来测定，例如可利用 pH 指示剂显示颜色不同以确定界面位置。在正常条件下，界面保持清晰，界面以上的一段溶液保持均匀，H^+ 往上迁移的平均速度等于界面向上移动的速度。在通电时间 t 内，界面扫过的体积为 V，H^+ 输运电荷的数量为该体积中 H^+ 所带的电荷总量，即：

$$q_{H^+} = Vc_{H^+}F \tag{12-2}$$

式中，c_{H^+} 为 H^+ 的物质的量浓度；F 为法拉第（Faraday）常数，电量以库仑（C）表示。

欲使界面保持清晰，必须使界面上、下电解质不相混合，这可以通过选择合适的指示离子在通电情况下达到，$CdCl_2$ 溶液能满足这一要求。因为 Cd^{2+} 的浓度比 H^+ 小，即

$$U_{Cd^{2+}} < U_{H^+} \tag{12-3}$$

在图 12-1 的装置中，通电时 H^+ 向上迁移，Cl^- 向下迁移，在 Cd 阳极上 Cd 溶解成为 Cd^{2+} 进入溶液生成 $CdCl_2$，逐渐顶替 HCl 溶液，在管中形成界面。由于溶液要保持电中性，且任一截面都不会中断传递电流，H^+ 迁走后的区域，Cd^{2+} 紧紧地跟上，离子的移动速度（r）是相等的：

$$r_{Cd^{2+}} = r_{H^+}$$

即：

$$U_{Cd^{2+}}\frac{dE'}{dl} = U_{H^+}\frac{dE}{dl} \tag{12-4}$$

结合式（12-3）得：

$$\frac{dE'}{dl} > \frac{dE}{dl}$$

即在 $CdCl_2$ 溶液中电位梯度是较大的。如图 12-1 所示。因此若 H^+ 因扩散作用落入 $CdCl_2$ 溶液层，它就不仅比 Cd^{2+} 迁移得快，而且比界面上的 H^+ 也要快，能赶回到 HCl 层。同样若 Cd^{2+} 进入低电位梯度的 HCl 溶液，它就要减速，一直到它们又落后于 H^+ 为止。这样界面在通电过程中始终保持清晰。

实验中指示液就是通电时 Cd 阳极溶解形成的 $CdCl_2$ 溶液，通过的电量由精密毫安计直接测量。

【仪器和试剂】

迁移管，90V 直流电源，Cd 电极，Pt 电极，精密直流毫安表，秒表。

$0.2000 mol \cdot L^{-1} HCl$ 标准溶液，甲基紫。

【实验步骤】

安装装置如图 12-2 所示。迁移管为一内径为 2～3mm 带有刻度的玻管。通电后 Cd 自阳极溶解生成 $CdCl_2$ 为指示液，用甲基紫为指示剂，它在 HCl 酸中显蓝色，在 $CdCl_2$ 溶液中呈紫色。含 Cd^{2+} 层与含 H^+ 层颜色不同，显示出明显的界面。电解过程中，可观察到界面的移动。

① 取少量标准 HCl 溶液清洗刻度管 2～3 次。再取适量已加入甲基紫指示剂的标准 HCl 溶液加入迁移管中（滴加时应同时揿挤 Cd 阳极，以排除气泡和洗涤液）。装满迁移管后，插入 Pt 电极，观察下端是否漏溶液，管壁及乳胶管内是否有气泡，若有，应立即设法排除。

② 按图 12-2 接好电路。将 K 断开，把毫安表调到最大量程，经教师检查后接通电源，再调节毫安表量程使指针在满刻度附近，以保证电流读数精度。

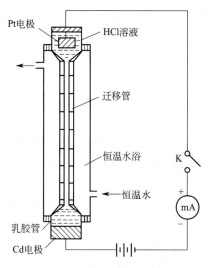

图 12-2　界面移动法测迁移数装置

③ 通电一段时间，待出现明显的界面时，记下迁移管中界面的刻度、电流值和时间。以后每隔两分钟记录一次电流值。通电 1.5h 后读出迁移管中界面的刻度数及电流值，立即断开电路。

④ 停止通电后过数分钟，界面有何变化？再通电数分钟，界面又有什么变化？试解释产生变化的原因。

⑤ 实验完毕后，切断电源，放出迁移管中的溶液，用蒸馏水冲洗干净，然后在迁移管中充满蒸馏水。

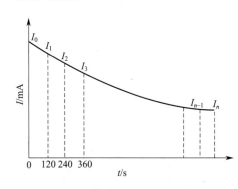

图 12-3　梯形法求总电量示意图

【数据记录和处理】

① 列表记录每次读数的时间和电流值，记录室温及所用 HCl 溶液的浓度，以及界面扫过的总体积 V。

以时间（s）为横坐标，电流（mA）为纵坐标，作电流随时间变化的曲线（见图12-3）。

$Q_{总}$ 即为 t 从 0 到 t 间曲线下面的面积。在不确定曲线的函数方程时，可用梯形法近似求出 $Q_{总}$。即以两次读取电流值的时间间隔 120s 为高，把曲线下面的面积分为若干个直角梯形，梯形的上底及下底正好等于所读电流值。故

$$Q_{总} = \sum_{i=i}^{n} S_{梯,i}$$

即：

$$Q_{总} = \left(\frac{I_0 + I_n}{2} + \sum_{i=1}^{n-1} I_i \right) \times 120 \times 10^{-3} (C)$$

② 由式（12-2）计算 H^+ 迁移电量 q_+。

③ 由式（12-1）计算出 t_{H^+} 及 t_{Cl^-}。

④ 解释实验步骤④所观察到的现象。

思　考　题

1. 测量某一电解质的离子迁移数时，应如何选择指示溶液？

2. 在界面移动法中如何划分阳极区、阴极区和中间区？

3. 界面移动法测量离子迁移数的实验关键何在？

4. 试讨论迁移管中 Cl^- 的迁移速度。

实验 13　电导法测定弱电解质的电离平衡常数

【关键词】　电离平衡常数　摩尔电导率　电导率

【实验目的】

1. 了解溶液电导、电导率、摩尔电导率的基本概念。

2. 用电导法测定醋酸的电离平衡常数。

3. 掌握电导率仪的使用方法。

【实验原理】

醋酸在溶液中电离达到平衡时，其电离平衡常数 $K^\ominus$ 与物质的量浓度 c 和电离度 α 有关系式

$$K^\ominus = \frac{(c/c^\ominus)\alpha^2}{1-\alpha} \tag{13-1}$$

式中，$c^\ominus$ 为标准态浓度，$c^\ominus = 1\,mol \cdot L^{-1}$ 或 $c^\ominus = 1\,mol \cdot m^{-3}$。因溶液很稀，可按理想溶液处理。

在一定温度下 $K^\ominus$ 是一个常数，可以通过测定一定物质的量浓度醋酸的电离度代入上式计算即得 $K^\ominus$ 值。醋酸溶液的电离 α 可用电导法测定。图 13-1 所示为几种常用测定溶液电导的电导池。

根据电离学说，弱电解质的电离度 α 随溶液的稀释而增大，当溶液无限稀时，则弱电解质全部电离，$\alpha \to 1$。在一定温度下，溶液的摩尔电导率与离子的真实浓度成正比，因而也与电离度 α 成正比，所以弱电解质的电离度 α 应等于溶液在物质的量浓度为 c 时的摩尔电导率 Λ_m 和溶液在无限稀释时的摩尔电导率 Λ_m^∞ 之比，即：

$$\alpha = \frac{\Lambda_m}{\Lambda_m^\infty} \tag{13-2}$$

将式(13-2) 代入式(13-1)，得：

$$K^\ominus = \frac{(c/c^\ominus)(\Lambda_m)^2}{\Lambda_m^\infty(\Lambda_m^\infty - \Lambda_m)} \tag{13-3}$$

式中，物质的量浓度 c 为已知，电解质的 Λ_m^∞ 可以按离子独立移动定律由离子的极限摩尔电导率求出，即：

$$\Lambda_m^\infty = \Lambda_{m,+}^\infty + \Lambda_{m,-}^\infty \tag{13-4}$$

式中，Λ_m 应由实验测定。

将电解质溶液放入两平行的电极之间，两电极间的距离为 $l\,(m)$，两电极的面积为 A (m^2)，溶液的电阻为：

$$R = \rho \cdot \frac{l}{A} = \frac{1}{\kappa} \cdot \frac{l}{A}$$

$$\kappa = \frac{l}{A} \cdot \frac{1}{R} = K \cdot G \quad (S \cdot m^{-1}) \tag{13-5}$$

式中，K（即 $\dfrac{l}{A}$）为电导池常数，m^{-1}；G 为溶液的电导，S；ρ 为电阻率，$\Omega \cdot m$。

电导率 κ 的物理意义是：两平行且相距 $1m$，面积均为 $1m^2$ 两电极间溶液的电导。将已知电

导率的溶液放入电导池中，测定其电导后由式(13-5)求出电导池常数，用同一电导池再测定待测液的电导，即可计算出溶液的电导率。

电导率与电解质溶液的浓度，温度及电解质类型有关。

含物质的量为 1mol 电解质的溶液置于相距 1m 的两平行电极间的电导为摩尔电导率。摩尔电导率与电导率间关系为：

$$\Lambda_m = \frac{\kappa}{c} \ (S \cdot m^2 \cdot mol^{-1}) \tag{13-6}$$

式中，c 为浓度，$mol \cdot m^{-3}$。

实验测定浓度为 c 的醋酸溶液的电导率，由式(13-6)计算其摩尔电导率，则可由式(13-4)、式(13-2)及式(13-1)求醋酸的电离常数 $K^{\ominus}$。

因为电导是电阻的倒数，所以对电导的测量，也就是对电阻的测量，但测定电解质溶液的电阻有其特殊性。当直流电通过电极时，会引起电极的极化，因此必须采取较高频率的交流电，其频率一般选择在 $1000s^{-1}$ 以上。另外，构成电导池的两个电极应是惰性的，一般用铂电极，从而保证电极与溶液之间不发生电化学反应。并且为了减少极化，电极均镀以铂黑。

【仪器和试剂】

DDSJ-308 电导率仪，浸入式电导池 [见图 13-1(b)]，恒温槽，25mL 移液管，50mL 容量瓶 5 只。

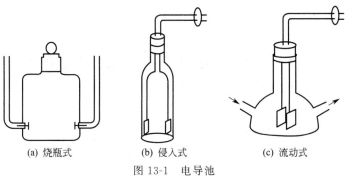

(a) 烧瓶式　　　(b) 侵入式　　　(c) 流动式

图 13-1　电导池

0.1000mol·L^{-1} HAc 溶液。

【实验步骤】

① 将恒温槽温度调至（25.0±0.1）℃。

② 用容量瓶将 0.1000mol·L^{-1} HAc 溶液稀释成浓度为 5.000×10^{-2} mol·L^{-1}、2.000×10^{-2} mol·L^{-1}、1.000×10^{-2} mol·L^{-1}、5.000×10^{-3} mol·L^{-1} 和 2.000×10^{-3} mol·L^{-1} 五种溶液。

③ 电导率的测定。倾去电导池中的蒸馏水（电导池不用时，应把铂黑电极浸在蒸馏水中，以免干燥致使表面发生改变）。用少量待测溶液洗涤电导池和电极三次（注意在洗涤时应防止把铂黑洗掉），然后注入待测溶液，待恒温后用电导率仪测定其电导率（电导率仪的测量原理和使用方法参见第 3 章 3.9 节）。

按照浓度由小到大的顺序，测定已配好的五个不同浓度的 HAc 溶液的电导率。

④ 实验结束后，切断电源，倒去电导池中的溶液，洗净电导池，并用蒸馏水洗涤后，再注入蒸馏水，并将铂黑电极浸没在蒸馏水中。

注意：实验中应严格控制测定温度恒定、浓度准确。

洗涤电极时，不要损坏铂黑，以免电极常数改变，引入测量误差。

【数据记录和处理】

① 记录室温、大气压及恒温槽温度。

② 将所测的 κ 值代入式 (13-6) 中计算出被测溶液的摩尔电导率。

③ 由式 (13-4) 和式 (13-2) 计算出电离度 α，再由式 (13-1) 计算出电离常数 $K^{\ominus}$，其中 Λ_{m,H^+}^{∞} 和 $\Lambda_{m,Ac^-}^{\infty}$ 数据可查附表 2-13。

将计算结果列于下表中。

编号	HAc 浓度 $c/\text{mol}\cdot\text{L}^{-1}$	电导率 $\kappa/\text{S}\cdot\text{m}^{-1}$	摩尔电导率 $\Lambda_m/\text{S}\cdot\text{m}^2\cdot\text{mol}^{-1}$	电离度 α	电离常数 $K^{\ominus}$
1					
2					
3					
4					
5					
6					

思 考 题

1. 测定金属与电解质溶液电阻的方法有何不同？为什么测定溶液电阻要用交流电源？

2. 测定溶液电导时为什么要恒温？

3. 为什么交流电源频率通常选择在约为 1000s^{-1}，如为了防止极化，频率高一些不更好吗？试权衡其利弊。

实验 14　原电池电动势和溶液 pH 值的测定

【关键词】　电池电动势　对消法　pH 值

【实验目的】

1. 掌握对消法测定电池电动势及电极电势的原理和方法。

2. 熟悉电位差计的工作原理和使用方法。

3. 掌握电动势法测定溶液的 pH 值。

【实验原理】

可逆电池的电动势在物理化学中占有重要地位，应用十分广泛。如平衡常数、解离常数、溶解度、络合常数、平均活度系数以及某些热力学函数的改变等均可通过电池电动势的测定来求得。

1. 电池电动势的测量

电池电动势不能直接用伏特计来测定，因为电池与伏特计相接后形成了通路，电流通过电池内部将发生电化学变化，电极被极化，溶液浓度改变，电动势不能保持稳定。同时因电池本身有内阻，伏特计所测得的电势差仅为电池电动势的一部分。利用对消法可在电池无电流（或极小电流）通过时测得其两极间的电势差，即为该电池的平衡电动势，因为此时电池反应是在接近可逆的条件下进行的。对消法测量电池电动势原理参见第 3 章 3.7.1 节内容。

2. 电极电势的测定

原电池是由两个电极（半电池）组成的，电极由互相接触的电子导体（金属）和离子导体（溶液）构成。两相界面上存在着电势差，称为电极电势，如果液体接界电势已被盐桥消除，则电池的电动势等于两个电极还原电势的差值：

$$E_{池} = \varphi_+ - \varphi_- = \varphi_右 - \varphi_左 \tag{14-1}$$

式中，$\varphi_右$ 和 $\varphi_左$ 分别代表电池中的正极和负极的还原电势。如铜-锌电池

$$(-)Zn\,|\,Zn^{2+}(a_{Zn^{2+}})\,\|\,Cu^{2+}(a_{Cu^{2+}})\,|\,Cu(+)$$

负极反应：$Zn \longrightarrow Zn^{2+}(a_{Zn^{2+}})+2e^{-}$

正极反应：$Cu^{2+}(a_{Cu^{2+}})+2e^{-} \longrightarrow Cu$

电池反应　　$Zn+Cu^{2+}(a_{Cu^{2+}}) \longrightarrow Zn^{2+}(a_{Zn^{2+}})+Cu$

电池电动势

$$E=E^{\ominus}-\frac{RT}{2F}\ln\frac{a_{Zn^{2+}}}{a_{Cu^{2+}}} \tag{14-2}$$

其中：
$$E^{\ominus}=\varphi_{+}^{\ominus}-\varphi_{-}^{\ominus}$$

式中，$\varphi^{\ominus}$ 为标准电极电势，即溶液中离子的活度为 1 时的电极电势；$E^{\ominus}$ 为标准电动势，是反应体系中各物质的活度均为 1 时的电池电动势。

电化学中电极电势的绝对值无法测量，只能以某电极的电极电势为标准求出其相对值。通常把氢电极中氢气压力为 101.3kPa、溶液中 $a_{H^{+}}=1$ 时，在任何温度下的电极电势规定为零，该电极称为标准氢电极。将待测电极与标准氢电极组成电池，并把待测电极写在右方，标准氢电极写在左方：

$$Pt\,|\,H_{2}(101.3kPa),H^{+}(a_{H^{+}}=1)\,\|\,M^{n+}(a_{M^{n+}})\,|\,M$$

测得的电池电动势的值即为该电极的电极电势 φ。若电极上实际进行的反应为还原反应，则 φ 为正值，若该电极上实际进行的反应为氧化反应，则 φ 为负值。

由于氢电极使用较麻烦，故常用其他制备工艺简单、电极电势稳定的可逆电极作为参比电极来代替标准氢电极。

本实验采用饱和甘汞电极 $Hg(l)\,|\,Hg_{2}Cl_{2}(s)\,|\,KCl$（饱和）为参比电极（见图 14-1）。

电极反应为 $Hg_{2}Cl_{2}(s)+2e^{-} \longrightarrow 2Hg(l)+2Cl^{-}$（饱和）

还原电极电势

$$\varphi_{Cl^{-}/Hg_{2}Cl_{2},Hg}=\varphi^{\ominus}-\frac{RT}{F}\ln a_{Cl^{-}}$$

将甘汞电极与待测电极组成原电池，由甘汞电极的电极电势及实验测得的电池电动势，可经式(14-1)计算出待测电极的电极电势。

3. 电动势法测溶液 pH 值

溶液的 pH 值可用电动势法精确测定，利用各种氢离子指示电极与参比电极组成电池，由测得的电动势算出溶液的 pH 值。常用的氢离子指示电极有氢电极、醌氢醌电极、玻璃电极等。

（1）用氢电极测定溶液 pH 值氢电极的构造如图 14-2 所示。

将镀铂黑的铂片浸在待测 pH 值的溶液中，通入氢气流，H_{2} 冲打铂黑电极，H_{2} 被铂黑吸附与溶液达平衡，形成氢电极，以 $Pt\,|\,H_{2}(p_{H_{2}})\,|\,H^{+}(a_{H^{+}})$ 表示。

电极反应为：$H^{+}(a_{H^{+}})+e^{-} \longrightarrow 1/2H_{2}(g)$

还原电极电势为：

$$\begin{aligned}\varphi_{H^{+}/H_{2},Pt}&=-\frac{RT}{F}\ln\frac{\left(\dfrac{p_{H_{2}}}{p^{\ominus}}\right)^{\frac{1}{2}}}{a_{H^{+}}}\\&=-\frac{RT}{F}\left(\frac{1}{2}\ln\frac{p_{H_{2}}}{p^{\ominus}}+2.303pH\right)\end{aligned} \tag{14-3}$$

一般情况下，$p_{H_{2}}$ 为实际大气压与实验温度下水的饱和蒸气压之差

$$p_{H_{2}}=p_{大气}-p_{w}^{*}\quad(Pa) \tag{14-4}$$

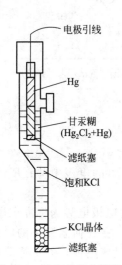

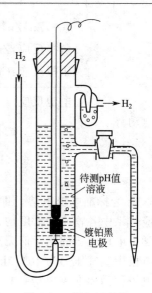

图 14-1　饱和甘汞电极结构　　　　图 14-2　氢电极结构

将氢电极与饱和甘汞电极构成电池时：

$$\mathrm{Pt\,|\,H_2\,(}p_{\mathrm{H_2}})\,|\,\mathrm{H^+\,(}\alpha_{\mathrm{H^+}})\,\|\,\mathrm{KCl(饱和)\,|\,Hg_2Cl_2(s)\,|\,Hg(l)}$$

电池电动势

$$E_{池} = \varphi_{\mathrm{Cl^-/Hg_2Cl_2,Hg}} - \varphi_{\mathrm{H^+/H_2,Pt}}$$

由式(14-3) 和式(14-4) 得

$$\mathrm{pH} = \frac{F}{2.303RT}(E_{池} - \varphi_{\mathrm{Cl^-/Hg_2Cl_2,Hg}}) - \frac{1}{2}\lg\frac{p_{大气} - p_{\mathrm{w}}^*}{p^{\ominus}} \tag{14-5}$$

（2）由醌-氢醌电极测 pH 值　将待测 pH 值的溶液以醌氢饱和，并以惰性电极（Pt 片或 Au 丝）插入此溶液组成醌-氢醌电极。醌-氢醌是醌 Q 与氢醌 $\mathrm{QH_2}$ 的物质的量比为 1∶1 的化合物，在水中依下式分解：

$$\mathrm{C_6H_4O_2,C_6H_4(OH)_2} \xlongequal{\qquad} \mathrm{C_6H_4O_2 + C_6H_4(OH)_2}$$
$$\mathrm{(Q,\ QH_2)} \qquad\qquad \mathrm{(Q)} \qquad\ \ \mathrm{(QH_2)}$$

在醌-氢醌电极上发生如下还原反应：

$$\mathrm{C_6H_4O_2 + 2H^+ + 2e^-} \longrightarrow \mathrm{C_6H_4(OH)_2}$$

其电极电势为

$$\varphi_{\mathrm{Q,QH_2}} = \varphi_{\mathrm{Q,QH_2}}^{\ominus} - \frac{RT}{2F}\ln\frac{a_{\mathrm{QH_2}}}{a_{\mathrm{Q}}\cdot a_{\mathrm{H^+}}^2}$$

在酸性溶液中，氢醌离解度极小，可认为 $a_{\mathrm{Q}} \approx a_{\mathrm{QH_2}}$ 且等于其浓度。得

$$\varphi_{\mathrm{Q,QH_2}} = \varphi_{\mathrm{Q,QH_2}}^{\ominus} - \frac{2.303RT}{F}\mathrm{pH} \tag{14-6}$$

如果把此电极与饱和甘汞电极组成原电池，在 pH＜7.7 时醌-氢醌电极为正极：

$$\mathrm{Hg(l)\,|\,Hg_2Cl_2(s)\,|\,KCl(饱和)\,\|\,H^+(pH<7.7)\,|\,Q,QH_2\,|\,Pt}$$

$$E_{池} = \varphi_{\mathrm{Q,QH_2}} - \varphi_{\mathrm{Cl^-/Hg_2Cl_2,Hg}}$$

则

$$\mathrm{pH} = \frac{F}{2.303RT}(\varphi_{\mathrm{Q,QH_2}}^{\ominus} - \varphi_{\mathrm{Cl^-/Hg_2Cl_2,Hg}} - E_{池}) \tag{14-7}$$

当 pH＞7.7 时，醌-氢醌电极变为负极，应排列在电池的左方。醌-氢醌电极具有电势较快达平衡，应用较简便，无需其他辅助设备，硫和硫化物的存在与否没有影响等优点。醌-氢醌电极的缺点是仅能用于弱酸或弱碱性溶液，在氧化剂或还原剂存在时会产生误差。

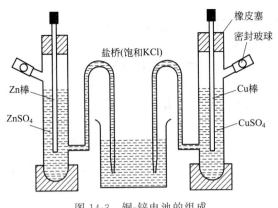

图 14-3　铜-锌电池的组成

【仪器和试剂】

电位差综合测试仪，铜电极、锌电极、光亮铂电极、镀铂黑电极、饱和甘汞电极各一支，电解氢装置一套或高纯氢气发生器一套或高纯氢气钢瓶一个，移液管，50mL 烧杯，10mL 针筒。

饱和 KCl 溶液，$0.1000mol \cdot L^{-1}$ $ZnSO_4$ 溶液，$0.1000mol \cdot L^{-1}$ $CuSO_4$ 溶液，$1mol \cdot L^{-1}$ HAc 和 $1mol \cdot L^{-1}$ NaAc 溶液，$Na_2HPO_4 \cdot 2H_2O$ 和 KH_2PO_4，未知 pH 值溶液，醌-氢醌等。

【实验步骤】

1. 电极及电池准备

（1）锌电极　用稀硫酸浸洗锌电极表面上的氧化层，再依次用水、蒸馏水淋洗。把处理好的锌电极插入清洁的电极管内并塞紧。将电极管的虹吸管口浸入盛有 $0.1000mol \cdot L^{-1}$ $ZnSO_4$ 溶液的小烧杯内，用针筒自支管抽气，将溶液吸入电极管至浸没电极略高一点，停止抽气。电极的虹吸管内不可有气泡和漏液现象。

（2）铜电极　将铜电极在稀硝酸（约 $6mol \cdot L^{-1}$）内浸洗，取出后冲洗干净，插入电极管内，用上法吸入 $0.1000mol \cdot L^{-1}$ $CuSO_4$ 溶液。

（3）电池的组合　将饱和 KCl 溶液注入 50mL 小烧杯中，再将上面制备的铜、锌电极的虹吸管插入小烧杯中，即得电池 1：

电池 1：　　$Zn \mid Zn^{2+}(0.1000mol \cdot L^{-1}) \parallel Cu^{2+}(0.1000mol \cdot L^{-1}) \mid Cu$

如图 14-3 所示。同法组成电池 2：

电池 2：$Zn \mid ZnSO_4(0.1000mol \cdot L^{-1}) \parallel KCl(饱和) \mid Hg_2Cl_2(s) \mid Hg(l)$

电池 3：　$Hg(l) \mid Hg_2Cl_2(s) \mid KCl(饱和) \parallel CuSO_4(0.1000mol \cdot L^{-1}) \mid Cu$

2. 电动势的测定

① 根据电位差计的接线图，接好电动势测量电路。

② 根据标准电池电动势的温度校正公式（参见第 3 章 3.7 节）算出室温下标准电池的电动势，并按此计算值对电位差计的工作电流进行标定。

③ 分别测定电池 1、2、3 的电池电动势。

3. 醌-氢醌电极测溶液的 pH 值

① 取 $1.0mol \cdot L^{-1}$ HAc 及 $1.0mol \cdot L^{-1}$ NaAc 溶液各 5mL 于小烧杯中，混合后加蒸馏水解稀至 25mL，作为待测液 1。

② 取甲液（每升含 11.876g $Na_2HPO_4 \cdot 2H_2O$）1.0mL，乙液（每升含 9.078g KH_2PO_4）19.0mL 混合，作待测液 2。

③ 取甲液和乙液各 10.0mL 混合，作待测液 3。

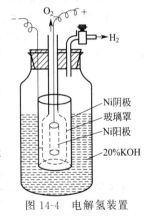

图 14-4　电解氢装置

将少量的醌氢分别加入各待测液中，用玻棒搅拌均匀。将光亮铂电极和饱和甘汞电极插入待测液 1 中，测定此电池的电动势。同法测定待测液 2、3。在组装电池之前，应先用蒸馏水淋洗铂片电极和甘汞电极支管的外壁。

注意：初测时，可能醌-氢醌尚未达到离解平衡，出现数字不稳定现象，故必须多测几次，以保证达到平衡。

4. 用氢电极测溶液的 pH 值

将镀铂黑的电极浸入盛有待测 pH 值溶液的电极管中，并通入氢气，组成氢电极。再通过盐桥与甘汞电极组成电池，用电位差计测出电动势。

氢气由 Ni 电极电解 KOH 溶液产生，装置如图 14-4 所示或由高纯氢发生器或钢瓶氢供给。电解电源可用整流器输出的低压直流电，调节输出电压在 5～10V，使氢气平稳产生（若电压过高，因 H_2 压力过大，会使 KOH 溶液由玻璃罩上端溢出）。或由氢气钢瓶或氢气发生器直接供给。

【数据记录和处理】

① 记录室温、大气压。由附表 2-4 查出室温下水的饱和蒸气压。列表记录实验所测各电池电动势值。

② 由附表的数据计算室温下的 $\varphi_{Cl^-/Hg_2Cl_2,Hg}$ 和 φ_{Q,QH_2}。

③ 按式（14-2），计算电池 1 的电动势的理论值。计算时，物质的浓度要用活度代替，活度 $a_B = \gamma_\pm \dfrac{c_B}{c^\ominus}$，$\gamma_\pm$ 是离子的平均活度系数。浓度、温度、离子种类不同，$\gamma_\pm$ 的数值是不同的。本实验所需电解质的 $\gamma_\pm$ 数值见表 14-1，$\varphi^\ominus$ 值自查有关数据手册。

表 14-1　离子平均活度系数 $\gamma_\pm$（25℃）

电　解　质	浓度 $c/mol \cdot L^{-1}$	
	0.1000	1.000×10^{-2}
$CuSO_4$	0.16	0.40
$ZnSO_4$	0.15	0.387

将理论值与实验值进行比较，计算实验相对误差并进行误差分析。

④ 由电池 2、电池 3 的 $E_{池}$ 及甘汞电极电势，由式（14-1）分别计算出 $\varphi_{Cu^{2+}/Cu}$ 和 $\varphi_{Zn^{2+}/Zn}$ 及 $\varphi^\ominus_{Cu^{2+}/Cu}$、$\varphi^\ominus_{Zn^{2+}/Zn}$ 的实验值，并与手册中查得的标准电极电势进行比较，计算相对误差并进行误差分析。

⑤ 根据氢电极实验结果，按式（14-5）计算未知溶液的 pH 值。

⑥ 根据醌-氢醌电极所测各待测溶液所组成的电池电动势，由式（14-7）计算出各溶液的 pH 值。

思　考　题

1. 简述对消法测电动势的原理。在测量电动势时，若检流计光点总是往一个方向偏转，可能是什么原因？
2. 如何使用和维护标准电池及检流计？
3. 电池中若有液体接触界面，对电动势测量有何影响？为什么使用盐桥可消除液接电势？如何选用盐桥以适合不同体系？
4. 为什么组成醌氢电极时用光亮铂电极，而组成氢电极时要用镀铂黑的电极？

实验 15　电动势法测定化学反应的热力学函数值

【关键词】　电池电动势　电动势温度系数　热力学函数

【实验目的】

1. 测定可逆电池在不同温度下的电池电动势和电池电动势的温度系数，计算电池反应的热力学函数值 $\Delta_r G_m$、$\Delta_r H_m$ 和 $\Delta_r S_m$。

2. 了解银-氯化银电极的制备方法。

【实验原理】

若反应

$$a\,\mathrm{A} + b\,\mathrm{B} \longrightarrow g\,\mathrm{G} + h\,\mathrm{H}$$

可设计为电池，且电池在等温等压可逆条件下工作，则此电池反应的摩尔 Gibbs 函数 $\Delta_r G_m$ 与该电池的电动势 E 有以下关系式：

$$\Delta_r G_m = -nFE \tag{15-1}$$

根据 Gibbs-Helmholtz 公式：

$$\Delta_r G_m = \Delta_r H_m - T\Delta_r S_m \tag{15-2}$$

$$\Delta_r S_m = -\left[\frac{\partial(\Delta_r G_m)}{\partial T}\right]_p = nF\left(\frac{\partial E}{\partial T}\right)_p \tag{15-3}$$

将式(15-3) 代入式(15-2) 即得：

$$\Delta_r H_m = \Delta_r G_m + nFT\left(\frac{\partial E}{\partial T}\right)_p \tag{15-4}$$

在等压下测定一定温度时的电池电动势，即可根据式(15-1) 求得该温度下电池反应的 $\Delta_r G_m$。实验测得不同温度 T 时的 E 值，以 E 对 T 作图，从曲线的斜率可求出任一温度下的 $\left(\frac{\partial E}{\partial T}\right)_p$，再根据式(15-3) 和式(15-4) 式分别求出 $\Delta_r S_m$ 和 $\Delta_r H_m$。由于电池电动势可以准确测定，所得化学反应的摩尔焓即化学反应的等压反应热的数据，比用热化学方法所得结果更可靠。

本实验测定下列电池的电动势：

$$\mathrm{Ag(s)\,|\,AgCl(s)\,|\,KCl(饱和)\,|\,Hg_2Cl_2(s)\,|\,Hg(l)}$$

负极反应：
$$\mathrm{Ag(s) + Cl^- \longrightarrow AgCl(s) + e^-}$$

正极反应：
$$\frac{1}{2}\mathrm{Hg_2Cl_2(s) + e^- \longrightarrow Hg(l) + Cl^-}$$

电池反应：
$$\frac{1}{2}\mathrm{Hg_2Cl_2(s) + Ag(s) \longrightarrow AgCl(s) + Hg(l)}$$

$$E = E^\ominus = \varphi^\ominus_{\mathrm{Cl^-/Hg_2Cl_2, Hg}} - \varphi^\ominus_{\mathrm{Cl^-/AgCl, Ag}}$$

由此可知，此电池电动势与 KCl 溶液的浓度无关。如果在 298K 测得此电池的电动势 $E^\ominus$，即可求得电池反应的 $\Delta_r G_m^\ominus(298\mathrm{K})$，同时测定电动势的温度系数，就可求出 $\Delta_r H_m^\ominus$ (298K) 和 $\Delta_r S_m^\ominus(298\mathrm{K})$。

对消法测定电动势的原理和方法参见第 3 章 3.7.1 节。

【仪器和试剂】

电位差综合测试仪，恒温槽一套，pHS-2 型酸度计一台，2 Ⅱ 型玻璃电极一支，铂片电极一支，饱和甘汞电极一支，银丝电极一支，三颈瓶（100mL）一个，饱和 KCl 溶液。

【实验步骤】

① Ag-AgCl 电极的制备

用电镀法制备 Ag-AgCl 电极的方法如下。

首先制备镀银电极。将银电极表面用丙酮溶液洗去油污，或用细砂纸打磨光亮，然后用蒸馏水冲洗干净，按图 15-1 接好线路。在电流密度为 $3\sim5\mathrm{mA\cdot cm^{-2}}$ 下电镀半小时，即可得到白色紧密的镀银电极。镀银液为 3g $\mathrm{AgNO_3}$、60g KI、7mL 氨水，加水配成 100mL 溶液。

取一根镀好的银电极，用蒸馏水淋洗干净后，作为阳极接入线路，以 Pt 电极作为阴极，$1\mathrm{mol\cdot L^{-1}}$ 的盐酸为镀液，在 $3\sim5\mathrm{mA\cdot cm^{-2}}$ 电流密度下电镀 $10\sim15\mathrm{min}$，即可得到紫褐色的

Ag-AgCl 电极。电极不用时应该浸泡在饱和 KCl 溶液中避光放置。

② 按照图 15-2 组成电池，并置于恒温槽中。

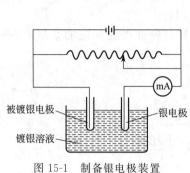

图 15-1　制备银电极装置

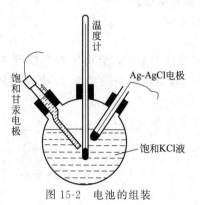

图 15-2　电池的组装

③ 调节好恒温槽温度。恒温槽工作原理及使用方法见第 3 章 3.2 节。

④ 用电位差计测量温度为 20.0℃、25.0℃、30.0℃和 35.0℃时的电池电动势。测定时，5min 读取一次电动势值，直至取得稳定数值为止。

注意：制备 Ag-AgCl 电极时，电流密度不宜过大，以保证镀层均匀，细密。

【数据记录和处理】

① 写出待测电池的图示、正极、负极反应及电池反应。

② 以 298K 测得的电动势 $E^{\ominus}(298K)$ 计算此电池反应的 $\Delta_r G_m^{\ominus}(298K)$。

③ 根据不同温度测得的电池电动势，绘出 E-T 关系曲线，求出 298K 时的 $\left(\dfrac{\partial E}{\partial T}\right)_p$，并计算出 $\Delta_r S_m^{\ominus}(298K)$ 和 $\Delta_r H_m^{\ominus}(298K)$。

④ 将实验所得的电池反应的热力学函数值与文献值进行比较，并进行结果讨论。

思　考　题

1. 为什么用本法测定反应的热力学函数值时，要求电池反应在恒温恒压下可逆进行？怎样才能使电池反应在接近可逆的条件下进行？

2. 上述电池的电动势与 KCl 溶液浓度是否有关？为什么？

实验 16　电势-pH 曲线的测定

【关键词】　电极电势　Nernst 公式　电势-pH 曲线

【实验目的】

1. 测定 Fe^{3+}-Fe^{2+}-EDTA 溶液在不同 pH 值下的电极电势，绘制电势-pH 曲线。

2. 了解电势-pH 图的意义及应用。

3. 掌握电池电动势、电极电势和溶液 pH 值测定的原理和方法。

【实验原理】

许多氧化还原反应的发生与溶液的 pH 值有关，即电极电势不仅随溶液的浓度和离子强度变化，还要随溶液的 pH 值而变化。在一定浓度的溶液中，改变酸碱度，同时测定电极电势和 pH 值，然后以电极电势 φ 对 pH 作图，这就制作出了体系的 φ-pH 曲线，称为电势-pH 图。本实验主要讨论用于天然气脱硫的 Fe^{3+}/Fe^{2+}-EDTA 络合体系的电势-pH 曲线。

根据 Nernst 公式，电极的平衡电极电势与溶液的浓度关系为：

$$\varphi=\varphi^{\ominus}+\frac{RT}{nF}\ln\frac{a_{ox}}{a_{re}}=\varphi^{\ominus}+\frac{RT}{nF}\ln\frac{c_{ox}}{c_{re}}+\frac{RT}{nF}\ln\frac{\gamma_{ox}}{\gamma_{re}} \tag{16-1}$$

式中，a_{ox}、c_{ox}、γ_{ox} 分别为氧化态离子的活度、浓度和活度系数；a_{re}、c_{re}、γ_{re} 分别为还原态离子的活度、浓度和活度系数。在温度恒定且溶液的离子强度保持定值时，式中的末项 $\frac{RT}{nF}\ln\frac{\gamma_{ox}}{\gamma_{re}}$ 亦为常数，用 b 表示，则：

$$\varphi=(\varphi^{\ominus}+b)+\frac{RT}{nF}\ln\frac{c_{ox}}{c_{re}} \tag{16-2}$$

显然，在一定的温度下，体系的电极电势 φ 与 $\ln\frac{c_{ox}}{c_{re}}$ 具有线性关系。

本实验所讨论的 Fe^{3+}/Fe^{2+}-EDTA 络合体系，以 Y^{4-} 代表 EDTA 酸根离子，体系的基本电极反应为：

$$FeY^{-}+e^{-}\Longrightarrow FeY^{2-}$$

则其电极电势为：

$$\varphi=(\varphi^{\ominus}+b)+\frac{RT}{nF}\ln\frac{c_{FeY^{-}}}{c_{FeY^{2-}}} \tag{16-3}$$

由于 FeY^{-} 和 FeY^{2-} 都很稳定，其 $\ln K_{稳}$ 分别为 57.81 和 32.98，因此，在 EDTA 过量的情况下，所生成络合物的浓度就近似地等于配制溶液时的铁离子浓度，即

$$c_{FeY^{-}}=c^{0}_{Fe^{3+}} \qquad c_{FeY^{2-}}=c^{0}_{Fe^{2+}}$$

式中，$c^{0}_{Fe^{3+}}$、$c^{0}_{Fe^{2+}}$ 分别为 Fe^{3+} 和 Fe^{2+} 的配制浓度。这样式(16-3) 就变成：

$$\varphi=(\varphi^{\ominus}+b)+\frac{RT}{F}\ln\frac{c^{0}_{Fe^{3+}}}{c^{0}_{Fe^{2+}}} \tag{16-4}$$

由上式可见，实验测得 Fe^{3+}/Fe^{2+}-EDTA 络合体系的电极电势应只随溶液中 $c^{0}_{Fe^{3+}}/c^{0}_{Fe^{2+}}$ 的比值变化，而与溶液的 pH 值无关。对具有某一定 $c^{0}_{Fe^{3+}}/c^{0}_{Fe^{2+}}$ 比值的溶液而言，其电势-pH 曲线应表现为水平曲线。

Fe^{3+} 和 Fe^{2+} 除能与 EDTA 在一定 pH 值范围内生成 FeY^{-} 和 FeY^{2-} 外，Fe^{2+} 还能在低 pH 值时与 EDTA 生成 $FeHY^{-}$ 型的含氢络合物；在高 pH 值时，Fe^{3+} 则能与 EDTA 生成 $Fe(OH)Y^{2-}$ 型的羟基络合物。

在低 pH 值时的基本电极反应为：

$$FeY^{-}+H^{+}+e^{-}\Longrightarrow FeHY^{-}$$

即

$$\varphi=(\varphi^{\ominus}+b')+\frac{2.303RT}{F}\lg\frac{c_{FeY^{-}}}{c_{FeHY^{+}}}-\frac{2.303RT}{F}pH$$

$$=(\varphi^{\ominus}+b')+\frac{2.303RT}{F}\lg\frac{c^{0}_{Fe^{3+}}}{c^{0}_{Fe^{2+}}}-\frac{2.303RT}{F}pH \tag{16-5}$$

同样在较高的 pH 值时，有：

$$Fe(OH)Y^{2-}+e^{-}\Longrightarrow FeY^{2-}+OH^{-}$$

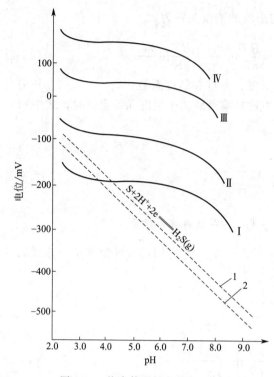

图 16-1　络合体系的电势-pH 图

$$\varphi = \left(\varphi^{\ominus} + b'' - \frac{2.303RT}{F}\lg K_w\right) +$$

$$\frac{2.303RT}{F}\lg\frac{c_{Fe(OH)Y^{2-}}}{c_{FeY^{2-}}} - \frac{2.303RT}{F}pH$$

$$= \left(\varphi^{\ominus} + b'' - \frac{2.303RT}{F}\lg K_w\right) + \frac{2.303RT}{F}$$

$$\lg\frac{c^0_{Fe^{3+}}}{c^0_{Fe^{2+}}} - \frac{2.303RT}{F}pH \tag{16-6}$$

式中，K_w 为水的离子积常数。

由式（16-5）及式（16-6）可知，Fe^{3+}/Fe^{2+}-EDTA 络合体系的电极电势不仅与 $c^0_{Fe^{3+}}/c^0_{Fe^{2+}}$ 的比值有关，而且和溶液的 pH 值有关。在 $c^0_{Fe^{3+}}/c^0_{Fe^{2+}}$ 比值不变时，电势-pH 曲线表现为线性关系，其斜率为 $-\frac{2.303RT}{F}$。

图 16-1 是实验测得 Fe^{3+}/Fe^{2+}-EDTA 络合体系的一组电势-pH 曲线。从图中可见，每条曲线都分为三段，中段是水平的，称为电势平台区；在低 pH 值和高 pH 值的则都是斜线。图中所标电极电势是相对于饱和甘汞电极电势的值且采用还原电极电势。四条曲线对应各组的初浓度如下：

曲　　线	$c^0_{Fe^{3+}}/\text{mol·L}^{-1}$	$c^0_{Fe^{2+}}/\text{mol·L}^{-1}$	$c^0_{EDTA}/\text{mol·L}^{-1}$
I	0	9.9×10^{-2}	0.15
II	6.2×10^{-2}	3.1×10^{-2}	0.14
III	9.6×10^{-2}	6.0×10^{-4}	0.17
IV	10.0×10^{-2}	0	0.15

天然气中含有毒物质 H_2S，可利用 Fe^{3+}-EDTA 溶液将天然气中的 H_2S 氧化为元素硫而除去，溶液中的 Fe^{3+}-EDTA 络合物被还原为 Fe^{2+}-EDTA 络合物；通入空气又可使低铁络合物氧化为 Fe^{3+}-EDTA 络合物，从而使溶液得到再生，又可循环使用。反应如下：

$$2FeY^- + H_2S(g) \xrightarrow{\text{脱硫}} 2FeY^{2-} + 2H^+ + S\downarrow$$

$$2FeY^{2-} + \frac{1}{2}O_2(g) + H_2O \xrightarrow{\text{再生}} 2FeY^- + 2OH^-$$

在用上述方法脱除天然气中的硫时，Fe^{3+}/Fe^{2+}-EDTA 络合体系的电势-pH 曲线可以帮助我们选择合适的脱硫条件。例如，含硫量低的天然气中，25℃时 H_2S 分压为：7.29～43.57Pa。根据电极反应：

$$S + 2H^+ + 2e^- = H_2S(g) \tag{16-7}$$

在 25℃ 时的电极电势与 H_2S 的分压 p_{H_2S} 及 pH 的关系为：

$$\varphi_{H^+/S,H_2S} = -0.072 - 0.0296\lg\frac{p_{H_2S}}{p^{\ominus}} - 0.0591pH \tag{16-8}$$

在图 16-1 中的虚线标出了这三者的关系。

由电势-pH 图可看出，对任何一定 $c^0_{Fe^{3+}}/c^0_{Fe^{2+}}$ 比值的脱硫液而言，此脱硫液的电极电势与反应式(16-7) 的电极电势差在电势平台区的 pH 范围内随着 pH 值的增大而增大，到平台区的 pH 上限时，两极的电势差最大，超过此 pH 值时，两极电势差不再增大而为定值。这表明对任何一个一定 $c^0_{Fe^{3+}}/c^0_{Fe^{2+}}$ 比值的脱硫液，在电势平台区的上限脱硫的热力学趋势最大，超过该 pH 值后，脱硫趋势保持定值而不再随 pH 值的增大而增加。由此可知，根据图 16-1，从热力学的角度看，用 EDTA 络合铁盐法脱除天然气中的 H_2S 时，脱硫液的 pH 值选择在 6.5~8 之间或高于 8 都是合理的。

【仪器和试剂】

UJ-25 型电位差计一套，电磁搅拌器一台，pHS-2 型酸度计一台，211 型玻璃电极一支，铂片电极一支，饱和甘汞电极一支。

$FeCl_3 \cdot 6H_2O$（分析纯），EDTA 二钠盐二水合物（分析纯），$4mol \cdot L^{-1}$ HCl，2% NaOH 溶液（分析纯，用无 CO_2 的蒸馏水配制）。

【实验步骤】

① 电池电动势的测定方法和 pH 计的使用方法参阅第 3 章 3.7 节和 3.8 节。

② 按图 16-2 接好测量线路图。

③ 配制溶液。称取 7.0035g EDTA 二钠盐二水合物于 250mL 的烧杯中，加入 40mL 蒸馏水加热溶解，再分别迅速称取 1.7209g $FeCl_3 \cdot 6H_2O$ 和 1.1751g $FeCl_2 \cdot 4H_2O$ 加入盛有 EDTA 的烧杯中，搅拌情况下用滴管缓慢加入 2% 的 NaOH 溶液至溶液的 pH=8，此时要防止局部生成 $Fe(OH)_3$ 沉淀。用碱量约为 1.5g，总的用水量约为 125mL。

实验室已配制好 Fe^{3+}/Fe^{2+}-EDTA 混合溶液，可直接取用。（思考：加氮气保护的作用是什么？）

④ 将玻璃电极、甘汞电极和铂电极分别插入液面之下，搅拌。实验过程中因室温变化不大，可不必恒温。反应测定时间不长，不需加氮气进行保护。

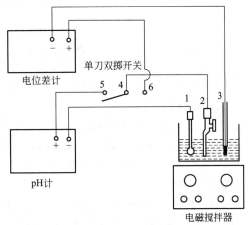

图 16-2　电势-pH 曲线测定路线
1—玻璃电极；2—甘汞电极；3—Pt 电极

⑤ 电势和 pH 值的测定

接通各仪器的电源，pH 计预热 20min。标定好电位差计的工作电流，用缓冲溶液对 pH 计定位。先接通 4 和 6，测出电池的电动势，再接通 4 和 5，测出溶液的 pH 值，然后用滴管滴入少量 $4mol \cdot L^{-1}$ HCl，搅拌少许，先测电动势，再测 pH 值，如此重复，直到溶液 pH = 2.5 左右溶液出现浑浊为止。每次滴加 $4mol \cdot L^{-1}$ HCl 的量以引起 pH 值的改变为 0.3 左右为宜。

注意：启动搅拌器前，应调整好玻璃电极高度，以免搅拌转子损坏电极。

因 pH 计读数不易稳定，故改变 pH 值后，先测电动势，后测 pH 值。

每次接通 4 和 6 之前，须将 pH 计的读数按钮掀起，以防 pH 计指针损坏。

【数据记录和处理】

① 用表格形式记录所测的电池电动势 E 和 pH 值。

② 在电动势的测量过程中，是以饱和甘汞电极为正极，Fe^{3+}/Fe^{2+} 电极为负极，即有：

$$E_{池} = \varphi_{Cl^-/Hg_2Cl_2,Hg} - \varphi_{Fe^{3+}/Fe^{2+}}$$

若以饱和甘汞电极电势为基准，则取 $\varphi_{Cl^-/Hg_2Cl_2,Hg}=0$，此时有：

$$\varphi_{Fe^{3+}/Fe^{2+}} = -E_{池}$$

$\varphi_{Fe^{3+}/Fe^{2+}}$ 即为待测电极相对于饱和甘汞电极的电极电势。

以 pH 为横坐标，φ 或 $-E_{池}$ 为纵坐标，作 Fe^{3+}/Fe^{2+}-EDTA 络合体系的电势-pH 曲线，从曲线上的水平段确定出 FeY^- 和 FeY^{2-} 稳定存在的 pH 范围。

③ 根据公式（16-8）画出不同 H_2S 分压的 $\varphi_{H^+/H_2S,S}$-pH 虚线两条，指出脱硫最适宜的 pH 值范围。

思 考 题

1. 写出 Fe^{3+}/Fe^{2+}-EDTA 络合体系在电势平台区，低 pH 值和高 pH 值时体系的基本电极反应及所对应的 Nernst 公式的具体形式，指出每项的物理意义。

2. 若实验在室温和不加氮气保护的条件下进行，对电位-pH 曲线的形状有何影响？

3. 饱和甘汞电极、铂片电极和玻璃电极在测量中各起什么作用？

4. 使用玻璃电极和 pH 计时应注意哪些事项？

实验 17 氢超电势的测定

【关键词】 不可逆电极电势 电极极化 超电势

【实验目的】

1. 测定氢在光亮铂电极上的活化超电势，求得塔菲尔（Tafel）公式中的两个常数。

2. 了解不可逆电极的意义及影响超电势的因素。

3. 掌握测定不可逆电极电势的实验方法。

【实验原理】

电解过程中氢离子在阴极上放电析出氢气。当电极上有电流通过时，阴极析出电势变得更负，定义电极电势偏离平衡值的部分为超电势 η。

故阴极超电势

$$\eta_{阴} = \varphi_{阴,平} - \varphi_{阴} \tag{17-1}$$

且 η 始终为正。超电势包括电阻超电势、浓差超电势和活化超电势。在实际测量中前两项可设法减小到可忽略的程度，因此超电势一般指活化电势。

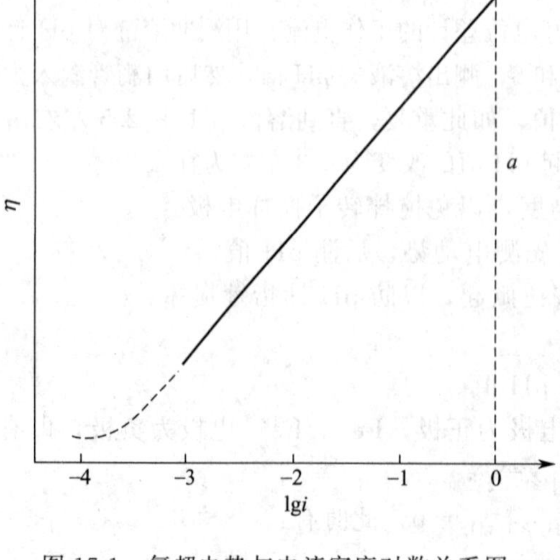

氢超电势与电流密度之间的关系服从塔菲尔（Tafel）公式：

$$\eta = a + b \lg i \tag{17-2}$$

式中，η 为电流密度为 i 时的氢超电势；a，b 为常数。

a 的物理意义是指当电流密度为 $1A \cdot m^{-2}$ 或 $1mA \cdot cm^{-2}$ 时的氢超电势，它与电极金属的性质、表面状态、溶液的组成和温度有关，它表征着电极反应的不可逆程度。

b 为氢超电势与电流密度对数的线性方程式的斜率，如图 17-1 所示。b 通常不依赖金属的性质及溶液的组成，对许多洁净的表面

图 17-1 氢超电势与电流密度对数关系图

未氧化的金属，b 值接近于 $2.303 \times \dfrac{2RT}{F}$，就是说在式(17-2) 中，温度为 298.2K 时，b 接近于 0.12V。

理论和实验都证实了当电流密度极低时，并不服从塔菲尔公式，氢超电势与电流密度成正比，即

$$\eta \propto i$$

测量中为了减小浓差超电势和溶液的欧姆电位降，可采取如下方法。

在电流密度不大时浓差超电势比较小。实验中可用搅拌或通入氢气的方法，使电极附近的溶液加速扩散，从而将浓度超电势降到可以忽略不计的程度。为避免溶液的电阻超电势，可用鲁金（Lugin）毛细管来连接待测电极和参比电极（见图 17-2）。

由于毛细管尖端紧靠待测电极，毛细管内的溶液又没有电流通过，故电阻超电势可忽略不计。当电流密度较大时，电阻超电势仍不能忽略，这时可将毛细管口置于待测电极相距不同的距离处，测量各个对应距离下的超电势，再外推到被测电极与毛细管距离为零时的超电势而校正之。

电极表面的化学组成、物理状态以及溶液中存在少量杂质等，都会影响氢超电势的测定。因此，认真处理电极和防止电极污染是本实验的关键，所用溶液都必须用电导水配制。

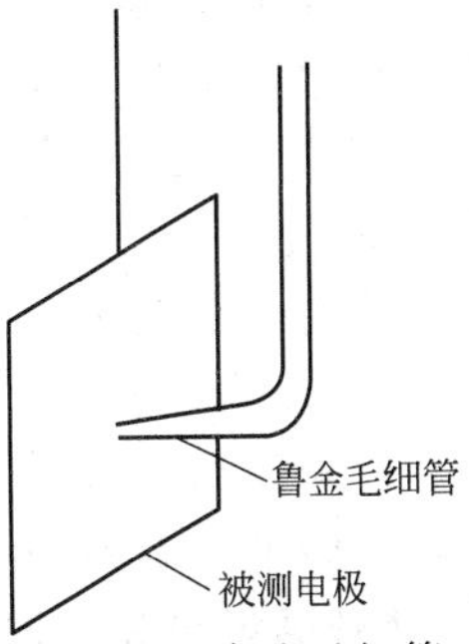

图 17-2　鲁金毛细管安装示意

【仪器和试剂】

氢超电势的测试系统如图 17-3 所示。由极化线路（包括待测电极、辅助电极和可调直流电源等）和测量线路（包括参比电极、待测电极和电位差计）组成。

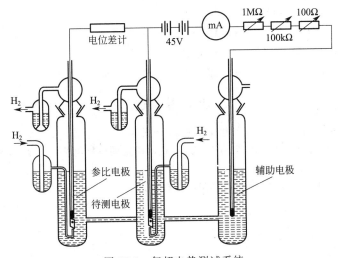

图 17-3　氢超电势测试系统

电位差综合测试仪，可变电阻（1MΩ，100kΩ，100Ω）各 1 只，45V 电池 1 只，电极池、光亮铂电极、镀铂黑电极、铂丝电极各 1 支，氢气发生装置一套，恒温槽（公用）等。

KOH 乙醇溶液，浓硝酸，电导水，$1 \text{mol} \cdot \text{L}^{-1}$ HCl 溶液，王水。

【实验步骤】

① 将电极池中各电极取出，妥善放好。依次用王水、自来水、蒸馏水和电导水淌洗 2～3 遍，最后用电解溶液（$1 \text{ mol} \cdot \text{L}^{-1}$ HCl）淌洗三遍（每次用少量溶液）。然后倒入一定量电解溶液（以能浸没各电极为止）。氢气出口处用电解液封住。

② 将参比电极（镀铂黑电极）用电导水、盐酸溶液小心洗涤（注意不要把铂黑冲掉）、然后插入电解池中。

③ 将待测电极（光亮铂电极）和辅助电极（铂丝电极）先用 KOH 乙醇溶液泡煮数分钟。用蒸馏水清洗后，再在浓硝酸中泡煮数分钟，用蒸馏水及电导水冲洗，最后用 HCl 溶液冲洗，然后插入电极池，使其磨口密封不漏气。

④ 确认各电极浸没于电解液中并无气泡时可将其装置放入恒温槽内，使电解液全部处于恒温槽水面下，恒温温度为（25.0±0.1）℃。

⑤ 开启电解氢装置，产生稳定氢气流（电压以 8～10V 为宜），调节控制开关，使 H_2 气泡均匀冲打在电极上（电解氢装置参见图 14-4）。

⑥ 将电位差计线路接好，并用标准电池标定工作电流（电位差计的工作原理及使用方法参见第 3 章 3.7 节）。

⑦ 将可变电阻调到最大电阻值，按图 17-3 将线路接好。

⑧ 调节可变电阻，使电解电流在 0～7.5mA 的范围内，从小到大选择 10～15 个点，测量被测电极在电流通过时的电极电势，各点重复测量三次，读数相差应小于 1mV。

⑨ 测量完毕后，记下光亮铂电极的面积，将电极池中的电解液倾去，放入蒸馏水。

注意：测定前必须认真处理电极，否则无法获得稳定数据。

实验中应调节 H_2 流速，使之均匀、稳定地冲打在电极上。

【数据记录和处理】

① 记录实验温度、电极面积、电解液浓度等。

② 列表记录不同电流下所测电池电动势值 $E_{池}$。

③ 由氢气分压和电解液中 H^+ 活度计算氢电极的平衡电极电势 $\varphi_{阴,平}$，氢分压为 $p_{大气}-p_w^*$。p_w^* 为实验温度下水的饱和蒸气压。

④ 由 $E_{池}$、$\varphi_{参比}$ 和 $\varphi_{阴,平}$ 计算氢超电势 $\eta_{阴}$。

⑤ 由电极面积和电解电流计算电流密度 i（$A \cdot cm^{-2}$）。

⑥ 作 η-$\lg i$ 图，连接直线部分，求出 Tafel 公式中常数 a 和 b。

思 考 题

1. 在测定超电势时，为什么要用三个电极？各有什么作用？

2. 为什么通过电流时测得的电极电势与不通过电流时测得的电极电势的差值即为该电流密度下的超电势？

3. 影响超电势的因素有哪些？分析实验结果的可靠性。

实验 18　阴极极化曲线的测定

【关键词】 阴极极化　络合剂　无氰电镀

【实验目的】

1. 研究络合剂和表面活性剂对无氰镀锌液阴极极化作用的影响。

2. 掌握恒电位仪测定极化曲线的方法。

【实验原理】

电镀的实质是电结晶过程。为了获得细致、紧密的镀层，就必须创造条件，使晶核生成的速度大于晶核成长的速度。我们知道，小晶体比大晶体具有更高的表面能，因而从阴极析出小晶体就需较高的超电势（相当于从溶液中结晶时的过饱和）。因此，凡能增大阴极极化作用，从而提高金属析出电势的措施，大都能改善镀层质量。但如单纯增大电流密度以造成较大的浓差极化，则常会形成疏松的镀层，因而应该是采用阻延电极反应来增大电化学极化的办法。

在电镀液中添加络合剂和表面活性剂，能有效地增大阴极的电化学极化作用。当金属离子与络合剂络合之后，金属离子的还原就要困难得多。这是因为它还要附加破坏络合键所需的能量。而加入表面活性剂后，由于它吸附在阴极表面，迫使放电离子要在吸附镀件表面上进行放电反应，就需附加克服吸附能的电势。上述两种作用，都使阴极获得较大的极化度。如图 18-1 在单盐镀液中加入少量络合剂（氨三乙酸二氯化铵）和表面活性剂（硫脲及聚乙二醇），极化就显著增加。

本实验用恒电流法测定在不同电流密度 J 下，研究电极与参考电极所组成的电池的电动势，从而得到研究电极的电极电势 φ_k 与电流密度 J 的关系。实验装置如图 18-2 所示。

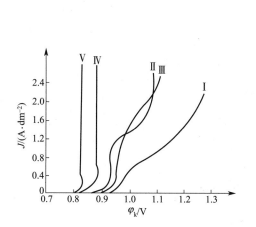

图 18-1　无氰镀锌阴极极化曲线

Ⅰ—0.38mol·L^{-1} ZnCl$_2$+4.8mol·L^{-1}
NH$_4$Cl+0.21mol·L^{-1} NTA+2g·L^{-1}聚乙二醇；

Ⅱ—0.38mol·L^{-1} ZnCl$_2$+4.8mol·L^{-1}
NH$_4$Cl+2g·L^{-1}硫脲+2g·L^{-1}聚乙二醇；

Ⅲ—0.38mol·L^{-1} ZnCl$_2$+4.8mol·L^{-1}
NH$_4$Cl+0.21mol·L^{-1} NTA；

Ⅳ—0.38mol·L^{-1} ZnCl$_2$+4.8mol·L^{-1} NH$_4$Cl；

Ⅴ—0.38mol·L^{-1} ZnCl$_2$

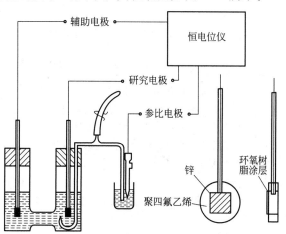

图 18-2　测定阴极极化曲线线路

【仪器与试剂】

HYD-Ⅰ型晶体管恒电位仪 1 台；H 型电解池 1 套；甘汞电极 1 支；锌电极 2 支，作为阳极的锌块不需作任何加工，阴极可用 1cm×1cm 的锌片，在背面焊接铜导线，另一面磨光，将其嵌入聚四氟乙烯（或聚乙烯）块中，除露出正面外，其余各面均用环氧树脂封闭；不容许存在缝隙。化学纯氯化锌；氯化铵；聚乙二醇；硫脲；氨三乙酸（NTA）。

【实验步骤】

① 将作为阴极的锌电极露出的一面，在 0 号金相砂纸上磨光，最后在绒布上磨成镜面，洗净，用脱脂棉沾丙酮擦洗去油，吹干。

② 研究电极与参考电极用带有鲁金毛细管的盐桥导通。毛细管尖端靠近被测电极表面

约 2mm，以尽可能消除溶液欧姆电压降对测量带来的影响。如毛细管口离局部太近，测得微区电位并不代表整个表面的混合电位。盐桥右支充满饱和氯化钾琼脂。电解池中装好电极并加入Ⅳ号电镀液（图 18-1）后，由盐桥支管接出的橡皮管用洗耳球从毛细管吸入电解液，随即用弹簧夹夹紧橡皮管。这部分电解液应与右支饱和氯化钾琼脂接通。

③ 按图 18-2 接好线路，暂不接通电源，测定平衡电势（即 $J=0$ 时的 φ_k）。恒电位仪的使用方法见第 3 章 3.10 节。

④ 接通电源，在 0~40mA 范围内调整电流，即采取逐步增大电流。初期改变电流的幅度应小些，每次改变电流后等待一定时间（例如 3min）再测电动势。

⑤ 测完一种电镀液后，关掉电源，松开弹簧夹，使盐桥中镀液回到电解池。取出研究电极冲洗干净，按前述方法磨成镜面，再测Ⅰ号电镀液的极化曲线。这时鲁金毛细管应吸入新镀液。

【数据处理】

① 根据测得的电动势数据，计算出研究电极的电极电势 φ_k，填入记录表格中。

② 分别以电流密度（J）为纵坐标，以研究电极的电极电势（$-\varphi_k$）为横坐标作图，即得阴极极化曲线。

③ 讨论络合剂和表面活性剂对阴极极化的影响。

思　考　题

1. 什么叫阴极极化作用？如何增大阴极极化作用？
2. 本实验中，除恒电位仪外，还可用些什么仪器测电动势？
3. 在电解池中，阴极首先析出 H_2 还是 Zn？为什么？
4. 为何用鲁金毛细管作盐桥？对它的安装要求是什么？

【参考文献】

［1］吉林大学等. 物理化学（下）. 北京：人民教育出版社，1979.

［2］魏宝明. 金属腐蚀理论及应用. 北京：化学工业出版社，1984.

［3］郑瑞庭. 电镀实践 600 例. 北京：化学工业出版社，2004.

［4］刘永辉. 电化学测试技术. 北京：北京航空学院出版社，1987.

实验 19　阳极极化曲线的测定

【关键词】　阳极极化　维钝电流　阳极保护

【实验目的】

1. 测定碳钢在碳铵溶液中的阳极极化曲线。
2. 了解金属钝化行为的原理及应用。

【实验原理】

在以金属作阳极的电解池中通过电流时，通常发生阳极的电化学溶解过程。如阳极极化不大，阳极过程的速度随电势变正而逐渐增大，这是金属的正常阳极溶解。在某些化学介质中，当电极电势正移到某一数值时，阳极溶解速度随电势变正反而大幅度降低，这种现象称为金属的钝化。

处在钝化状态的金属的溶解速度是很小的，这在金属防腐及作为电镀的不溶性阳极时，正是人们所需要的。而在另外的情况如化学电源、电冶金和电镀中的可溶性阳极，金属的钝化就非常有害。

利用阳极钝化,使金属表面生成一层耐腐蚀的钝化膜来防止金属腐蚀的方法,叫做阳极保护。

用恒电势法测定的阳极极化曲线如图 19-1 所示。曲线表明,电势从 a 点开始上升(即电势向正方向移动),电流也随之增大,电势超过 b 点以后,电流迅速减至很小,这是因为在碳钢表面上生成了一层电阻高、耐腐蚀的钝化膜。到达 c 点以后,电势再继续上升,电流仍保持在一个基本不变的、很小的数值上。电势升至 d 点时,电流又随电势的上升而增大。从 a 点到 b 点的范围称为活性溶解区;b 点到 c 点称为钝化过渡区;c 点到 d 点称为钝化稳定区;d 点以后称为过钝化区。对应于 b 点的电流密度称为致钝电流密度;对应于 c～d 段的电流密度称为维钝电流密度。如果对金属通以致钝电流(致钝电流密度与表面积的乘积)使表面生成一层钝化膜(电势进入钝化区),再用维钝电流(维钝电流密度与表面积的乘积)保持其表面的钝化膜不消失,金属的腐蚀速度将大大降低,这就是阳极保护的基本原理。

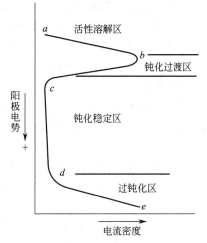

图 19-1　阳极极化曲线

若用恒电流法,则极化曲线的 abc 段就作不出来,所以需要用恒电势法测定阳极钝化曲线。

【仪器与试剂】

HYD-Ⅰ型晶体管恒电位仪 1 台;H 型电解池 1 套;饱和甘汞电极(参比电极)1 支;碳钢电极(研究电极)1 支,它与实验 18 锌阴极的制法相同,只是电极材料是碳钢这一点不同,铂或铅电极(辅助电极)1 支。25％氨水被碳酸氢铵饱和的溶液。

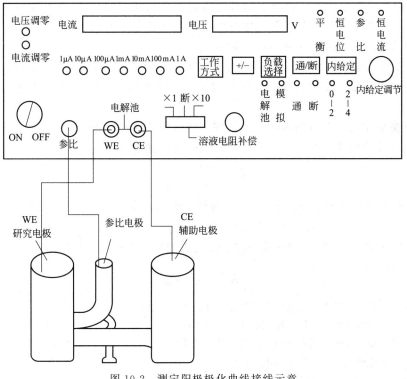

图 19-2　测定阳极极化曲线接线示意

【实验步骤】

① 通电实验前必须正确连接好电化学实验装置，并根据具体所做实验选择好合适的电流量程（如用恒电位法测定极化曲线，可将电流量程先置于"10mA"挡），内给定旋钮左旋到底。实验装置如图 19-2。

② 电极处理。用金属相砂纸将碳钢电极擦至镜面光亮状，然后浸入 100mL 蒸馏水中含1mL H_2SO_4 的溶液中约 1min，取出用蒸馏水洗净备用。

③ 在 100mL 烧杯中加入 NH_4HCO_3 饱和溶液和浓氨水各 35mL，混合后倒入电解池。研究电极为碳钢电极，靠近毛细管口；辅助电极为铂电极；参比电极为甘汞电极。

④ 接通电源开关，通过工作/方式按键选择"参比"工作方式；负载选择为电解池，通/断置"通"，此时仪器电压显示的值为自然电位（应大于 0.7V 以上，否则应重新处理电极）。

⑤ 按"通/断"置"断"工作方式，选择为"恒电位"，负载选择为模拟，接通负载，再按"通/断"置"通"，调节"内给定"使电压显示为自然电压。

⑥ 将负载选择为电解池，间隔 20mV 调往小的方向调节"内给定"，等电流稳定后，记录相应的恒电位和电流值。

⑦ 当调到零时，微调"内给定"，使得有少许电压值显示，按"＋/－"使显示为"－"值，再以 20mV 为间隔调节"内给定"直到约 －1.2V 为止，记录相应的电流值。

⑧ 将"内给定"左旋到底，关闭电源，将电极取出用水洗净。

【数据处理】

① 实验测得电池电动势（$E = \varphi_+ - \varphi_-$ 后，如何计算研究电极电位 $\varphi_研$？）

当参比电极作为测量正极时：　　　$\varphi_研 = \varphi_参 - E$

当参比电极作为测量负极时：　　　$\varphi_研 = \varphi_参 + E$

在极化曲线测定中常令 $\varphi_参 = 0$，这样测得的电动势 E 就等于研究电极相对于饱和甘汞电极的电位，其符号取决于两电极的相对极性。这种情况下常用符号 $E_{vs,SCE} = E$ 来加以说明（SCE 为 saturated calomel electrode 的缩写）。

本实验以参比电极为测量负极。即数字电压表（＋）接"研究"柱，（－）接"参比"柱，这时 $E_{vs,SCE} = E$。以 $E_{vs,SCE}$（即测得的 E）为纵坐标，电流密度 J 为横坐标作图即得阳极极化曲线。

② 从阳极极化曲线上找出维钝电势范围和维钝电流密度（$A \cdot m^{-2}$）。

③ 根据法拉第定律，通常按下式计算金属的腐蚀速度：

$$K = \frac{J_m t n}{(26.8Ah)\rho}$$

式中，K 为腐蚀速度，$mm \cdot a^{-1}$；J_m 为维钝电流密度，$A \cdot m^{-2}$；t 为时间，h（一年按330 天计，共 $24 \times 330h$）；n 为 Fe/3 的摩尔质量，g（Fe^{3+} 为 56/3 = 18.7）；ρ 为金属的密度，$g \cdot cm^{-3}$（对碳钢）；26.8 为每析出 Fe/3 物质的量为 1mol 时所需电量，$A \cdot h$。

思 考 题

1. 阳极保护的基本原理是什么？什么样的介质才适于阳极保护？

2. 什么是致钝电流和维钝电流？它们有什么不同？

3. 在测量电路中，参比电极和辅助电极各起什么作用？

4. 测定阳极钝化曲线为什么要用恒电位仪？

5. 开路电位、析 O_2 电势和析 H_2 电势各有什么意义？

6. 为何要用 KNO_3 盐桥？

【参考文献】

［1］Riggs O L Jr. Anodic protection. New York：Plenum，1981，109～127；149-168.

［2］Subdury J D，Riggs O L Jr，Shock D A. Anodic passivation studies. Corrosion，1960. 16（2）：47-62.

［3］陈永辉. 电化学测试技术. 北京：北京航空航天大学出版社，1987.

［4］火时中. 电化学保护. 北京：化学工业出版社，1988.

Ⅲ. 化学动力学

实验 20　一级反应——蔗糖的水解

【关键词】　一级反应　反应速率常数　旋光度　比旋光度

【实验目的】

1. 测定蔗糖水解的反应速率常数和半衰期。

2. 了解旋光仪的基本原理，掌握使用方法。

【实验原理】

蔗糖的水解反应是一个二级反应。

$$C_{12}H_{22}O_{11}+H_2O \xrightarrow{H^+} C_6H_{12}O_6+C_6H_{12}O_6$$
$$\text{蔗糖} \qquad\qquad \text{葡萄糖} \quad \text{果糖}$$

在纯水中反应进行得极慢，通常需在酸的催化作用下进行。由于反应体系中水大大过量，可近似认为整个反应过程中水的浓度不变，因此蔗糖转化反应可作为表观一级反应处理。一级反应的速率方程可由下式表示：

$$-\frac{dc_A}{dt}=kc_A \tag{20-1}$$

式中，k 为反应速率常数；c_A 为时间 t 时的反应物蔗糖浓度。将式（20-1）积分得

$$\ln c_A=-kt+\ln c_A^0 \tag{20-2}$$

式中，c_A^0 为反应开始时蔗糖的浓度。

当 $c_A=\frac{1}{2}c_A^0$ 时，反应经历的时间 t 用 $t_{1/2}$ 表示，即反应的半衰期

$$t_{1/2}=\frac{\ln 2}{k}=\frac{0.693}{k} \tag{20-3}$$

蔗糖及其水解产物都含有不对称的碳原子，均具有旋光性，但它们的旋光能力不同，故可以利用体系在反应过程中旋光度的变化来量度反应的进程。

测量物质旋光度所用的仪器称为旋光仪。溶液的旋光度与溶液中所含旋光物质的旋光能力、溶剂性质、溶液的浓度、样品管长度、光源波长及温度等均有关系。当其他条件固定时，旋光度 α 与反应物质浓度 c 呈线性关系，即

$$\alpha=Kc \tag{20-4}$$

式中，比例常数 K 与物质的旋光能力、溶剂性质、样品管长度、温度等均有关。

反应物蔗糖是右旋性的物质，比旋光度 $[\alpha]_D^{20}=66.6°$（比旋光度指在 20℃用钠灯光源 D 线测得 1 根 10cm 长的样品管中，每毫升溶液中含 1g 旋光物质时产生的旋光度）。生成物葡萄糖也是右旋性物质，$[\alpha]_D^{20}=52.5°$。生成物果糖是左旋性物质，比旋光度 $[\alpha]_D^{20}=-91.9°$。

由于果糖的左旋性比葡萄糖的右旋性大，因此随着反应的进行，将逐渐从右旋变为左旋。反应终了时，左旋角达到 α_∞。

旋光度与比旋光度关系为

$$\alpha = \frac{[\alpha] \cdot l \cdot c}{10} \tag{20-5}$$

式中，l 为样品管长，cm；c 为浓度，$g \cdot mL^{-1}$。

设最初体系的旋光度为

$$\alpha_0 = K_\text{反}\, c_A^0 \quad (t=0, \text{蔗糖尚未转化}) \tag{20-6}$$

最终体系的旋光度为

$$\alpha_\infty = K_\text{生}\, c_A^0 \quad (t=\infty, \text{蔗糖已完全转化}) \tag{20-7}$$

以上两式中 $K_\text{反}$ 及 $K_\text{生}$ 分别为反应物与生成物的比例常数。当时间为 t 时，蔗糖浓度为 c_A，此时旋光度 α_t 为：

$$\alpha_t = K_\text{反}\, c_A + K_\text{生}(c_A^0 - c_A) \tag{20-8}$$

由式(20-6)～式(20-8) 可以解得：

$$c_A^0 = \frac{\alpha_0 - \alpha_\infty}{K_\text{反} - K_\text{生}} = K'(\alpha_0 - \alpha_\infty) \tag{20-9}$$

$$c_A = \frac{\alpha_t - \alpha_\infty}{K_\text{反} - K_\text{生}} = K'(\alpha_t - \alpha_\infty) \tag{20-10}$$

将式(20-9)、式(20-10) 代入式(20-2) 即得：

$$\lg(\alpha_t - \alpha_\infty) = -\frac{k}{2.303}t + \lg(\alpha_0 - \alpha_\infty) \tag{20-11}$$

由式(20-11) 可以看出，以 $\lg(\alpha_t - \alpha_\infty)$ 对 t 作图为一直线，从直线的斜率可求得反应速率常数 k，进而可计算出半衰期 $t_{1/2}$。

对于一级反应，可以不测定 α_∞ 值，也可用下法求出速率常数。

将式(20-1) 积分，取初始浓度为 c_0，任意时刻浓度为 c，得

$$c = c_0 e^{-kt} \tag{20-12}$$

当 $t_1 = t$ 时

$$c_1 = c_0 e^{-kt}$$

当 $t_2 = t + \Delta t$ 时

$$c_2 = c_0 e^{-k(t+\Delta t)}$$

$$c_1 - c_2 = c_0 e^{-kt}(1 - e^{-k\Delta t}) \tag{20-13}$$

$$\lg(c_1 - c_2) = -\frac{k}{2.303}t + \lg[c_0(1 - e^{-k\Delta t})] \tag{20-14}$$

式中，Δt 为任意时间间隔。为了使误差减少，Δt 最好取反应进行一半的时间，如取 30min。

由于旋光度 α 与浓度 c 成正比，故可直接用 α 代替 c。

因

$$\alpha_1 = K_\text{反}\, c_1 + K_\text{生}(c_0 - c_1)$$

$$\alpha_2 = K_\text{反}\, c_2 + K_\text{生}(c_0 - c_2)$$

$$\alpha_1 - \alpha_2 = (c_1 - c_2)(K_\text{反} - K_\text{生}) \tag{20-15}$$

将式(20-15) 代入式(20-14) 得：

$$\lg(\alpha_1 - \alpha_2) = -\frac{k}{2.303}t + \lg\left[(K_{反} - K_{生})c_0(1 - \mathrm{e}^{-k\Delta t})\right] \tag{20-16}$$

作 $\lg(\alpha_1 - \alpha_2)$-t 图，由斜率可得 k。本实验采用此法求室温条件下蔗糖水解反应的速率常数 k。

【仪器和试剂】

旋光仪一台，粗天平一台，0～100℃（分度 1℃）水银温度计一支，100mL 烧杯一个，25mL 量筒两支。

蔗糖（分析纯），HCl 溶液（4.00mol·L^{-1}）。

【实验步骤】

① 参阅第 3 章 3.13 节内容，了解和熟悉旋光仪的构造、原理和使用方法。

② 用蒸馏水校正旋光仪的零点。

蒸馏水为非旋光物质，故可用其校正旋光仪的零点（即 $\alpha = 0$ 时仪器对应的刻度）。校正时，先洗净样品管，将管一端加上盖子，并向管内注满蒸馏水，盖上玻片，再旋紧套盖，使玻璃片紧贴于旋光管，勿使漏水。但不能用力过猛，以免玻璃片被压碎。此时管内光路中不应有空气泡存在。用滤纸将样品管擦干，再用擦镜纸将样品管两端的玻璃片擦净，将样品管放入旋光仪内。打开光源，调整目镜焦距，使视野清楚，然后旋转检偏镜至观察到三分视野（或二分视野）暗度相等为止。记下检偏镜的旋转角 α，重复测量三次取其平均值，作为零点值，用来校正仪器的系统误差。

③ 测定反应过程的旋光度 α_t。

反应在室温下进行，在 100mL 烧杯中加入约 5g 分析纯蔗糖（用粗天平称取），加水 25mL 使蔗糖溶解，若溶液浑浊则应过滤。再取 25mL 4.0mol·L^{-1} 的盐酸溶液（如室温较高，可适当降低所用盐酸的浓度）加到糖液中，并使之均匀混合。迅速取少量混合液淌洗样品管两次，然后将样品管装满混合液，盖好盖子。先用擦布擦去管外壁溶液，再用擦镜纸擦干两端玻璃片，立即放入旋光仪中测读旋光度并同时计时。

反应开始的 20min 内每 2min 测量一次，以后由于反应物浓度降低，反应速度变慢，可以将测量的时间间隔适当放长，每 5min 测量一次，1h 后 10min 测一次。从反应开始大约需连续测定 1.5h。记录测量前后的室温，取其平均值作为反应温度。

④ α_∞ 的测量。

若由式（20-11）求算速率常数 k，需测定 α_∞。可将反应液放置 48h 后在相同温度下测定其旋光度，即为 α_∞ 值。为了缩短时间，可将剩余混合液在 50～60℃ 水浴中回流 30min，冷至相同温度测得的旋光度即为 α_∞ 值。但应注意避免水浴温度过高而引起副反应和溶液蒸发影响浓度，从而影响 α_∞ 的测定。

由于酸会腐蚀样品管的金属套，因此，实验一结束应立即倾去反应液，用水将样品管洗净。

注意：样品管必须装满液体，不能有气泡存在，特别是光路中不能有气泡存在。

必须按时准确地测量旋光度。

【数据记录和处理】

① 列出 α_t-t 表，并作出 α_t-t 图，标明反应温度（℃）。

② 在 α_t-t 图上读出相等时间间隔（例如 5min）的 α_t 值。并将这些数据列为两组。第一组对应于一个 t 有一个 $\alpha_{t,1}$，第二组对应有一个 $(t+\Delta t)$ 有一个 $\alpha_{t,2}$（$\Delta t = 30$min）。

③ 以 $\lg(\alpha_{t,1} - \alpha_{t,2})$ 对 t 作图，可得一直线，由直线斜率求得速率常数 k，并由 k 计算出半衰期 $t_{1/2}$。

思 考 题

1. 实验中我们先用蒸馏水校正旋光仪的零点，在蔗糖转化反应过程中所测的 α_t 是否需要零点校正？为什么？

2. 为什么配蔗糖溶液可用粗天平和量筒？

3. 改变蔗糖溶液的初始浓度和催化剂盐酸的浓度对测量出的速率常数 k 和半衰期 $t_{1/2}$ 值有无影响？为什么？

实验 21　二级反应——乙酸乙酯皂化

【关键词】　二级反应　反应速率常数　电导率　活化能

【实验目的】

1. 用电导法测定乙酸乙酯皂化反应速率常数，了解活化能的测定方法。

2. 熟悉电导率仪的使用。

【实验原理】

乙酸乙酯的皂化反应是二级反应，反应计量式为：

$$CH_3COOC_2H_5 + OH^- \longrightarrow CH_3COO^- + C_2H_5OH$$

设 t 时刻生成物的浓度为 x，则该反应的动力学方程式为：

$$\frac{dx}{dt} = k(c_A^0 - x)(c_B^0 - x) \tag{21-1}$$

式中，c_A^0，c_B^0 分别为乙酸乙酯和 OH^- 的起始浓度；k 为反应速率常数。

若 $c_A^0 = c_B^0$，式(21-1) 变为：

$$\frac{dx}{dt} = k(c_A^0 - x)^2 \tag{21-2}$$

积分式(21-2) 得：

$$k = \frac{1}{t} \frac{x}{c_A^0(c_A^0 - x)} \tag{21-3}$$

由实验测得不同 t 时的 x 值，将 $\dfrac{x}{c_A^0 - x}$ 对 t 作图，得一直线，从直线的斜率可求出 k。

不同时间下生成物的浓度可用化学分析法测定（例如分析反应液中的 OH^- 浓度），也可以用物理法测定（如测量电导），本实验用电导法测定。

用电导法测定 x 值的根据是：溶液中 OH^- 的电导率比 CH_3COO^- 的电导率大得多（即反应物与生成物的电导率差别大）。因此随着反应的进行，OH^- 的浓度不断减小，溶液的电导率也随着下降。在稀溶液中，每种强电解质的电导率 κ 与其浓度成正比，而且溶液的总电导率等于组成溶液的电解质的电导率之和。

依据上述两点，本实验中反应物与生成物中只有 $NaOH$ 和 CH_3COONa 是强电解质，在稀溶液中反应可得：

$$\kappa_0 = K_1 c_A^0$$

$$\kappa_\infty = K_2 c_A^0$$

$$\kappa_t = K_1(c_A^0 - x) + K_2 x$$

式中，K_1，K_2 为与温度、溶剂、电解质 NaOH 和 CH_2COONa 性质有关的比例系数；κ_0，κ_∞ 分别为反应开始时和反应终了时溶液的总电导率，注意此时只有一种电解质；κ_t 为时间 t 时溶液的总电导率。

由以上三式可得：

$$x = \frac{\kappa_0 - \kappa_t}{\kappa_0 - \kappa_\infty} c_A^0 \tag{21-4}$$

将式（21-4）代入式（21-3）得：

$$\frac{\kappa_0 - \kappa_t}{\kappa_t - \kappa_\infty} = c_A^0 kt \tag{21-5}$$

由式（21-5）可知，只要测定了 κ_0、κ_∞ 及一组 κ_t 数据，利用 $\dfrac{\kappa_0 - \kappa_t}{\kappa_0 - \kappa_\infty}$ 对 t 作图，应得一直线，由直线的斜率可求出速率常数 k。

将式（21-5）变形为

$$\kappa_t = \frac{1}{k c_A^0}(\kappa_0 - \kappa_t)/t + \kappa_\infty \tag{21-6}$$

以 κ_t 对 $(\kappa_0 - \kappa_t)/t$ 作图可得一直线，由直线的斜率求得速率常数 k，这样可不测定 κ_∞。

由阿累尼乌斯（Arrehenius）公式得：

$$E_a = \frac{2.303 R T_1 T_2}{T_2 - T_1} \lg \frac{k_2}{k_1} \tag{21-7}$$

式中，k_1，k_2 分别为温度 T_1、T_2 时的速率常数；R 为理想气体常数，$R = 8.314 \text{J} \cdot \text{mol}^{-1} \cdot \text{K}^{-1}$；$E_a$ 为反应活化能，$\text{J} \cdot \text{mol}^{-1}$。

可由不同温度下的速率常数计算反应的活化能 E_a。

【仪器和试剂】

恒温槽 1 套，秒表 1 只，电导率仪 1 台，电导池（连电导电极）1 支，100mL 容量瓶 2 只，30mL 注射器 1 只，反应管 1 支（见图 21-1）。

$1.000 \times 10^{-2} \text{mol} \cdot \text{L}^{-1}$ CH_3COONa 溶液（新鲜配制），$2.000 \times 10^{-2} \text{mol} \cdot \text{L}^{-1}$ NaOH 溶液（新配制），乙酸乙酯（分析纯）。

【实验步骤】

1. 电导率仪的调节

电导率仪的原理和使用方法，可参看第 3 章第 3.9 节。

2. 乙酸乙酯溶液的配制

先按下式计算出配制 100mL 与 NaOH 溶液浓度相同的乙酸乙酯溶液所需的纯乙酸乙酯的体积：

$$V_{酯} = \frac{0.1 c_{碱} M_{酯}}{\rho} \quad (\text{mL})$$

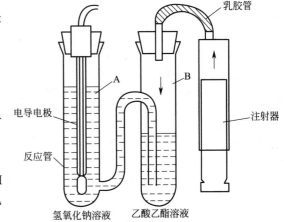

图 21-1　反应管及反应混合液

式中，$M_{酯}$ 为乙酸乙酯的摩尔质量，$\text{g} \cdot \text{mol}^{-1}$；$\rho$ 为室温下乙酸乙酯的密度，$\text{g} \cdot \text{mL}^{-1}$；$c_{碱}$ 为 NaOH 溶液的物质的量浓度，$\text{mol} \cdot \text{L}^{-1}$。

用刻度移液管吸取 $V_{酯}$ 乙酸乙酯于事先盛有少许蒸馏水的 100mL 容量瓶中，并用水稀释到刻度，摇匀备用。

3. κ_0 和 κ_∞ 的测量

把 $2.000\times10^{-2}\,mol\cdot L^{-1}$ 的 NaOH 液体稀释一倍。装入干净的电导池中，液面以约高出铂黑片 1cm 为宜。浸入 25℃（或 30℃）恒温槽内 10min。然后测定其电导率，即为 κ_0，按上述操作，用 $1.000\times10^{-2}\,mol\cdot L^{-1}$ 的 CH_3COONa 测定电导率，即 κ_∞（也可以不测定）。测量时，每一种溶液都必须更换一次，重复进行测量，两次测量误差必须在允许范围之内，否则要进行第三次测量。

注意：测量前应先用蒸馏水淋洗电导池及铂黑电极三次，再用所测液体淋洗三次。

4. κ_t 的测量

从碱滴管中取 25mL $2.000\times10^{-2}\,mol\cdot L^{-1}$ NaOH 溶液注入已洗净干燥的反应管 A 管中，用另一支移管移取 25mL $2.000\times10^{-2}\,mol\cdot L^{-1}$ 的 $CH_3COOC_2H_5$ 注入 B 管中，管口用塞子塞紧，以防止 $CH_3COOC_2H_5$ 挥发。用蒸馏水冲洗电极后小心用滤纸吸干电极上的水滴（切不可碰掉铂黑！）插入 A 管中。将反应管置于恒温槽中恒温 10min。在 B 支管口换上配有注射器的塞子，用注射器从乳胶管通过小孔将 $CH_3COOC_2H_5$ 迅速压入 A 支管内与 NaOH 溶液混合，并同时用秒表计时，如图 21-1 所示。再用注射器反复推拉抽吸混合液，使之混合均匀，混合均匀后，进行电导-时间测定。每隔 5min 测定 1 次，半小时后，每隔 10min 测定一次，反应进行 80min 后可停止测量。实验结束后，应冲洗铂黑电极后再浸入蒸馏水中。洗净反应管放于通风处干燥。

5. 活化能的测定

改变恒温槽的温度，可依照上述操作步骤测定 35℃下电导率 κ 随时间变化的数据。

注意：温度变化会严重影响反应速率，实验中一定保持恒温。

混合过程既要迅速进行，又要小心谨慎，不要把溶液挤出混合器。

【数据记录和处理】

1. 记录反应物初始浓度、反应温度并将 κ_t、κ_0 及 $\kappa_0-\kappa_t$ 列成数据表。

2. 以 κ_t 对 $(\kappa_0-\kappa_t)/t$ 作图，得一直线，由直线的斜率计算速率常数 k。

3. 根据阿累尼乌斯公式由式(21-7)计算反应的活化能。

思 考 题

1. 为何本实验中 NaOH 和 $CH_3COOC_2H_5$ 溶液要足够稀？实验为什么要在恒温条件下进行？且 $CH_3COOC_2H_5$ 和 NaOH 溶液在混合前还要恒温？

2. 如果 NaOH 和 $CH_3COOC_2H_5$ 起始浓度不相等，试问怎样求算 k 值？

3. 如何从实验结果来验证乙酸乙酯皂化反应为二级反应？

4. 实验发现，随测定时间增加，式(21-3)和式(21-5)的直线将发生偏离，设乙酸乙酯皂化反应按如下机理进行：

(1)
$$CH_3-\overset{\overset{\displaystyle O}{\|}}{\underset{\underset{\displaystyle OC_2H_5}{|}}{C}} + {}^-OH \xrightleftharpoons{\text{慢}} CH_3-\overset{\overset{\displaystyle O^-}{|}}{\underset{\underset{\displaystyle OH}{|}}{C}}-OC_2H_5$$

(2)
$$CH_3-\overset{\overset{\displaystyle O^-}{|}}{\underset{\underset{\displaystyle OH}{|}}{C}}-OC_2H_5 \xrightleftharpoons{\text{快}} CH_3-\overset{\overset{\displaystyle O}{\|}}{\underset{\underset{\displaystyle OH}{|}}{C}} + {}^-OC_2H_5$$

(3)
$$CH_3-\overset{\overset{\displaystyle O}{\|}}{\underset{\underset{\displaystyle OH}{|}}{C}} + {}^-OC_2H_5 \xrightarrow{\text{快}} CH_3-\overset{\overset{\displaystyle O}{\|}}{\underset{\underset{\displaystyle O^-}{|}}{C}} + C_2H_5OH$$

试根据以上机理进行讨论，如何避免这种情况出现？

实验 22　丙酮碘化反应动力学

【关键词】　反应级数　反应速率　比尔定律

【实验目的】

1. 用改变初始浓度法测定丙酮碘化反应的级数，确定其动力学方程式。
2. 用光度法测定丙酮碘化反应速率常数。
3. 进一步掌握分光光度计的使用方法。

【实验原理】

1. 丙酮碘化反应速率

丙酮在酸性溶液中的碘化反应是一个复杂反应，反应计量式为：

该反应能不断产生 H^+，它反过来又起催化作用，故是一个自催化反应。假定动力学方程式可表示为以下形式：

$$r = -\frac{dc_{I_2}}{dt} = k_{总}\, c_A^{\alpha} c_{I_2}^{\beta} c_{H^+}^{\gamma} \tag{22-1}$$

式中，$k_{总}$ 为表观速率常数；c_A、c_{I_2}、c_{H^+} 分别为任意时刻丙酮、碘和酸的浓度，$mol \cdot L^{-1}$；α，β，γ 分别为反应对丙酮、碘和 H^+ 的反应级数。

实验表明反应对碘为零级，即式(22-1) 中指数 β 为零。

在丙酮和酸大大过量的情况下，可用少量的碘来控制反应进度。当少量碘完全消耗后，其他反应物的浓度基本保持不变，由于反应速率与碘的浓度无关，因此直到全部碘消耗完以前，反应速率为一常数，若以 c_A^0、$c_{H^+}^0$ 表示丙酮和酸的初浓度，则有：

$$-\frac{dc_{I_2}}{dt} = k_{总}\, c_{A,0}^{\alpha} c_{H^+,0}^{\gamma} = 常数 \tag{22-2}$$

由式(22-2) 可见，若能测得反应进程中不同时刻 t 时碘浓度 c_{I_2}，用 c_{I_2} 对 t 作图应为一条直线，直线斜率的负值就是反应速率。

2. 改变初始浓度法确定反应级数

为确定反应级数 α、β、γ 要进行四组实验，每次实验反应物的初始浓度可表示为表22-1所示。

表 22-1　改变初始浓度法求反应级数

编　　号	备用液体浓度		
	盐　酸	碘　液	丙　酮
Ⅰ	c_{H^+}	c_{I_2}	c_A
Ⅱ	nc_{H^+}	c_{I_2}	c_A
Ⅲ	c_{H^+}	nc_{I_2}	c_A
Ⅳ	c_{H^+}	c_{I_2}	nc_A

其中

$$n = \frac{(c_{H^+})_{Ⅱ}}{(c_{H^+})_{Ⅰ}} = \frac{(c_{I_2})_{Ⅲ}}{(c_{I_2})_{Ⅰ}} = \frac{(c_A)_{Ⅳ}}{(c_A)_{Ⅰ}} = 整数 \tag{22-3}$$

注脚 Ⅰ、Ⅱ、Ⅲ、Ⅳ 分别代表各次实验的编号。

在相同的温度下，各次实验的 $k_{总}$ 值相同。由式(22-1) 和式(22-3) 可得：

$$\frac{r_{\text{II}}}{r_{\text{I}}}=\frac{k_{\text{总}}(c_A^\alpha c_{I_2}^\beta c_{H^+}^\gamma)_{\text{II}}}{k_{\text{总}}(c_A^\alpha c_{I_2}^\beta c_{H^+}^\gamma)_{\text{I}}}=n^\gamma$$

同理

$$\frac{r_{\text{III}}}{r_{\text{IV}}}=n^\beta$$

$$\frac{r_{\text{IV}}}{r_{\text{I}}}=n^\alpha$$

(22-4)

因此如能测出各次实验的反应速率，在 n 为已知的情况下，就可由以上各式确定反应级数 α、β、γ。

3. 光度法测丙酮碘化反应速率

反应体系中除碘以外，其余各物质在可见光区均无明显吸收，因此可用光度法直接观察碘浓度的变化。碘的最大吸收波长虽然在紫外区，但在可见光区仍有较强的吸收。光度法测定可由分光光度计完成。

由比尔（Beer）定律知，对于指定波长的入射光、入射光强度 I_0、出射光强度 I 以及碘浓度间有以下关系式：

$$透光率\ T=\frac{I}{I_0}$$

$$\lg T=-k'lc_{I_2}$$

(22-5)

式中，l 为样品池的光径长度；k' 为取以 10 为底的对数时的吸收系数。

$k'l$ 可由测定几个已知浓度碘的透光率求得。

由式(22-2)、式(22-5)可得：

$$r=\frac{\lg T_2-\lg T_1}{k'l(t_2-t_1)}$$

(22-6)

式中，T_1、T_2 分别为时间 t_1、t_2 时体系的透光率。

式中 $\dfrac{\lg T_2-\lg T_1}{t_2-t_1}$ 可由测定反应体系在不同时刻 t 的透光率 T，以 $\lg T$ 对 t 作图所得直线的斜率求得。如以 m 表示此斜率，则：

$$r=\frac{m}{k'l}$$

(22-7)

故式(22-4)可改写为：

$$\frac{(m)_{\text{II}}}{(m)_{\text{I}}}=n^\alpha$$

$$\frac{(m)_{\text{III}}}{(m)_{\text{I}}}=n^\beta$$

$$\frac{(m)_{\text{IV}}}{(m)_{\text{I}}}=n^\gamma$$

(22-8)

由于反应并不停留在生成一元碘化丙酮这一步上，故应测量反应刚开始一段时间的透光率。

由式(22-2)和式(22-6)式可得：

$$\frac{\lg T_2-\lg T_1}{(t_2-t_1)k'l}=k_{\text{总}}\,c_{A,0}^\alpha c_{H^+,0}^\gamma$$

即

$$k_{\text{总}}=\frac{\lg T_2-\lg T_1}{k'l(t_2-t_1)c_{A,0}^\alpha c_{H^+,0}^\gamma}$$

或

$$k_{总} = \frac{m}{k'lc_{A,0}^{\alpha}c_{H^+,0}^{\gamma}}$$

(22-9)

如果能测得两个或两个以上温度下 $k_{总}$ 值，则可由阿累尼乌斯公式计算反应的表观活化能。

【仪器和试剂】

72 型（或 722 型）分光光度计一套，秒表，50mL 容量瓶 8 只，10mL 刻度移液管 4 支。

盐酸备用液（0.5000mol·L^{-1}），碘备用液（5.000×10^{-3} mol·L^{-1}），丙酮（分析纯）。

【实验步骤】

1. 丙酮备用液的配制

吸取 5mL 纯丙酮于 50mL 容量瓶中，加水稀释到刻度。用经验公式计算室温下丙酮的密度（参见附表 2-9），计算所得备用液的浓度。

2. $k'l$ 的测定

分别吸取 5mL，2.5mL 碘备用液于 50mL 容量瓶中，加水稀释到刻度。分光光度计波长设定在 460nm 处，并固定该波长进行测试，用溶液洗液槽数次后装入溶液。以蒸馏水为空白，测不同浓度碘的透光率。

由于碘液见光分解，故从溶液配制到测量应尽量迅速。

3. 反应级数和速率常数的测定

将 25mL 蒸馏水（不得再多）加入 50mL 容量瓶中，按表 22-2 的要求准确加入盐酸备用液和碘备用液，混合均匀后恒温，待测前加入丙酮备用液，迅速稀释到刻度，摇匀后转入液槽中。在恒温和 $\lambda=460$nm 处测定溶液的透光率，同时按下秒表作为反应起始时间，以后每隔 2min 读取一个透光率数据，每个溶液应取得 10～12 个读数。

表 22-2　溶液的配制

编　　号	备用液体积/mL		
	盐　酸	碘　液	丙酮溶液
Ⅰ	5	5	5
Ⅱ	10	5	5
Ⅲ	5	10	5
Ⅳ	5	5	10

同法依次配制 Ⅱ、Ⅲ、Ⅳ 号溶液并测定各溶液的透光率随时间的变化关系。

注意：前一组数据测定完毕后，后一组溶液中才能加入丙酮。改变温度作相同的测定。实验完毕，关电源，洗净各容器，记录反应温度及各备用液浓度。

因只测定反应开始一段时间的透光率，故反应液混合前应恒温，混合后应立即转入液槽中进行测定。

若在室温下进行实验且室温较低时，可适当增加丙酮或酸备用液浓度，或在满足表22-2的关系和总体积不超过 50mL 的前提下，增加各备用液的用量，以加快反应，缩短测定时间。

【数据记录和处理】

① 按式(22-5)，由碘液浓度及所测的透光率 T 计算 $k'l$ 的平均值。

② 以表格形式列出各组溶液透光率随时间 t 变化的数据。以 $\lg T$ 对 t 作图，求出各直线的斜率 $m_{Ⅰ}$、$m_{Ⅱ}$、$m_{Ⅲ}$、$m_{Ⅳ}$，由式(22-8)计算反应级数 α、β、γ。

③ 由式(22-9)计算各次实验的 $k_{总}$，并求平均值，由两个温度下的 $k_{总}$ 的平均值计算反应的活化能 E_a。

思 考 题

1. 实验中改变加入各溶液的顺序对实验结果有什么影响？
2. 反应起始时间计时不同对实验结果有无影响？为什么？

实验 23　多相催化——甲醇分解

【关键词】 催化反应　催化剂活性　反应活化能

【实验目的】

1. 测量 ZnO/Al_2O_3 对甲醇分解反应的催化活性。

2. 熟悉多相催化反应动力学实验中流动法的特点和关键，掌握流动法测量催化剂活性的实验方法。

【实验原理】

甲醇在 ZnO/Al_2O_3 催化剂作用下分解反应如下式所示：

$$CH_3OH \xrightarrow[300℃]{ZnO/Al_2O_3} CO+2H_2$$

在进行流动体系动力学实验时，为满足流动条件，必须等速加料。常用的方法有两种：①定量泵注入法，即用定量泵将反应物等速注入反应器；②饱和蒸气带出法，即用稳定流速的惰性载气通过恒温的液体，使载气被液体的饱和蒸气所饱和。由于在一定温度下液体的饱和蒸气压恒定，因此控制载气的流速和液体的温度就能使反应物稳定流入反应器。本实验加料采用饱和蒸气带出法。

在某一温度 t 时，由已知流速的 N_2 通过甲醇液体并达到饱和不断将蒸气带出。设此温度下甲醇的饱和蒸气压为 $p_甲^*$；由于反应管前后压力差变化不大，可以近似认为整个体系的压力等于实验室的大气压 $p_{大气}$，由分压定律得反应混合气中：

$$x_甲 = \frac{p_甲^*}{p_总} = \frac{p_甲^*}{p_{大气}}$$

即

$$\frac{p_甲}{n_甲+n_{N_2}} = \frac{p_甲^*}{p_{大气}} \tag{23-1}$$

整理得：

$$n_甲 = \frac{p_甲^* n_{N_2}}{p_{大气}-p_甲^*} \tag{23-2}$$

式中，$n_甲$ 为进入催化剂床的甲醇的物质的量，mol；n_{N_2} 为进入催化剂床的 N_2 的物质的量，mol。n_{N_2} 可由标准状况下通入反应管的 N_2 的体积（m^3）计算出来。

$$n_{N_2} = \frac{V_{N_2}}{0.0224} \tag{23-3}$$

在反应中分解掉的甲醇的物质的量 n_R 可由生成的 CO 和 H_2 的总体积 V_{H_2+CO}（m^3）计算：

$$n_R = \frac{V_{H_2+CO}}{0.0224 \times 3} \tag{23-4}$$

所以单位质量的 ZnO/Al_2O_3 催化剂的活性，即单位质量催化剂对甲醇转化的百分率为：

$$X = \frac{n_{\mathrm{R}}}{n_{\mathrm{甲}} \cdot m_{\mathrm{cat}}} \times 100\% \tag{23-5}$$

由于此反应为零级反应，在具有相同的流速及催化剂的情况下，不同温度下反应速度常数之比等于转化率之比。故：

$$E_{\mathrm{a}} = \frac{2.303RT_1T_2}{(T_2 - T_1)} \lg \frac{X_2}{X_1} \tag{23-6}$$

式中，X_1，X_2 为温度 T_1、T_2 时甲醇的转化率。

【仪器和试剂】

测量催化剂活性的仪器装置如图 23-1 所示。

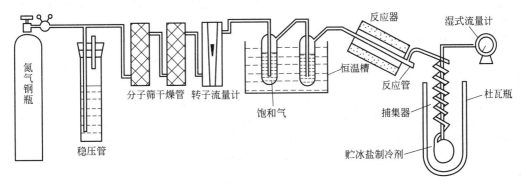

图 23-1　ZnO/Al_2O_3 催化活性测定装置

此外，本实验装置还配有计时秒表 1 只，程序控温仪一台。

甲醇（分析纯），$Zn(NO_3)_2$（化学纯），Al_2O_3（比表面积 $200m^2 \cdot g^{-1}$）。

【实验步骤】

1. 催化剂的制备

60%（质量分数）的 ZnO/Al_2O_3 催化剂由下法制备：将 γ-Al_2O_3 在 $Zn(NO_3)_2$ 水溶液中浸渍 24h 后蒸去水，放入管式炉中，通入 N_2 或空气，在 773K 下灼烧 4h。保存在干燥器中待用。

2. 测量装置检查

称取催化剂 2.0g 均匀装入反应管中部（催化剂层的两端用玻璃丝装填）。将反应管装入管式炉，此时催化剂层应位于管式炉中心，按图 23-1 检查装置各部件是否装妥。杜瓦瓶内加冰盐制冷剂，通过减压阀将氮气缓慢送入系统，此时稳压管下端有气泡稳定逸出，从转子流量计可读得氮气流量，能观察到湿式流量计指针的移动。

其次检查系统是否漏气。检查时将湿式流量计与捕集器之间的导管用夹子夹死，此时可看到转子流量计中转子缓缓下降，直至为零，则表示系统不漏气，否则依此法分段检查，直到漏气问题解决为止。

3. N_2 流量调节

调节 N_2 的流速至稳定于 $90 \sim 100mL \cdot min^{-1}$（由湿式流量计测定，参见第 3 章 3.6.4 节）间的某一数值，准确读取此时转子流量计中转子高度。在整个测量过程中，应保持该数值不变，即氮气的流量稳定不变，此为实验成败的关键之一。

4. 温度的控制

将恒温槽调节到 $35.0℃ \pm 0.1℃$。管式炉温度用程序升温控制仪控温电炉升温到指定值后恒定。

5. 测量空白曲线

由于 Al_2O_3 对甲醇分解无活性并且 ZnO/Al_2O_3 在低温下也无活性，故空白曲线测定在 100℃进行。将管式炉温度调至（100±1）℃，将 N_2 流量调节到前述值并稳定数分钟后，每 5min 读湿式流量计读数一次，共读 30min。

6. 测 ZnO/Al_2O_3 活性

将管式炉温度调节至（320±1）℃。按上法调节 N_2 流速稳定于同一数值，然后每 5min 读取一次湿式流量计读数，共读 30min。然后将炉温升至（350±1）℃，再用同法测定流量计读数随时间变化的数据。

注意：流动法实验的关键在于恒流，实验中应严格控制 N_2 流速恒定。恒温也是重要的，每次实验应在温度恒稳后才开始读数，并在实验中保持恒温，严禁温度超出调节范围损坏实验设备。

【数据记录和处理】

① 记录实验室温度、大气压、催化剂质量和饱和器温度，列表记录实验步骤 5、6 所测数据。

② 绘制尾气总体积随时间变化的曲线 Ⅰ、Ⅱ、Ⅲ。由曲线上取点计算不同温度下催化反应后生成的 H_2 和 CO 总体积量，并由实验时的室温和大气压换算为标准状况下的体积。

将实验数据及计算结果列于表 23-1 中。

表 23-1 体积的计算

室温 $t_r=$ _____ ℃　　　　恒温槽温度 $t_浴=$ _____ ℃

大气压 $p_{大气}=$ _____ Pa　　催化剂质量 $m_{cat}=$ _____ g

实验条件/℃	不同时间流量计读数/L							$V_总$/L	$V_{总(标)}$/L
	0	5	10	15	20	25	30		
100（空白）									
320（催化）									
350（催化）									

③ 根据 N_2 的流速和甲醇 35℃时的饱和蒸气压，利用式（23-2）和式（23-3）算出 30min 内进入反应管的甲醇的物质的量 $n_甲$，甲醇饱和蒸气压由附表 2-10 提供的经验公式计算。

④ 由 H_2 和 CO 的总体积利用式（23-4）计算出反应所消耗甲醇的物质的量 n_R。

⑤ 利用式（23-5）计算 320℃和 350℃时甲醇的转化率。

计算结果列于表 23-2 中。

表 23-2 转化率的计算

$p_甲^*$/Pa	n_{N_2}/mol	$n_甲$/mol	V_{H_2+CO}/L	n_R/mol	X/%	γ/mol·h^{-1}
			320℃			
			350℃			

⑥ 利用式（23-6）计算表观活化能 E_a。

思 考 题

1. 饱和器温度控制得过高和过低对实验会产生什么影响？

2. 为什么实验时必须严格控制 N_2 流速稳定于某一数值？如果测定空白和测 ZnO/Al_2O_3 活性时 N_2 的流速不同，对实验结果有何影响？N_2 流速控制得过大、过小有何利弊？

3. 催化剂流失对实验结果有何影响？如何防止催化剂流失？

4. 试讨论流动法测量催化剂活性的特点和注意事项。

Ⅳ. 表面现象和胶体化学

实验 24　流动吸附法测定多孔物质的比表面积

【关键词】　比表面积　BET 法　固体表面吸附　吸附质比压

【实验目的】

1. 掌握 BET 流动吸附法测定固体物质的比表面积的基本原理和方法。

2. 掌握气体流速的控制、测量及流速计的校正方法。

【实验原理】

1. BET 法测固体物质比表面积

多孔固体物质的许多性质与其比表面积有关，如催化剂表面积的大小直接影响其催化活性，电极表面积的大小影响电极的电化学特性等，因此多孔固体物质比表面积的测定在生产和科研中具有重要意义。

测定比表面积最常用的是 BET 法。Brunauer Emmett-Teller（简称 BET）根据多分子层吸附理论导出恒温条件下吸附量与吸附质平衡压力间的关系：

$$a = \frac{a_m c p}{(p^* - p)[1 + (c-1)p/p^*]} \tag{24-1}$$

式中，p 为平衡吸附压力，Pa；p^* 为吸附温度下吸附质的饱和蒸气压，Pa；a 为平衡吸附量，$mol \cdot g^{-1}$；a_m 为形成单分子层的吸附量，$mol \cdot g^{-1}$；c 为与温度、吸附热和液化热有关的常数。

上式适用于吸附质比压 $p/p^* = 0.05 \sim 0.35$ 范围。

式（24-1）可改写为

$$\frac{(p/p^*)}{a[1-(p/p^*)]} = \frac{1}{a_m c} + \frac{c-1}{a_m c}(p/p^*) \tag{24-2}$$

实验测定不同比压 p/p^* 下的平衡吸附量，以 $\dfrac{(p/p^*)}{a[1-(p/p^*)]}$ 对 p/p^* 作图得一直线，由直线可得：

$$斜率 = \frac{c-1}{a_m c} \qquad 截距 = \frac{1}{a_m c}$$

$$a_m = \frac{1}{斜率 + 截距} \tag{24-3}$$

固体的比表面积（$m^2 \cdot g^{-1}$）为：

$$A_{sp} = a_m L \delta \tag{24-4}$$

式中，δ 为每一个吸附质分子的横截面积，m^2；L 为阿伏伽德罗（Avogadro）常数。

2. 比压 p/p^* 的控制与测量

本实验以 N_2 气为载气，活性炭为吸附剂，甲醇为吸附质，p/p^* 由改变载气的流速控制，a 由吸附前后活性炭质量的改变求算。采用图 24-1 所示的装置可计算吸附质的比压 p/p^*。

氮气以速度 v_1 从流速计 E_1 进入饱和器 A，带走了饱和的甲醇蒸气，使气流速度由 v_1 增加到 $v_1 + \Delta v$，而 Δv 与 $v_1 + \Delta v$ 之比等于混合气流中甲醇物质的量分数且近似等于 $\dfrac{p^*}{p_{大气}}$（$p_{大气}$ 为实验室的大气压）。

$$\frac{\Delta v}{v_1 + \Delta v} = \frac{p^*}{p_{大气}}$$

$$\Delta v = \frac{p^* v_1}{p_{大气} - p^*} \tag{24-5}$$

混合气流从饱和器 A 进入混合器 B 后，又被来自流速计 E_2 的氮气（其速度为 v_2）稀释，这时混合气流总速度 v 等于 v_1、v_2 及 Δv 之和，甲醇在混合气流中的分压为 p（即吸附平衡时吸附质的压力），p 与实验大气压 $p_{大气}$ 之比为

$$\frac{p}{p_{大气}} = \frac{\Delta v}{v_1 + v_2 + \Delta v} = \frac{\Delta v}{v} \tag{24-6}$$

把式（24-6）代入式（24-5）整理后得

$$\frac{p}{p^*} = \frac{v_1 + \Delta v}{v} = \frac{v - v_2}{v}$$

或

$$\frac{p}{p^*} = \frac{v_1}{v_1 + v_2 - v_2(p^* / p_{大气})} \tag{24-7}$$

v_1、v_2 用校正流速计的方法直接测得，$p_{大气}$ 的数值由实验室内气压计读取，p^* 为测定温度 t 时甲醇的饱和蒸气压，可由附表 2-10 提供的经验公式求算。

由于流动体系的不稳定性，吸附剂与吸附质间的相互作用等均影响到测定结果，但该法所用设备简单，操作方便，仍具有实用意义。

当比表面积不是太小（$\geqslant 200 \text{m}^2 \cdot \text{g}^{-1}$），截距不是太大的情况下，可近似取截距为零，在 $p/p^* \approx 0.3$ 处测一点，连接该点与原点得一直线，由直线的斜率求出 a_m，该法称为一点法。实验表明一点法与多点法所测比表面积相比，误差不超过 5%，但大大节省了测定时间。本实验采用一点法。

【仪器和试剂】

流动法测定比表面积装置一套（图 24-1），本装置由气源部分（Ⅰ）、甲醇比压控制部分（Ⅱ）和吸附量 a 测定部分（Ⅲ）组成。

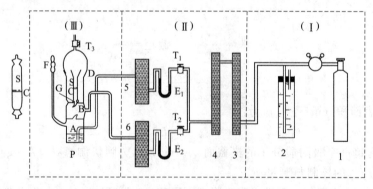

图 24-1　流动法测定比表面积装置示意

1—钢瓶；2—稳压管；3~6—气体净化管；T_1，T_2，T_3—二通开关；

E_1，E_2—毛细管流速计；P—吸附仪（置于恒温水浴中）；A—液体甲醇；

D，F—磨口塞；S—样品管；C—筛板；G—样品管插座

恒温槽一套，分析天平或电子天平一台，皂膜流量计一支，50mL 烧杯一个，干燥器一个。甲醇（分析纯），活性炭（20~40 目）。

【实验步骤】

① 开启磨口塞 F，把甲醇装入饱和器 A 中（约 1/2 处），调节恒温槽温度比室温高 1～2℃。

② 在样品管 S 的筛板上铺薄层玻璃丝，加盖后置于小烧杯中称量为 m_1；装入约 0.5g 已处理好的活性炭，加盖后再称量为 m_2；最后铺上玻璃丝称总重为 m_3。取下盖子迅速将样品管置于吸附仪插座 G 上，盖好吸附仪 P 的磨口盖 D，使 T_3 通大气。

③ 调节 N_2 钢瓶减压阀，使稳压管下端有气泡平衡逸出。慢慢打开流量计 E_1、E_2 前的活塞 T_1、T_2，由流速校正曲线调节 E_1、E_2 为某一合适的流速（E_1 约为 5～6mL·min^{-1}，E_2 约为 15～17mL·min^{-1}），使式(24-7)的比压 p/p^* 约为 0.3，并在实验过程中维持此值不变（毛细管流速计的原理及校正方法见第 3 章 3.6.1 节）。

④ 在稳定流速下通气 1.5h，打开 D 取下样品管 S 加盖称量后再装回 G 上。继续通气半小时，再称量，直至两次称量差不大于 0.5mg，记下样品管最后质量 m_4。

⑤ 关闭恒温槽电源，关闭各流速计考克和 N_2 气气源，将样品管中玻璃丝及活性炭放到指定回收容器中。

注意：对选定的某一 p/p^* 值，在实验中应保持恒定，故应时常观察并调节两流速的液柱差，使之保持不变。

称量、拿取样品管时应迅速加盖，以避免吸附空气中杂质或样品脱附引入误差。

【数据记录和处理】

① 记录各项数据于下表中。

恒温温度_____℃，大气压_____Pa，活性炭重（$m_2 - m_1$）_____g

时间/min	流速 v_1		流速 v_2		称量 m_4/g
	液柱差 Δh_1/cm	流速 v_1/mL·min^{-1}	液柱差 Δh_2/cm	流速 v_2/mL·min^{-1}	

② 由附表 2-10 数据计算实验温度下的 p^*，由式(24-7)计算比压 p/p^*。

$$计算吸附量 \; a = \frac{m_4 - m_3}{m_2 - m_1} \cdot \frac{1}{M_{甲醇}} \quad (mol \cdot g^{-1})$$

③ 由式(24-2)、式(24-3)求算 a_m，由式(24-4)求算活性炭比表面积 A_{Sp}。甲醇分子截面积为 25Å^2。

思　考　题

1. 实验中为什么要采用两个流速计，且一大一小？

2. 多孔固体物质的吸附量与哪些因素有关？

3. BET 公式导出过程中有哪些近似假设条件？如何选择实验体系和实验条件与之相适应？为什么 BET 公式只适用于比压 $p/p^* = 0.05～0.35$ 的范围？

4. 所取活性炭数量过多或过少对实验结果有何影响？

实验 25　气泡最大压力法测定溶液表面张力

【关键词】　表面自由能　表面张力　最大气泡压力法

【实验目的】

1. 测定不同浓度正丁醇水溶液的表面张力，考察吸附量与浓度的关系。

2. 了解表面张力、表面自由能的意义以及与溶液界面吸附的关系。

3. 掌握最大气泡压力法测定表面张力的原理和技术，由吉布斯公式用图解法求算不同浓度溶液的界面吸附量。

【实验原理】

1. 溶液的界面吸附

液体表面相的分子和体相内部分子受力情况不同。体相内部分子受到来自周围液体分子的作用力相互抵消，合力为零。表面相的分子同时受到来自液相和气相分子的吸引力，其合力指向液体内部。要使液体内部分子移到表面相，就需克服此吸引力做功。

液体在恒温恒压下可逆增加表面积，自由能改变为：

$$dG_{T,p} = -\delta W_R' = \gamma dA$$

或

$$\left(\frac{\partial G}{\partial A}\right)_{T,p} = \gamma \tag{25-1}$$

γ 为形成单位表面所需的可逆功，也即是单位表面上分子 Gibbs 函数比内部分子高出的值，称为比表面自由能，量纲为 $J \cdot m^{-2}$（也可写为 $N \cdot m^{-1}$，即可看作为单位边界上的收缩力，故 γ 也称为表面张力）。γ 的大小与温度、压力、液体特性及接触气相有关。

纯液体表面相与体相组成相同，体系只能通过自动缩小表面积来降低表面自由能。对于溶液，因溶质会影响表面张力，故可调节溶质在表面相的浓度来降低表面自由能。体相与表面相浓度不同的现象称为吸附，吉布斯（Gibbs）用热力学方法导出恒温恒压下吸附量与溶液组成及表面张力间的关系如下：

$$\Gamma = -\frac{a}{RT}\left(\frac{\partial \gamma}{\partial a}\right)_T \tag{25-2}$$

式中，Γ 为表面吸附量，$mol \cdot m^{-2}$；a 溶液活度（稀溶液中，可近似取 $a = c/c^{\ominus}$，c 为物质的量浓度，$c^{\ominus}$ 为标准态物质的量浓度）；R 为气体摩尔常数，$R = 8.314 J \cdot mol^{-1} \cdot K^{-1}$；$T$ 为热力学温度，K。

当 $\left(\frac{\partial \gamma}{\partial a}\right)_T < 0$ 时，$\Gamma > 0$ 为正吸附，加入溶质后溶液的表面张力降低且表面相浓度大于体相内浓度。

当 $\left(\frac{\partial \gamma}{\partial a}\right)_T > 0$ 时，$\Gamma < 0$ 为负吸附，加入溶质后，溶液的表面张力升高且表面相浓度小于体相内浓度。

前一类溶质为表面活性物质，后一类溶质为表面非活性物质。表面活性物质大多具有不对称结构，由极性部分和非极性部分组成，溶于水后极性基总是取向溶液内部，非极性基取向气相，在气-液界面呈现定向排列。随溶质浓度增加，溶液表面张力降低，发生正吸附（见图 25-1），浓度达一定值时，在溶液界面形成饱和的单分子层吸附。

2. 最大气泡压力法测定表面张力的原理

本实验用最大气泡压力法测定不同浓度正丁醇溶液的表面张力，实验装置如图 25-2 所示。当表面张力仪中毛细管端面与欲测液面相齐时，液面即沿毛细管上升。打开滴液漏斗的活塞，使水缓慢下滴，系统压力降低。毛细管内液面受到一个比试管中液面上方稍大的压力，因此毛细管内的液面缓缓下降。当此压力差在毛细管端面上产生的作用稍大于毛细管口溶液的表面张力时，气泡就从毛细管口逸出。这个最大的压力差可由 U 形示压计读出。

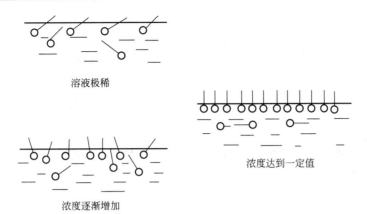

溶液极稀

浓度达到一定值

浓度逐渐增加

图 25-1　表面活性物质在界面上的定向排列

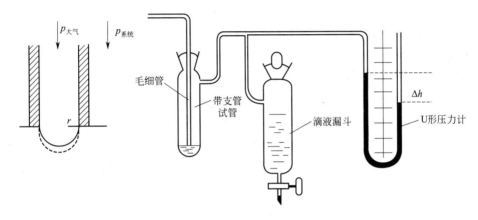

(a) 最大气泡压力法测表面张力装置

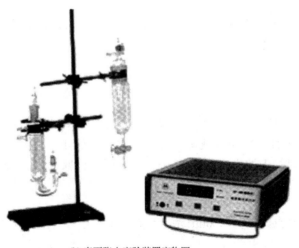

(b) 表面张力实验装置实物图

图 25-2　表面张力测定装置

设毛细管半径为 r，在端口形成半球形气泡，所承受的最大压力差为：

$$\Delta p = \Delta h \rho g = \frac{2\gamma}{r}$$

$$\gamma = \frac{1}{2} r \Delta h \rho g \tag{25-3}$$

若用同一支毛细管和压力计，在相同温度下测定两种液体的表面张力，有

$$\frac{\gamma_1}{\gamma_0} = \frac{\Delta h_1}{\Delta h_0}$$

$$\gamma_1 = \frac{\Delta h_1}{\Delta h_0} \gamma_0 = K \Delta h_1 \tag{25-4}$$

式中，K 为毛细管常数，可由已知表面张力 γ_0 的液体（纯水）确定。由式(25-4)可求其他液体的表面张力 γ_1。

3. 求正丁醇分子截面积

郎格缪尔（Langmuir）提出 Γ 与物质的量浓度 c 关系为：

$$\Gamma = \Gamma_\infty \times \frac{kc}{1+kc} \tag{25-5}$$

式中，Γ_∞ 为形成饱和单分子吸附层时界面吸附量，即饱和吸附量；k 为经验常数，与溶质的表面活性有关。

将式(25-5)改写为直线形式

$$\frac{c}{\Gamma} = \frac{c}{\Gamma_\infty} + \frac{1}{k\Gamma_\infty} \tag{25-6}$$

若以 $\dfrac{c}{\Gamma}$ 对 c 作图，应为一直线，由直线斜率可求 Γ_∞。

在饱和吸附情况下，正丁醇分子在气-液界面上形成一单分子层，由 Γ_∞ 可求正丁醇分子的截面积：

$$\delta = \frac{1}{\Gamma_\infty \cdot L} \tag{25-7}$$

式中，L 为阿伏伽德罗常数。

【仪器和试剂】

表面张力测定装置一套（见图 25-2），恒温槽一套，刻度移液管 1mL、2mL、5mL、10mL 各 1 支，100mL 容量瓶 9 个。

正丁醇（分析纯）。

【实验步骤】

1. 测定毛细管常数

洗净仪器并按图 25-2 装好。表面张力计浸入恒温槽中，在带支管的试管中注入蒸馏水使毛细管端刚好与液面接触，打开滴液漏斗活塞，水缓缓滴出，使系统减压。调节水的滴速，使气泡在毛细管端口均匀逸出（约 3~5s 一个）。同时读取 U 形示压计两臂最大高度差三次或压力计最大压力差三次，求平均值 Δh_0。

2. 测定不同浓度正丁醇溶液的表面张力

由室温下正丁醇的密度计算配制 100mL 浓度为 0.02mol·L^{-1}、0.05mol·L^{-1}、0.10mol·L^{-1}、0.15mol·L^{-1}、0.20mol·L^{-1}、0.25mol·L^{-1}、0.30mol·L^{-1}、0.35mol·L^{-1} 和 0.50mol·L^{-1} 溶液所需正丁醇体积，依次配制上述溶液各 100mL。

在容器中换以不同浓度的正丁醇溶液，同上读取最大压差 Δh_1。每次测量前均应用待测液洗涤毛细管及容器，正丁醇的密度由附表 2-9 提供的经验公式计算。

注意：在带支管的试管中装入待测液时，应使液面与毛细管端刚好相切，多余的液体可在毛细管另一端装上橡皮头吸出弃去。

毛细管端应平齐，实验中应注意保护毛细管，不应损坏、阻塞和油脂污染。

【数据记录和处理】

① 记录以下各项数据。

恒温温度_____℃　　大气压_____Pa

编号 No	0	1	2	3	……	9
浓度 c/mol·L^{-1}						
Δh/cm						

② 由实验温度下水的表面张力 γ_0 按式(25-4)计算毛细管常数 K。不同温度下水的表面张力见附表 2-7。

③ 由式(25-4)计算各正丁醇溶液的表面张力。

④ 作 $\gamma - c/c^{\ominus}$ 曲线（见图 25-3），在曲线上选 $c/c^{\ominus}$ 分别为 0.03、0.05、0.10、0.15、0.20、0.30 和 0.40 的点作曲线切线，计算切线斜率 $\left[\dfrac{\mathrm{d}\gamma}{\mathrm{d}(c/c^{\ominus})}\right]_T$。

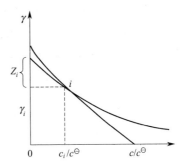

图 25-3　表面张力-活度曲线

由式(25-3)得：

$$\Gamma = -\frac{c/c^{\ominus}}{RT}\left[\frac{\mathrm{d}\gamma}{\mathrm{d}(c/c^{\ominus})}\right]_T$$

设 $\left[\dfrac{\mathrm{d}\gamma}{\mathrm{d}(c_i/c^{\ominus})}\right]_T$ 为 $\gamma - c/c^{\ominus}$ 曲线上 i 点处切线的斜率。

$$\left[\frac{\mathrm{d}\gamma}{\mathrm{d}c_i/c^{\ominus}}\right]_T = \frac{Z_i}{0 - c_i/c^{\ominus}} = -\frac{Z_i}{c_i/c^{\ominus}}$$

故

$$\Gamma_i = \frac{Z_i}{RT}$$

由此计算不同浓度溶液的吸附量 Γ_i。

为准确地在曲线上作切线，可采用镜面法（镜面法作图过程请参见第 2 章第 2.4 节）。

⑤ 作 $\dfrac{c}{\Gamma} - c$ 图确定饱和吸附量 Γ_∞，由式(25-7)计算正丁醇分子的截面积。

思　考　题

1. 用最大气泡压力法测表面张力时为什么要读取最大压差？

2. 哪些因素影响表面张力的测定结果？如何减小或消除这些因素的影响？

实验 26　黏度法测定高聚物平均摩尔质量

【关键词】 平均摩尔质量　黏度　泊肃叶公式

【实验目的】

1. 用黏度法测定聚丙烯酰胺的平均摩尔质量。

2. 了解乌氏（Ubbelonde）黏度计的特点，掌握其使用方法。

【实验原理】

高聚物的摩尔质量对其性能有很大影响，通过摩尔质量的测定可了解高聚物的性能，并控制聚合条件以获得优良产品。高聚物中分子质量大多是不均一的，这里指的通常为统计的平均摩尔质量。由高聚物黏度与摩尔质量间的经验关系式可由黏度的测定确定高聚物的黏均摩尔质量。

在某一温度下，高聚物溶液的黏度 η 比纯溶剂的黏度 η_0 大，黏度增加的分数为增比黏度

$$\eta_{sp} = \frac{\eta - \eta_0}{\eta_0} = \frac{\eta}{\eta_0} - 1 = \eta_r - 1 \tag{26-1}$$

式中，η_r 为相对黏度，是整个溶液的黏度行为；η_{sp} 意味着扣除了溶剂分子间的内摩擦效应，仅考虑溶剂与溶质分子之间以及溶质分子之间的相互作用，η_{sp} 随高聚物浓度增加而增大。常采用单位浓度溶液的增比黏度作为高聚物摩尔质量的量度，称作比浓黏度，其值为 $\frac{\eta_{sp}}{c}$。

比浓黏度随溶液浓度 c 变化。当溶液无限稀（$c \to 0$）时，溶质分子间内摩擦效应可以忽略不计，只存在溶剂分子与溶质分子间的内摩擦作用，η_{sp}/c 趋于固定极限值 $[\eta]$

$$\lim_{c \to 0} \frac{\eta_{sp}}{c} = [\eta] \tag{26-2}$$

式中，$[\eta]$ 为特性黏度，可由 η_{sp}/c-c 图用外推法求出。实验表明 η_{sp}/c 与 $[\eta]$ 的关系可用经验公式表示

$$\frac{\eta_{sp}}{c} = [\eta] + k'[\eta]^2 c \tag{26-3}$$

故作 η_{sp}/c-c 图，外推后由 η_{sp}/c 轴上的截距可求 $[\eta]$。

当 $c \to 0$ 时，$\ln\eta_r/c$ 的极限值也是 $[\eta]$，因为由级数公式：

$$\ln\eta_r/c = \frac{\ln(1 + \eta_{sp})}{c}$$

$$= \left[1 - \frac{1}{2}\eta_{sp} + \frac{1}{3}\eta_{sp}^2 - \cdots\right]\eta_{sp}/c$$

浓度不太大时，忽略掉高次项，则得：

$$\lim_{c \to 0} \ln\eta_r/c = \lim_{c \to 0} \eta_{sp}/c = [\eta]$$

故可将经验公式表示为：

$$\ln\eta_r/c = [\eta] + \beta[\eta]^2 c \tag{26-4}$$

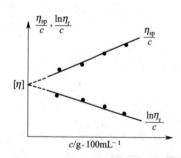

图 26-1　外推法求特性黏度 $[\eta]$

这样 η_{sp}/c 及 $\ln\eta_r/c$ 对 c 作图，得两条直线。这两条直线在纵轴上相交于一点，可求出 $[\eta]$ 值（见图 26-1）。$[\eta]$ 的单位是浓度的倒数，均随浓度表示法不同而异，文献中常用 100 mL 溶液内所含高聚物的克数作浓度单位。

$[\eta]$ 与高聚物平均摩尔质量的关系可用下面的经验式表示：

$$[\eta] = \kappa \overline{M}^{\alpha} \tag{26-5}$$

式中，$\overline{M}$ 为平均摩尔质量（黏均摩尔质量），κ、α 为经验方程的两个参数。

一定温度下，一定的高聚物溶液体系，κ、α 是常数。κ、α 只能由其他测高聚物摩尔质量的绝对方法（如渗透压、光散射法）确定。

本实验用毛细管黏度计测定高聚物溶液的黏度。当液体能润湿黏度计的玻璃管壁且作层

流流动时，其流动遵守泊肃叶（Poiseuille）公式

$$\eta/\rho = \frac{\pi r^4 gh}{8lV}t - m\frac{V}{8\pi lt} \qquad (26\text{-}6)$$

式中，l 为毛细管长度；t 为流出时间；r 为毛细管半径；V 为流出液体积；h 为液柱高差；g 为重力加速度；ρ 为溶液密度；m 为毛细管末端校正参数，须由实验测定。

对指定黏度计而言，式(26-6) 可写成下式

$$\eta/\rho = At - \frac{B}{t} \qquad (26\text{-}7)$$

式中，A、B 为仪器常数。因 $B<1$，当流出时间较长（$t>100s$）时，$At \gg \dfrac{B}{t}$，第二项（动能项）可忽略。在稀溶液中（浓度小于 $1\times10^{-3}\,\text{g}\cdot\text{mL}^{-1}$），溶剂与溶液的密度近似为相等，所以

$$\eta_{\mathrm r} = \frac{\eta}{\eta_0} = \frac{A\rho t}{A\rho_0 t_0} \approx \frac{t}{t_0} \qquad (26\text{-}8)$$

同一温度下，对纯溶剂和 4～5 个不同浓度的溶液进行流出时间的测定后，由式(26-8) 和式(26-1) 可计算出相应的 $\eta_{\mathrm r}$ 和 η_{sp}，再由式(26-3) 和式(26-4) 作图外推求出 $[\eta]$ 值，最后由式(26-5) 及经验常数 κ、α 值计算平均摩尔质量 $\overline{M}$。

黏度法测高聚物摩尔质量设备简单，操作方便，易于掌握，适用于较大的摩尔质量范围，但不同的摩尔质量范围要用不同的经验公式。在摩尔质量为 $10\sim10^4\,\text{kg}\cdot\text{mol}^{-1}$ 范围内可得到较准确的结果。

【仪器和试剂】

恒温槽一套，乌氏黏度计，秒表（0.1s），10mL、5mL 移液管各 1 支。100mL 注射筒 1 支，乳胶管。

$1.5\,\text{mol}\cdot\text{L}^{-1}$、$1.0\,\text{mol}\cdot\text{L}^{-1}\ \text{NaNO}_3$ 水溶液，聚丙烯酰胺水溶液（0.1g/100mL）。

【实验步骤】

1. 恒温槽的调节

高聚物溶液黏度的温度系数较大，如果温度控制波动较大，会使液体流出时间的重现性差，或作图线性不好。严格调整恒温槽温度在 $(30.0\pm0.1)\,^{\circ}\!C$ 范围内。

2. 黏度计的选择和洗涤

使用乌氏黏度计（见图 26-2）能在黏度计内进行逐步稀释，适合连续测定不同浓度溶液的黏度。由所用溶剂的黏度选择毛细管 r 与管 E 体积的大小，使流出时间不少于 100s。对于溶剂水，毛细管径为 0.57mm，E 球体积为 4mL。黏度计应用洗液浸泡后，再依次用自来水、蒸馏水冲洗，最后用乙醇淌洗后真空干燥备用。为防止黏度计毛细管阻塞，洗涤用洗涤液及测试液均应过滤。

3. 溶液流出时间的测定

① 将清洁干净的黏度计 B 管、C 管口导上乳胶管后垂直放入恒温槽中。恒温水面应浸没 G 球。调节夹黏度计的夹具使黏度计毛细管垂直。

② 依次吸取 5mL 聚丙烯酰胺水溶液，10mL $1.5\,\text{mol}\cdot\text{L}^{-1}\ \text{NaNO}_3$ 水溶液从 A 管注入（注意：加入高聚物溶液时将移液管垂直伸入 F 球后放滴试液，应尽量避免高聚物溶液沿管壁流下）。夹住 C 管口的乳胶管，

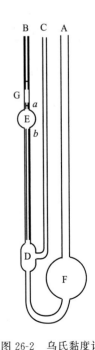

图 26-2　乌氏黏度计

在 B 管上接上注射针筒来回推拉、鼓泡，使溶液混合均匀，设浓度为 c_1，恒温 10min。

③ C 管不通大气，由 B 管抽气，溶液从 F 球经 D 球、毛细管、E 球抽至 G 球 $\frac{2}{3}$ 处。先拔出针筒，再松开 C 管处夹子，使 C 管通大气，D 球中液体即回入 F 球。毛细管以上液体悬空并开始下落。当液面流经 a 刻度时立即按下秒表开始计时，当液面降到 b 刻度时，再按秒表，读取 a、b 刻度间液体流经毛细管所需时间 t_1，重复三次，时间相差不得超过 0.5s。

④ 依次由 A 管分别注入 5mL、10mL、15mL 1mol·L^{-1} 的 $NaNO_3$ 水溶液，将高聚物溶液稀释为 c_2、c_3、c_4，同法测定流出时间 t_2、t_3、t_4。每次加入 $NaNO_3$ 溶液后，应混合均匀后并抽洗毛细管三次，恒温 10min。

4. 溶剂流出时间的测定

倾去高聚物溶液，用自来水、蒸馏水淌洗净黏度计后，再用 1mol·L^{-1} $NaNO_3$ 溶液淌洗。每次淌洗都需要洗至 G 球的 2/3 以上。最后加入约 15mL 1mol·L^{-1} $NaNO_3$ 溶液，恒温 10min 后测定流出时间为 t_0。

实验完毕，倾去溶液，洗净黏度计，用乙醇淌洗，放置干燥。

注意：液体黏度的温度系数均较大，实验中应严格控制温度恒定，否则难以获得重现结果。

黏度计系贵重玻璃仪器，在洗涤、安放及使用过程中应仔细，避免损坏，特别是弯管部分。

因高聚物溶液黏度较大，用移液管取样前应用溶液淌洗几次。取样将溶液放入黏度计 F 球时，应避免试液沿管壁流下。溶液放完移液管应多滞留一段时间，使移液管中残留液尽可能少，并认真混合溶液使浓度均匀。

实验完毕应立即清洗黏度计及所用移液管，以免高聚物溶液干涸后阻塞毛细管及移液管。

【数据记录和处理】

① 列表记录计算各项。

高聚物_____，试样浓度_____g·$100mL^{-1}$。恒温温度_____℃，溶剂_____。

	序　号	1	2	3	4	5
高聚物浓度(g·$100mL^{-1}$)						
流出时间	1					
	2					
	3					
	平均值	t_1	t_2	t_3	t_4	t_5
$\eta_r = \dfrac{t}{t_0}$						
$\ln\eta_r$						
$\dfrac{\ln\eta_r}{c}$						
$\dfrac{\eta_{sp}}{c}$						

② 作 $\dfrac{\eta_{sp}}{c}$ - c 以及 $\dfrac{\ln\eta_r}{c}$ - c 图，外推以 $c \to 0$ 求出 $[\eta]$。

③ 由式(26-5)求出聚丙烯酰胺的平均摩尔质量 $\overline{M}$。30℃时在 0.1mol·L^{-1} $NaNO_3$ 溶

液中，参数 $K = 3.73 \times 10^{-4}$，$\alpha = 0.66$。

思　考　题

1. 乌氏黏度计的支管 C 有什么作用？试比较乌氏黏度计和奥氏黏度计（无支管 C）的工作方式和优缺点。

2. 如何选择黏度计毛细管的粗细？毛细管太粗和太细各有什么缺点？

3. 本实验中为什么要选 $NaNO_3$ 水溶液作为稀释高聚物溶液的溶剂？

4. 试讨论 η_r、η_{sp}、$[\eta]$、η_0 物理意义的差异。

【参考文献】

钱人元等. 高分子化合物分子量的测定. 北京：科学出版社，1958.

实验 27　液体黏度和密度的测定

【关键词】　黏度　泊肃叶公式　密度

【实验目的】

调节恒温槽及测定乙醇或 10% NaCl 溶液的黏度和密度。

【实验原理】

恒温槽的型式很多，主要取决于控制温度的高低及控制温度的精度。

图 27-1 所示装置是常用的水浴槽，它适合在高于室温但低于水的沸点温度范围内工作。

当维持槽温高于室温时，恒温槽将不断向四周散失热量。通常采用间歇加热的办法来补偿这项热损失，以维持恒温槽内温度恒定。

在目前所用的恒温槽中，加热和停止加热的信号是水银定温计发出的，加热器的开关是由电子继电器来控制的。它们的工作原理可参阅第 3 章第 3.2 节。

目前市场上已出现一种以热敏电阻为温度传感器的电子控温器。它不由继电器控制加热器开关，而是根据传感器电阻与按恒温温度要求设定的电阻之间的差值所引发的偏差信号的大小来连续增减加热功率，从而达到自动连续控温的目的。

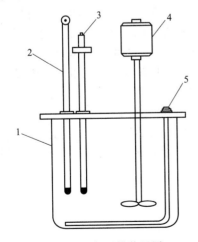

图 27-1　恒温槽装置图

1—玻璃缸；2—精密水银温度计；3—水银定温计；

4—电动搅拌器；5—电加热器

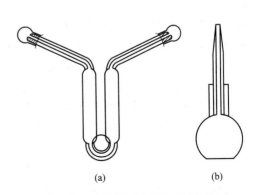

图 27-2　比重管（a）和比重瓶（b）

1. 黏度的测定

液体黏度的大小，一般用黏度系数（η）表示。当用毛细管法测液体黏度时，则可通过泊肃叶（Poiseuille）公式计算黏度系数（简称黏度）：

$$\eta = \frac{\pi p r^4 t}{8Vl}$$

式中，V 为在时间 t 内流过毛细管的液体体积；p 为管两端的压力差；r 为毛细管半径；l 为管长度。

在 CGS 制中黏度的单位为泊（P，$1P = 1dyn \cdot s \cdot cm^{-2}$），在国际单位制（SI）中黏度单位为 $Pa \cdot s$。$1P = 0.1Pa \cdot s$。

按上式由实验来测定液体的绝对黏度是件困难的工作，但测定液体对标准液体（如水）的相对黏度则是简单实用的。当已知标准液体的绝对黏度时，即可算出被测液体的绝对黏度。

设两种液体在本身重力作用下分别流经同一毛细管，且流出的体积相等，则

$$\eta_1 = \frac{\pi p_1 r^4 t_1}{8Vl}, \quad \eta_2 = \frac{\pi p_2 r^4 t_2}{8Vl}$$

从而

$$\frac{\eta_1}{\eta_2} = \frac{p_1 t_1}{p_2 t_2}$$

式中，$p = \rho gh$，这里，h 为推动液体流动的液位差；ρ 为液体密度；g 为重力加速度。如果每次取用试样的体积一定，则可保持 h 在实验中的情况相同。因此

$$\frac{\eta_1}{\eta_2} = \frac{\rho_1 t_1}{\rho_2 t_2}$$

已知标准液体的黏度和它们的密度，则被测液体的黏度可按上式算得。

2. 密度的测定

比重瓶法是准确测定液体密度的方法（"比重"现已改称为"相对密度"），操作步骤如下。

先将比重瓶（图 27-2）洗净，烘干，在分析天平上（连瓶塞一起）称量为 m_0，然后用滴管将蒸馏水注入比重瓶内（注意不要让气泡混入），盖上瓶塞。若为比重管，可用橡皮管套在比重管一端，另一端插入液体中将液体吸入，暂不盖上管帽。小心地浸入恒温槽中，达到热平衡后（约 $15 \sim 20min$）用滤纸将超过刻线的液体吸去，并控制液面刚好在刻线处。然后从恒温槽中取出比重瓶（如系比重管，立即戴上管帽），用清洁的干毛巾和滤纸拭干（这时要特别小心，不要因手的温度过高而使瓶中的液体溢出造成误差）再称量为 m_1。用上皿式电子天平称量，准确度达 $\pm 0.001g$ 即可。

倒出比重瓶中的蒸馏水，烘干或用乙醇淌洗两次，用乙醚淌洗一次，再用打气球鼓气吹干，按上述方法注入待测液体，在同一指定的恒温槽中恒温后拭干，称量为 m_2。待测液体的密度按下式计算：

$$\rho = \rho_{H_2O} \times \frac{m_2 - m_0}{m_1 - m_0}$$

式中，ρ_{H_2O} 为指定温度下水的密度。

本实验中，如先用已干燥的比重瓶测乙醇，倒出乙醇后用水淌洗再测水，即可免除中间干燥步骤。

【仪器与试剂 】

恒温槽全套（包括玻璃缸、加热器、定温计、搅拌器、电子继电器、精密温度计）；奥氏黏度计（图 27-3）1 支；10mL 移液管 2 支；比重瓶 1 个；电子天平 1 台；秒表；乙醇（或 10％NaCl 水溶液）。

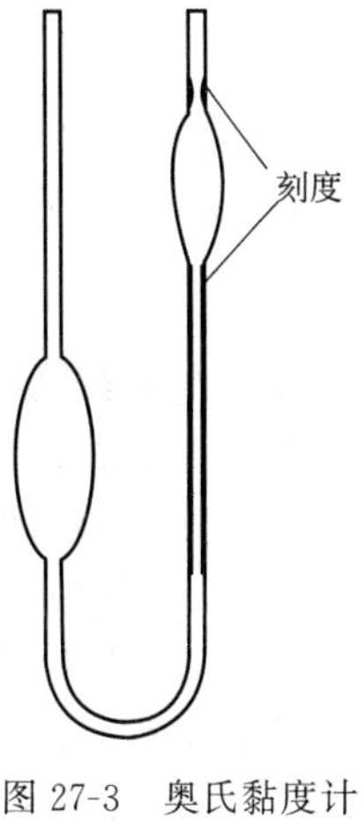

【实验步骤】

① 于恒温槽中装好精密温度计等附件后，调节水银定温计至指示针上沿所指温度较指定控制温度约低 1～2℃。接通电源（同时开动搅拌器），这时红色指示灯亮，显示加热器在工作。

② 当红灯熄灭后，等温度升至最高，观察水银温度计示值，按其与规定温度差值的大小进一步调整定温计，直到水银温度计达规定值，这时略微沿正向或反向转动调节帽即能使红灯绿灯交替出现。扭紧固定螺钉，固定调节帽位置后，观察绿灯出现后温度计的最高示值及红灯出现后的最低示值，连续观察数次至此最高和最低示值的平均值与规定温度相差不超过 0.1℃ 为止。

③ 在实验前依次用洗液及蒸馏水洗净黏度计和比重瓶，然后烘干。

④ 用移液管取 10mL 待测液放入黏度计里，将黏度计垂直浸入恒温槽中，待内外温度一致后（一般要 15min 以上），用橡皮管连接黏度计，用洗耳球吸起液体使超过上刻度，然后放开洗耳球，用秒表记录液面自上刻度降至下刻度所经历的时间。再吸起液体，重复测定至少三次，取其平均值（为了便于黏度计的干燥，先用乙醇进行实验）。

⑤ 与此同时即可进行密度的测定。

图 27-3 奥氏黏度计

【数据处理】

列出计算式，并将结果填入表 27-1 中。

表 27-1 液体黏度和密度测定实验记录

恒温槽温度的测定			液体黏度的测定			液体密度的测定	
观测项目	最高温度	最低温度	液体名称	水	乙醇	空瓶质量/g	
温度观测值/℃	1	1	流经毛细管时间/s	1	1	(空瓶＋乙醇)质量/g	
	2	2		2	2		
	3	3		3	3	(空瓶＋水)质量/g	
温度平均值/℃			平均值/s				
恒温槽平均温度/℃			黏度/mPa·s			水的密度/g·mL^{-1}	
恒温槽温度波动/℃						乙醇的密度/g·mL^{-1}	

思 考 题

1. 如何调节恒温槽到指定温度？

2. 组成恒温槽的主要部件有哪些？它们的作用各是什么？

3. 哪些因素影响恒温槽的工作质量？

4. 为什么用奥氏黏度计时，加入标准物及被测物的体积应相同？为什么测定黏度时要保持温度恒定？

5. 测定黏度和密度的方法有哪些？它们各适用于哪些场合？

【参考文献】

[1] Lewin S Z. Temperature-controled baths. J Chem Educ, 1959, 36 (3)：A131-A146.

[2] Lewin S Z. Temperature-controled baths. J Chem Educ, 1959, 36 (4)：A199-A216.

[3] 陈惠钊 . 黏度测量 . 北京：中国计量出版社，1994.

[4] 李兴华 . 密度·浓度测量.北京：中国计量出版社，1991.

V. 结构化学

实验 28　偶极矩的测定

【关键词】 偶极矩　摩尔折射度　德拜公式　介电常数

【实验目的】

1. 用溶液法测定丙酮分子的偶极矩，掌握溶液法测定偶极矩的主要实验技术。
2. 了解偶极矩与分子电性质的关系。
3. 掌握小电容仪的使用方法。

【实验原理】

1. 偶极矩与极化度

分子可以近似地看成由带负电的电子和带正电的原子核构成。由于其空间构型不同，其正、负电荷中心可以是重合的，也可以不重合，前者称为非极性分子，后者称为极性分子。分子的极性可用"偶极矩"来度量，如图 28-1 所示。

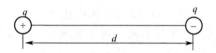

图 28-1　电偶极矩示意　　　　　　图 28-2　极性分子在电场作用下的定向移动

其定义是：

$$\mu = q \cdot d \tag{28-1}$$

式中，q 为正、负电荷中心所带的电荷量；d 为正、负电荷中心之间的距离。μ 是一个向量，其方向规定从正到负。

因为分子中原子间距离的数量级为 10^{-8} cm，电荷的数量级为 10^{-10} e.s.u.，习惯上把 10^{-18} c.g.s. 单位作为偶极矩的单位，称为"德拜"。以"D"表示，即 1D（德拜）＝10^{-18} c.g.s. 单位，与 SI 制的换算关系为 1D＝3.334×10^{-30} C·m。

通过偶极矩的测定可以了解分子结构中有关电子云的分布和分子的对称性，还可以用来判别几何构型和分子的立体结构等。

极性分子具有永久偶极矩。但由于分子的热运动，偶极矩指向各个方向的机会相同，所以偶极矩的统计值等于零。若将极性分子置于均匀的电场 E 中，则偶极矩在电场的作用下如图 28-2 所示，趋向电场方向排列，分子被极化，极化的程度可用摩尔转向极化度 $P_{转向}$ 来衡量。

由统计力学方法可以证明 $P_{转向}$ 与永久偶极矩 μ 和绝对温度 T 间的关系为：

$$\begin{aligned} P_{转向} &= \frac{4}{3}\pi L \frac{\mu^2}{3kT} \\ &= \frac{4}{9}\pi L \frac{\mu^2}{kT} \end{aligned} \tag{28-2}$$

式中，k 为波尔兹曼常数；L 为阿伏伽德罗常数。

在外电场作用下，不论永久偶极为零或不为零的分子都会发生电子云对分子骨架的相对移动，分子骨架也会因电场分布不均衡发生变形，即发生诱导极化或变形极化。可用摩尔变

形极化度 $P_{变形}$ 来衡量，$P_{变形}$ 由电子极化度 $P_{电子}$ 和原子极化度 $P_{原子}$ 组成。

$$P_{变形} = P_{电子} + P_{原子}$$

$P_{变形}$ 与外电场强度成正比，与温度无关。物质宏观介电性质和分子微观极化性质间的关系可用克劳修斯-莫索第-德拜（Clausius-Mosotti-Debye）公式表示：

$$\frac{\varepsilon-1}{\varepsilon+2} \cdot \frac{M}{\rho} = P = P_{转向} + P_{变形} = P_{转向} + P_{电子} + P_{原子}$$

$$= \frac{4}{9}\pi L \frac{\mu^2}{kT} + P_{电子} + P_{原子} \tag{28-3}$$

式中，ε 为介电常数；ρ 为密度；M 为摩尔质量；P 为摩尔极化度。

该式适合于完全无序和稀释体系（互相排斥的距离远大于分子本身大小的体系），即温度不太低的气相体系或极性液体在非极性溶剂中的稀溶液体系。

2. 摩尔折射度 R

如果外电场是交变场，极性分子的极化情况则与交变场频率有关。当处于频率小于 $10^9 \sim 10^{10}$ Hz 的低频电场或静电场中时，极性分子所产生的摩尔极化度 P 确实是转向极化、电子极化和原子极化的总和。当频率增加到 $10^{12} \sim 10^{14}$ Hz 的中频（红外频率）时，电场的交变周期小于分子偶极值的松弛时间。极性分子的转向运动跟不上电场的变化，即极性分子来不及沿电场定向，故 $P_{转向} = 0$。此时，摩尔极化度等于摩尔变形极化度 $P_{变形}$。当交变电场的频率进一步增加到大于 10^{15} Hz 的高频（可见光和紫外频率）时，极性分子的转向运动和分子骨架变形都跟不上电场的变化，此时极性分子的摩尔极化度只等于电子极化度 $P_{电子}$。

由 Maxwell 电磁理论可得，物质介电常数 ε 与折射率 n 的关系为：

$$\varepsilon(\nu) = n^2(\nu) \tag{28-4}$$

当用可见光或紫外线测定物质折射率时，因为使用高频电场，故

$$R = P_{电子} = \frac{n^2-1}{n^2+2} \cdot \frac{M}{\rho} \tag{28-5}$$

式中，R 为摩尔折射度；n 为折射率。

3. 稀溶液中的德拜（Debye）公式

极性溶质置于非极性溶剂的无限稀释溶液中时，溶质分子所处的状态和气相相似，由此提出的溶液法在实际测量中得到了广泛应用。对于非极性溶剂的稀溶液体系，应同时考虑溶剂和溶质对体系摩尔极化度的贡献。Debye 首先提出了稀溶液中摩尔极化度公式：

$$P_{12} = \frac{\varepsilon_{12}-1}{\varepsilon_{12}+2} \cdot \frac{\overline{M}}{\rho_{12}} = \frac{\varepsilon_{12}-1}{\varepsilon_{12}+2} \cdot \frac{M_1 x_1 + M_2 x_2}{\rho_{12}} \tag{28-6}$$

且
$$P_{12} = P_1 x_1 + P_2 x_2$$

式中，下标"12"表示溶液；"1"表示溶剂；"2"表示溶质；x 为摩尔分数。

设 V 表示摩尔体积，则：

$$P_{12} = \frac{\varepsilon_{12}-1}{\varepsilon_{12}+2} V_{12}$$

$$= \frac{\varepsilon_1-1}{\varepsilon_1+2} V_1(1-x_2) + \left(P_{2,电子} + P_{2,原子} + \frac{4\pi L \mu^2}{9kT}\right) x_2 \tag{28-7}$$

式中，第一项为溶剂的贡献，第二项为溶质的贡献。

同样可得：

$$\frac{n_{12}^2-1}{n_{12}^2+2} V_{12} = \frac{n_1^2-1}{n_1^2+2} V_1(1-x_2) + P_{2,电子} x_2 \tag{28-8}$$

式（28-7）与式（28-8）相减得：

$$\left(\frac{\varepsilon_{12}-1}{\varepsilon_{12}+2}-\frac{n_{12}^2-1}{n_{12}^2+2}\right)V_{12}=\left(\frac{\varepsilon_1-1}{\varepsilon_1+2}-\frac{n_1^2-1}{n_1^2+2}\right)V_1(1-x_2)+\left(P_{2,\text{原子}}+\frac{4\pi L\mu^2}{9kT}\right)x_2 \quad (28\text{-}9)$$

这就是 Debye 公式在非极性溶剂稀溶液中的具体形式。

4. μ 的求得

古更海姆（Guggenheim）假设溶质分子和溶剂的原子极化度与它们的摩尔体积成正比，且比例系数相同：

$$P_{1,\text{原子}}=\left(\frac{\varepsilon_1-1}{\varepsilon_1+2}-\frac{n_1^2-1}{n_1^2+2}\right)V_1$$

$$P_{2,\text{原子}}=\left(\frac{\varepsilon_1-1}{\varepsilon_1+2}-\frac{n_1^2-1}{n_1^2+2}\right)V_2 \quad (28\text{-}10)$$

又 $$V_{12}=V_1(1-x_2)+V_2x_2 \quad (28\text{-}11)$$

设 $c_2=\dfrac{x_2}{V_{12}}$，即用单位体积中溶质的物质的量表示溶液的浓度（$\text{mol}\cdot\text{L}^{-1}$），两端同除以 V_{12} 并代入式（28-10）、式（28-11）可得：

$$\frac{3(\varepsilon_{12}-n_{12}^2)}{(\varepsilon_{12}+2)(n_{12}^2+2)}=\frac{3(\varepsilon_1-n_1^2)}{(\varepsilon_1+2)(n_1^2+2)}-\frac{4\pi L\mu^2}{9kT}c_2 \quad (28\text{-}12)$$

即实验值 $\dfrac{3(\varepsilon_{12}-n_{12}^2)}{(\varepsilon_{12}+2)(n_{12}^2+2)}$ 与 c_2 成直线关系。当溶液极稀时，$c_2\to 0$，$\varepsilon_{12}\to\varepsilon_1$，$n_{12}\to n_1$。若以 $\dfrac{3(\varepsilon_{12}-n_{12}^2)}{(\varepsilon_1+2)(n_1^2+2)}$ 代替 $\dfrac{3(\varepsilon_{12}-n_{12}^2)}{(\varepsilon_{12}+2)(n_{12}^2+2)}$ 对 c_2 作图，所得直线截距不变，初始斜率也近似不变，为 $\dfrac{4\pi L\mu^2}{9kT}$。

若用 $(\varepsilon_{12}-n_{12}^2)$ 对 c_2 作图，所得直线截距为 $(\varepsilon_1-n_1^2)$，则斜率为：

$$\frac{(\varepsilon_1+2)(n_1^2+2)}{3}\cdot\frac{4\pi L\mu^2}{9kT}=\left[\frac{(\varepsilon_{12}-n_{12}^2)-(\varepsilon_1-n_1^2)}{c_2}\right]_{c_2\to 0}$$

设 $$\Delta=(\varepsilon_{12}-n_{12}^2)-(\varepsilon_1-n_1^2) \quad (28\text{-}13)$$

且用 w_2 表示溶质的质量分数，则：

$$c_2=w_2\rho_{12}/M_{12}$$

稀溶液中 $\rho_{12}\approx\rho_1$，取 μ 的单位为德拜，则：

$$\mu^2=\frac{10^{36}\cdot 9kT}{4\pi L}\frac{3}{(\varepsilon_1+2)(n_1^2+2)}\cdot\frac{M_2}{\rho_1}\left(\frac{\Delta}{w_2}\right)_{w_2\to 0} \quad (28\text{-}14)$$

这样只要测定一定温度下稀溶液和溶剂的介电常数及折射率，作 $\left(\dfrac{\Delta}{w_2}\right)$-$w_2$ 图，外推到 $w_2\to 0$ 处求出 $\left(\dfrac{\Delta}{w_2}\right)_{w_2\to 0}$，这样就可求出溶质分子的偶极矩。

上述测极性分子偶极矩的方法称为溶液法。溶液法测得的溶质分子偶极矩与气相测定值间存在偏差，其原因是极性分子在非极性溶剂中"溶剂化"作用。这种偏差现象称为溶液法测量偶极矩的"溶剂效应"，其校正公式可查阅有关资料。

5. 介电常数的测定

介电常数是通过测定电容计算而得的。

设 C_0 为电容器极板间处于真空时的电容量，C 为充以电介质时的电容量，则 C 与 C_0 之比值 ε 称为该电介质的介电常数：

$$\varepsilon = \frac{C}{C_0}$$

因空气的介电常数 $\varepsilon = 1.000583$，很接近于 1，故介电常数可近似地写为：

$$\varepsilon = \frac{C}{C_空}$$

式中，$C_空$ 为电容器以空气为介质时的电容。本实验用电桥法测电容，所用仪器为 CC-6 型小电容仪，测量原理见第 3 章 3.11 节内容。

可将待测样品放在电容池的样品池中测量。但小电容仪测量电容时，所测得的 C_x 实际上包括了样品电容 $C_样$ 和电容池的分布电容 C_d，即

$$C_x = C_样 + C_d$$

故应从 C_x 中扣除 C_d。

测得 C_d 的方法如下，用一已知介电常数 $\varepsilon_标$ 的标准物质测得电容为 $C'_标$，再测电容器中不放样品时的电容 $C'_空$，近似取 $C_0 \approx C_空$，可以导出：

$$C_0 \approx C_空 = \frac{C'_标 - C'_空}{\varepsilon_标 - 1} \tag{28-15}$$

$$C_d = C'_空 - \frac{C'_标 - C'_空}{\varepsilon_标 - 1}$$

若测得样品的电容为 C_x，则待测样品的真实电容为

$$C_样 = C_x - C_d \tag{28-16}$$

【仪器和试剂】

阿贝折光仪 1 台，电子天平 1 台，CC-6 型小电容测量仪 1 台，干燥器 1 个，滴管 4 只，超级恒温槽 1 台，电容池 1 只，电吹风 1 只，20mL 注射器 1 支，长针头 2 支。

环己烷（分析纯）、丙酮（分析纯），需预先干燥处理。

【实验步骤】

1. 溶液配制

用称量法配制四个浓度的丙酮-环己烷溶液约 10mL，分别盛于磨口三角瓶中，其浓度（质量分数 w_B）分别为 0.020、0.040、0.060、0.080、0.100。操作时应注意防止挥发以及吸收水汽，为此溶液配好后应迅速盖上瓶塞，并于干燥器中放存。

2. 折射率测定

用阿贝折光仪测定环己烷及各配制溶液的折射率 n_1 和 n_{12}。阿贝折光仪的构造、测量原理和操作方法见第 3 章 3.12 节。注意测定时各样品需读取三次数据。

3. 介电常数测定

（1）电容 C_0 和 C_d 的测定　本实验采用环己烷作为标准物质，其介电常数与温度的关系式为：

$$\varepsilon_{环己烷} = 2.023 - 0.0016 \times (t - 20) \tag{28-17}$$

式中，t 为恒温温度，℃。

用电吹风将电容池两极间的空隙吹干，旋上金属盖，接通恒温槽电源，电容池恒温 25.0℃，按第 3 章 3.11 节所述操作方法测定电容值，三次读数取平均值为 $C'_空$。

用滴管吸取干燥的环己烷，从金属盖的中间口加入，使液面超过两电极，盖上塑料塞以防止挥发。恒温数分钟后如上述步骤测定电容值。测后打开金属盖，用注射器吸去两极间的环己烷

（倒在回收瓶中），重新装样再次测定电容值，两次测量电容读数的平均值即为$C'_{环己烷}$、$C'_{标}$。

（2）溶液电容的测定　测定方法与溶剂的测量相同。重复测定时，不但要用注射器吸去电极间的溶液，还要用电吹风将两极间的空隙吹干，然后复测$C'_{空}$值。再加入待测溶液测出电容值。两次测定数据的差值应小于0.05pF，否则要继续复测。

注意：实验中应防止溶液挥发，浓度改变。取样动作迅速，取样后立即加盖进行测定。

【数据记录和处理】

① 计算各溶液的质量分数w_2。由附表2-9所提供的经验公式计算25℃时环己烷的密度ρ_1。

② 由$C'_{空}$、$C'_{环己烷}$及$\varepsilon_{环己烷}$代入式(28-15)、式(28-16)求算$C_{空}$和C_d值。计算各浓度溶液的电容值$C_{样}$和介电常数ε_{12}。

③ 由式(28-13)计算Δ及$\dfrac{\Delta}{w_2}$。

④ 将实验数据及计算结果列于表28-1～表28-3中。

表28-1　溶液折射率的测定

折射率＼待测样	环己烷	溶液 $w_2/10^{-2}$				
		2.00	4.00	6.00	8.00	10.00
1						
2						
3						
平均值 n_0^t						
n_0^{25}						

表28-2　溶液电容的测定　　　　$\varepsilon_{标}^{25}=$ _____　　　　$C_d=$ _____ pF

电容/pF＼待测样		c'				$C^{25℃}$
		1	2	3	平均值	
空气						
环己烷						
溶液 $w_2/10^{-2}$	2.000					
	4.000					
	6.000					
	8.000					
	10.00					

表28-3　数据处理表

编号	$w_2/10^{-2}$	ε_{12}^{25}	n_{12}^{25}	Δ	$\dfrac{\Delta}{w_2}$
1	2.000				
2	4.000				
3	6.000				
4	8.000				
5	10.000				

⑤ 由$\dfrac{\Delta}{w_2}$对w_2作图，外推到$w_2 \rightarrow 0$处，求出$\left(\dfrac{\Delta}{w_2}\right)_{w_2 \rightarrow 0}$值。

⑥ 由式(28-14)计算丙酮分子的偶极矩。

思　考　题

1. 利用式(28-14) 计算 μ 时，为什么要取 $\left(\dfrac{\Delta}{w_2}\right)$ 在 $w_2 \to 0$ 的外推值。

2. 试分析本实验误差的主要来源是什么，如何改进？

实验 29　磁化率的测定

【关键词】　磁化率　磁矩　摩尔磁化率

【实验目的】

1. 测定顺磁性物质的磁化率，计算摩尔磁化率并估算不成对电子数。

2. 掌握古埃（Gouy）磁天平测定磁化率的原理和方法。

【实验原理】

1. 磁化率

物质置于磁场 H 中感应产生一个附加磁场 H'，该物质内部的磁场强度 B 为外磁场强度 H 与附加磁场 H' 之和

$$\vec{B} = \vec{H} + \vec{H}' = \vec{H} + 4\pi K \vec{H} \tag{29-1}$$

式中，K 为物质的体积磁化率，是物质的一种宏观磁性质。化学上常用单位质量磁化率 χ_m 和摩尔磁化率 χ_M 来表示物质的磁性质。定义是

单位质量磁化率：

$$\chi_m = \frac{K}{\rho} \tag{29-2}$$

摩尔磁化率：

$$\chi_M = M \cdot \chi_m = \frac{MK}{\rho} \tag{29-3}$$

式中，ρ 为物质的密度，$kg \cdot m^{-3}$；M 为摩尔质量，$kg \cdot mol^{-1}$；χ_m、χ_M 分别为单位质量和物质的量为 1mol 时物质的磁化能力，$m^3 \cdot kg^{-1}$、$m^3 \cdot mol^{-1}$。

根据 K 的特点可以把物质分为三类：$K > 0$ 的物质为顺磁性物质，$K < 0$ 的物质为反磁性物质；另外少数物质的 K 值与外磁场 H 有关，它随外磁场强度的增加而急剧地增强，并且往往有剩磁现象，这类物质为铁磁性物质，如 Fe、Ni 等金属和它们的合金。

2. 分子磁矩与磁化率

物质的磁性与组成物质的原子、离子或分子的微观结构有关。当原子、离子或分子的两个自旋状态电子数不相等，即有未成对电子时，该物质具有永久磁矩。反之，则无永久磁矩。

具有永久磁矩的原子、离子或分子，在外磁场下其永久磁矩会顺着外磁场方向同向排列，表现出顺磁性。同时其内部电子的轨道运动有感应的磁矩，其方向与外磁场相反，表现出反磁性。无永久磁矩的原子、离子或分子则只有反磁性。所以，物质的摩尔磁化率为摩尔顺磁化率 $\chi_{顺}$ 和反磁化率 $\chi_{反}$ 之和：

$$\chi_M = \chi_{顺} + \chi_{反}$$

对于顺磁物质，只有当 $|\chi_{顺}| \gg \chi_{反}$ 时，作近似处理，$\chi_M \approx \chi_{顺}$，对于反磁性物质，则只有 $\chi_{反}$，故 $\chi_M = \chi_{反}$。

用统计力学的方法得到摩尔顺磁化率 $\chi_{顺}$ 和分子永久磁矩 μ_m 间的关系为：

$$\chi_{顺} = \frac{L\mu_m^2}{3kT} \quad 或 \quad \chi_M \approx \frac{L\mu_m^2}{3kT} \tag{29-4}$$

分子永久磁矩 μ_m 是物质的微观性质，上式将物质的宏观性质 χ_M 与微观性质 μ_m 联系起来，由 χ_M 的测定可计算分子磁矩 μ_m。其中，L 为阿伏伽德罗常数，k 为波尔兹曼常数。式(29-5)表明，物质的摩尔顺磁化率与绝对温度成反比，这一结果与居里（P. Curie）的实验发现一致，也称为居里定律。

3. 分子磁矩与未成对电子数

物质分子的永久磁矩与它所包含的未成对电子数 n 的关系为：

$$\mu_m = \sqrt{n(n+2)}\,\mu_B \tag{29-5}$$

式中，μ_B 为波尔磁子，其物理意义为单个自由电子自旋产生的磁矩：

$$\mu_B = \frac{eh}{4\pi m_e c} = 9.273 \times 10^{-21} \quad (erg \cdot Gs^{-1})$$

式中，m_e 为电子静止质量，g；e 为电子电荷，e. s. u；c 为光速，$cm \cdot s^{-1}$。在 SI 单位制中，μ_B 为 $9.273 \times 10^{-24} J \cdot T^{-1}$，T 为特斯拉，系磁感应强度单位（$1T = 10^4 Gs$）。

4. 摩尔磁化率的测定

本实验采用 Gouy 磁天平法测定物质的 χ_M，其测量原理如图 29-1 所示。

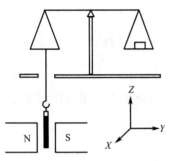

图 29-1　古埃磁天平原理

将盛有样品的样品管悬挂在两磁极中间，使样品管底部处于两极中心，即磁场强度最强处。样品段应足够长，其上端所在处磁场可忽略不计，这样圆柱形样品就处在一不均匀磁场中。

沿样品轴心方向 Z 存在一磁场强度梯度 $\left(\frac{\partial H}{\partial Z}\right)$，样品截面积为 A，作用在样品一体积元 AdZ 上的磁矩为 $(K - K_0) \times HAdZ$，该体积元样品沿磁场方向受力 df 为

$$df = (K - K_0)HA\left(\frac{\partial H}{\partial Z}\right)dZ \tag{29-6}$$

作用在全部样品上的力 f 为

$$f = \int_{H_0}^{H} (K - K_0)HA\left(\frac{\partial H}{\partial Z}\right)dZ \tag{29-7}$$

式中，K_0 为空气的磁化率，积分边界条件 H 为磁场中心的磁场强度，K_0 为样品顶端的磁场强度。

设空气的磁化率可忽略，$H_0 = 0$，积分式(29-7)得

$$f = \frac{1}{2}KH^2A \tag{29-8}$$

对于顺磁性物质，在磁场中能量降低，会有一个力把样品拉入磁场，f 指向磁场强度最强的方向。反磁性物质，在磁场外能量较小，会有一个力把样品推出磁场，故 f 指向磁场强度最弱的方向。当样品受到磁场力作用时，天平的另一臂上加减法码使之平衡。设 Δm 为样品置于磁场内外称量的质量差，则

$$f = \frac{1}{2}KH^2A = \Delta m \cdot g$$
$$= g \cdot (\Delta m_{空管+样品} - \Delta m_{空管}) \tag{29-9}$$

将 $K = \chi_M \cdot \rho$，$\rho = \dfrac{m}{hA}$，代入式(29-9)得摩尔磁化率：

$$\chi_M = \frac{2(\Delta m_{空管+样品} - \Delta m_{空管})ghM_{样品}}{H^2 m_{样品}} \qquad (29\text{-}10)$$

式中，h 为样品高度；m 为样品在无磁场作用下的质量，H 为磁场强度，$M_{样品}$ 为样品的摩尔质量。

H 可由已知摩尔磁化率的莫尔盐〔$(NH_4)_2SO_4 \cdot FeSO_4 \cdot 6H_2O$〕标定，莫尔盐的摩尔磁化率 χ_M 与温度 T（绝对温度）的关系为：

$$\chi_M = \frac{9500}{T+1} \times 10^{-9} \quad (m^3 \cdot mol^{-1})$$

或
$$\chi_M = \frac{9500}{T+1} \times 10^{-2} \quad (J \cdot T^{-2} \cdot mol^{-1}) \qquad (29\text{-}11)$$

当待测样和标定用样品分别在同一样品管中装填高度相同并在同一磁场下进行测量时，式(29-10)可简化为：

$$\chi_{M,样品} = \chi_{M,标} \cdot \frac{\Delta m_{样品}}{\Delta m_{标}} \cdot \frac{m_{标}}{m_{样品}} \cdot M_{样品} \qquad (29\text{-}12)$$

式中，下标"样品"代表待测样品；"标"代表莫尔盐。

5. 络合物结构的判断

由磁矩的测定可以判别化合物是共价配键或是电价配键。如 Fe^{2+} 外层含 6 个 d 电子，可能有两种排布结构：

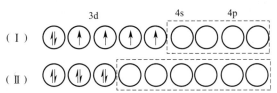

对于 Fe^{2+}：排布（Ⅰ）未成对电子数为 4，

$$\mu_m = \sqrt{4(4+2)}\,\mu_B = 4.9\mu_B$$

排布（Ⅱ）无未成对电子

$$\mu_m = 0$$

在结构（Ⅰ）中，4 个 sp^3 轨道可容纳 4 个配位体，配位数为 4。

在结构（Ⅱ）中，有 6 个 d^2sp^3 轨道，能形成 6 个配位体。

共价络合物以中心离子空的价电子轨道接收配位体的孤对电子以形成共价配键。中心离子为了尽可能多地成键，往往会发生电子重排，以腾出更多的空轨道来容纳配位体的电子对。

由于 $[Fe(CN)_6]^{4-}$ 和 $[Fe(CN)_5(NH_3)]^{3-}$ 等络离子的磁矩为零，故为共价络离子。但 $[Fe(H_2O)_6]^{2+}$ 的磁矩为 $5.3\mu_B$，其中心离子为（Ⅰ）型结构，配位体与 Fe^{2+} 是电价配键。这是因为 H_2O 有相当大的偶极矩，能与中心 Fe^{2+} 以库仑静电引力相结合而成电价配键。电价配键不需中心离子腾出空轨道，即中心离子与配位体以电价配键结合的数目与空轨道无关，而是取决于中心离子与配位体的相对大小和中心离子所带的电荷。

【仪器和试剂】

Gouy 磁天平（包括永久磁铁、天平等）一套，CT-S 高斯计一台，软质玻璃样品管数根，直尺一根（20cm），装样工具一套（研钵、角匙、玻棒、小漏斗等）。

$(NH_4)_2SO_4 \cdot FeSO_4 \cdot 6H_2O$，$FeSO_4 \cdot 7H_2O$，$CuSO_4 \cdot 5H_2O$ 等（均为分析纯）。

【实验步骤】

① 调节固定磁极的螺钉，使磁极矩为 $22 \sim 24mm$。

② 用已知 χ_M 的莫尔盐标定磁场强度。

先将干燥清洁的样品管（长约12cm，带塞，未装样品）挂在天平托盘下的挂钩上，调节连接线的长度，使样品管底距磁极中心距离在15cm以上，称取空样品管在磁场外的质量 $m_{管}$。调节样品管位置，使样品管底部处于磁场中心处，再称取空样品管在磁场中的质量 $m'_{管}$。

取下样品管，用小漏斗把事先研细的莫尔盐装入样品管中，边加样边振动并用玻棒压紧，使样品层装填均匀紧密，样品层高约7cm。准确量取样品层高 h，同样称取已装样的样品管在磁场外和磁场内的质量 $m_{管+样品}$ 及 $m'_{管+样品}$。

称量过程中，样品管不得与磁极有任何摩擦，磁极距不得变动，如有变动，需重新进行标定，每次称量取三次读数，再取平均值。

③ 同法操作称取空管的 $m_{管}$ 及 $m'_{管}$。在样品管中装入 $FeSO_4 \cdot 7H_2O$ 等络合盐样品，测定各种样品在磁场内外质量的变化。实验完毕，将试样倒入回收瓶，洗净样品管。读取室温及大气压。

注意：装填样品应紧密、均匀，每加入约1cm高样品，应振动并用玻棒压紧样品层。

放入磁场中的样品管底部应处于磁场中心位置，称量中样品管不应与磁极发生摩擦。

称量时应等样品管静止后再开启天平称量，挂取样品管时动作应轻，避免天平受损。

【数据记录和处理】

① 按下式计算各项：

$$\Delta m_{管} = m'_{管} - m_{管}$$
$$\Delta m_{管+样品} = m'_{管+样品} - m_{管+样品}$$
$$\Delta m_{样品} = \Delta m_{管+样品} - \Delta m_{管}$$
$$m_{样品} = m_{管+样品} - m_{管}$$

② 由莫尔盐的测定数据按式(29-11)和式(29-10)计算磁场强度 $H(T)$。

③ 将实验数据列于表29-1中。

表 29-1　数据记录

样品	$m_{管}/g$	$m'_{管}/g$		$m_{样品+管}/g$	$m'_{样品+管}/g$		h/cm
Fe(NH$_4$)$_2$(SO$_4$)$_2$·6H$_2$O		1			1		
		2			2		
		3			3		
		平均			平均		
FeSO$_4$·7H$_2$O		1			1		
		2			2		
		3			3		
		平均			平均		
CuSO$_4$·5H$_2$O		1			1		
		2			2		
		3			3		
		平均			平均		

④ 由式(29-10)、式(29-4) 和式(29-5)计算各样品的 χ_M、μ_m 和 n 值。并将各项计算结果列于表 29-2 中。

表 29-2　数据处理结果

样品	$Fe(NH_4)_2(SO_4)_2 \cdot 6H_2O$	$FeSO_4 \cdot 7H_2O$	$CuSO_4 \cdot 5H_2O$
H/T			
$M/kg \cdot mol^{-1}$			
$m_{样品}/kg$			
$\Delta m_{样品}/kg$			
h/m			
$\chi_M/J \cdot T^{-2} \cdot mol^{-1}$			
$\mu_m/J \cdot T^{-1}$			
$n_{理论}$			
$n_{实验}$			

⑤ 由未成对电子数 n，讨论各络合物的配键类型。

思　考　题

1. 不同磁场强度下测得的摩尔磁化率是否不同？为什么？

2. 本实验对装样有何要求？装样太多、太少或填不均匀对实验结果有何影响？

3. 若样品管在磁场中未处于中心位置对测定结果有何影响？

实验 30　X 射线物相分析

【关键词】　X 射线　物相分析法　晶胞参数

【实验目的】

1. 拍摄 NaCl 等晶体的衍射图，测定其点阵形式并计算晶体密度。

2. 了解 Y-3 型晶体衍射仪的工作原理及基本构造。

3. 学习粉末衍射谱集（PDF）的查阅方法。

【实验原理】

X 射线是一种波长范围在 $0.01 \sim 100 \text{Å}$（$1\text{Å} = 0.1\text{nm}$）之间的电磁波，晶体衍射用的 X 射线波长约在 1Å 左右。当 X 射线通过晶体时可以产生衍射效应，衍射方向与所用波长（λ）、晶体结构和晶体取向有关。

若以 $(h'k'l')$ 代表晶体的一族平面点阵（或晶面）的指标（$h'k'l'$ 为互质的整数），$d(h'k'l')$ 是这族平面点阵中相邻两平面之间的距离，当入射 X 射线这族平面点阵的夹角 $\theta(nh'nk'nl')$ 满足下面的布拉格（Bragy）公式时，就可产生衍射：

$$2d(h'k'l')\sin\theta(nh'nk'nl') = n\lambda \tag{30-1}$$

式中，n 为整数，表明相邻两平面点阵的光程差为 n 个波，所以 n 又叫衍射级数。$nh'nk'nl'$ 常用 hkl 表示，hkl 称为衍射指标，它和平面点阵指标是整数倍关系。

当一束 X 射线照到单晶体上，与 $(h'k'l')$ 平面点阵族的夹角为 θ 且满足布拉格公式时，衍射线方向与入射方向相差 2θ，如图 30-1(a) 所示。对于粉末晶体，晶粒有各种取向，同样一族平面点阵和 X 射线夹角为 θ 的方向有无数个，产生无数个衍射，分布在顶角为 4θ 的圆锥上，如图 30-1(b) 所示。晶体中有许多平面点阵族，当它们符合衍射条件时，相应地会形成许多张角不同的衍射线，共同以入射的 X 射线为中心轴，分散在 $2\theta = 0° \sim 180°$ 的范围内。

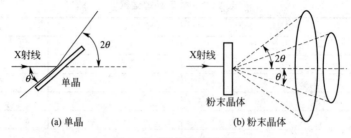

图 30-1　晶体衍射示意图

利用晶体的面间距和各晶面对 X 射线的衍射能力来鉴定物相射线的方法为 X 射线物相分析法。本实验利用 Y-3 型 X 射线衍射仪记录粉末晶体衍射线。

X 射线衍射仪主机，由三个基本部分组成：

① X 光源（是一台发射强度高度稳定的 X 射线发生器）；

② 衍射角测量部分（一台精密分度的测角仪）；

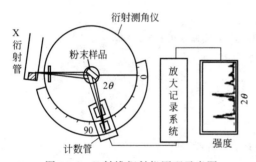

图 30-2　X 射线衍射仪原理示意图

③ X 射线强度测量记录部分（X 射线检测器及与之配合的一套量子计数测量记录系统）。

图 30-2 为 X 射线衍射仪原理示意图。实验时，将样品磨细，在样品架上压成平片，安置在衍射仪的测角器中心底座上。计数管始终对准中心，绕中心旋转，样品每转 θ，计数管转 2θ，电子记录仪的记录纸也同步转动，逐一把各衍射线的强度记录下来。在记录所得衍射图中，一个坐标代表衍射角 2θ，另一个坐标表示衍射强度的相对大小。

从粉末衍射图上量出每一衍射线的 2θ，根据式（30-1）求出各衍射线的 d/n 值，各衍射线的强度 I 可由衍射峰的面积求算，或近似地用峰的相对高度计算。这样即可获得 d/n-I 的数据，根据粉末图得到 d/n-I 数据，查对 PDF 卡片即可鉴定未知晶体，也可测定简单晶体的结构。

在立方晶格中，晶面间距 $d(h'k'l')$ 与晶面指标间存在下列关系：

$$d(h'k'l') = \frac{a}{[(h')^2 + (k')^2 + (l')^2]^{1/2}} \tag{30-2}$$

式中，a 为立方晶系晶胞的边长。将式（30-1）和式（30-2）合并，并考虑 $h = nh'$ 等关系，整理得：

$$\sin^2\theta = \frac{\lambda^2}{4a^2}(h^2 + k^2 + l^2) \tag{30-3}$$

属于立方晶系的晶体有三种点阵型式：简单立方（以 T 表示）、体心立方（以 I 表示）和面心立方（以 F 表示），它们可以由 X 射线粉末图来鉴别。

从式（30-3）可见，$\sin^2\theta$ 与 $(h^2 + k^2 + l^2)$ 成正比，三个整数的平方和只能等于 1、2、3、4、5、6、8、9、10、11、12、13、14、16、17、18、19、20、21、22、24、25……。因此，对于简单立方点阵，各衍射线相应的 $\sin^2\theta$ 之比为：

$$\sin^2\theta_1 : \sin^2\theta_2 : \sin^2\theta_3 \cdots\cdots = 1:2:3:4:5:6:8:9:10:11:12:13:14:16\cdots\cdots$$

对于体心立方点阵，由于系统消光的原因，所有 $(h^2+k^2+l^2)$ 为奇数的衍射线都不会出现，因此，体心立方点阵各衍射 $\sin^2\theta$ 之比为

$$\sin^2\theta_1:\sin^2\theta_2:\sin^2\theta_3\cdots\cdots=2:4:6:8:10:12:14:16:18:20\cdots\cdots$$
$$=1:2:3:4:5:6:7:8:9:10\cdots\cdots$$

对于面心立方点阵，也由于系统消光原因，各衍射线 $\sin^2\theta$ 之比为

$$\sin^2\theta_1:\sin^2\theta_2:\sin^2\theta_3:\cdots\cdots$$
$$=1:1.33:2.67:3.67:4:5.33:6.33:6.67:8\cdots\cdots$$
$$=3:4:8:11:12:16:19:20:24\cdots\cdots$$

从以上 $\sin^2\theta$ 比可以看到，简单立方和体心立方的差别在于前者缺"7""15""23"……衍射线，而面心立方则具有明显的两密一稀分布的衍射线。因此，根据立方晶体衍射线 $\sin^2\theta$ 之比可以鉴定立方晶体所属的点阵型式。下面列出立方点阵三种型式的衍射指标及其平方和（参见表30-1）。

立方晶体的密度可由下式计算：

$$\rho=\frac{Z(M/L)}{a^3} \tag{30-4}$$

式中，Z 为晶胞中摩尔质量或分子量为 M 的分子或化学式单位的个数，L 为阿伏伽德罗常数。如果把一个分子或化学式单位与一个点阵联系起来，则简单立方的 $Z=1$，体心立方的 $Z=2$，面心立方的 $Z=4$。

【仪器和试剂】

Y-3 型 X 射线衍射仪，玛瑙研钵等。

NaCl、KCl、单晶硅。

【实验步骤】

1. 样品准备

在玛瑙研钵中将 NaCl 晶体磨至 300～400 目（手摸时无颗粒感），将样品框放于表面平滑的玻璃板上，把样品均匀洒入框内至略高于样品框面板。用不锈钢片压样品，使样品足够紧密且表面光滑平整，附着在框内不致脱落，将样品框插在测角仪中心的底座上，其中心线对准样品台的中心线。

2. 主控制台操作

当 220V 稳压电流输出后按下低压键，蜂鸣器响，开向上循环水闸刀，蜂鸣器响声停。当延时绿灯亮后，按下高压键。kV 表起始值为 10kV，mA 表起始值 3mA，旋动旋钮使指针指 36kV 和相应的 mA 值。

3. 记录系统操作

按下数率仪电源开关、脉冲幅度分析器电源开关及记数管高压开关，仪器开始整理衍射信号。

4. 测角仪操作

打开 X 射线入射窗口，按下测角仪"正"键，测角仪开始扫描，扫描速率和记录仪纸速关系为：

扫描速度/°·min⁻¹	4	2	1	1/2
纸速/mm·min⁻¹	60	30	16	8

当样品具有较强衍射光时，主控电流可小些，且可选择较快扫描速度，反之亦然。

为了获得好的衍射图，应采用高的峰背比，为此在扫描开始时，选用合适的记数仪量程，可参照以下数据选择：

衍射光由最强——→较强——→次强——→次弱——→较弱——→最弱

量程选择大于　2×10^4→1×10^4→8×10^3→4×10^3→2×10^3→1×10^3（脉冲·s^{-1}）

实验完毕，按相反顺序使仪器所有旋钮及按键复位后关闭电源，10min 后关闭循环冷却水。

【数据记录和处理】

① 在图谱上标出各条衍射线 2θ 度数，计算各衍射线的 $\sin^2\theta$ 之比，与表 30-1 比较，确定 NaCl 的点阵型式。

② 根据表 30-1 标出各衍射线的指标 h、k、l，选择较高角度的衍射线，将 $\sin\theta$、衍射指标以及衍射用 X 射线的波长代入式(30-3)求 a。

表 30-1　立方点阵的衍射指标及其平方和

$h^2+k^2+l^2$	简单 (T)	体心 (I)	面心 (F)	$h^2+k^2+l^2$	简单 (T)	体心 (I)	面心 (F)
1	100			14	321	321	
2	110	110		15			
3	111		111	16	400	400	400
4	200	200	200	17	410,322		
5	210			18	411,330	411,330	
6	211	211		19	331		331
7				20	420	420	420
8	220	220	220	21	421		
9	300,221			22	332	332	
10	310	310		23			
11	311		311	24	422	422	422
12	222	222	222	25	500,430		
13	320			...			

③ 由式(30-4)计算 NaCl 的密度。

④ 由各衍射线的 2θ 值计算（或查表）相应的 d （$h'k'l'$）值，估算各衍射线的相对强度，同文献值（PDF 卡片）相比较。

⑤ 解释图谱中（111）和（200）间出现的小衍射线。

⑥ 同法处理 KCl 和单晶硅的衍射图。

思　考　题

1. 计算晶胞常数 a 时为什么要用较高角度的衍射线？

2. X 射线对人体有什么危害？应如何防护？

3. 多晶衍射能否用多种波长的多色 X 射线？为什么？

实验 31　核磁共振（NMR）法测定水溶液杂环碱质子化作用的平衡常数

【关键词】 核磁共振　化学位移　质子化作用

【实验目的】

1. 了解核磁共振的基本原理并掌握识别一般谱图的方法。

2. 通过测定质子化学位移，计算杂环碱质子化作用的平衡常数。

3. 学会使用核磁共振仪。

【实验原理】

原子核和电子相类似，有自旋运动，也是量子化的，由核自旋量子数 I 来描述。不同的核，其数值不同，^1H 核的自旋量子数 I 为 $\frac{1}{2}$。质子在外加磁场下，其磁矩有两种取向，即分裂为两种状态，可用自旋量子数 $m = \pm\frac{1}{2}$ 来描述，一种是对应于 $m = \frac{1}{2}$，其磁矩顺着外磁场方向，另一种 $m = -\frac{1}{2}$，其磁矩与外加磁场方向相反，如图 31-1 所示。这两种不同取向的磁矩与磁场相互作用，产生两个不同的磁能级，其能量差（ΔE）与外加磁场的强度（H_0）成正比

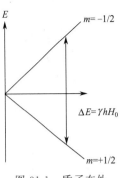

图 31-1 质子在外磁场下的能级

$$\Delta E = \gamma \frac{h}{2\pi} H_0 \tag{31-1}$$

式中，γ 为磁旋比，它是质子的特征常数；h 为普朗克常数。

如果照射核的电磁波的能量正好和两个核能级间隔 ΔE 相等，即 $h\nu = \Delta E$ 时，则低能级的氢核吸收电磁波跃迁到高能级，发生核磁共振。

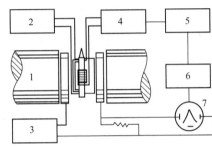

图 31-2 核磁共振仪的基本构造
1—磁铁；2—射频发生器；3—扫描磁极和扫描发生器；4—射频放大器；5—检波器；6—音频放大器；7—记录仪和示波器

核磁共振仪的基本构造如图 31-2 所示。样品管放在磁场强度很大的电磁铁两极之间转动，用固定频率的电磁波照射。在扫描发生器的线圈中通直流电，产生一个微小的磁场，使总磁场强度略有增加。变化扫描线圈中的电流，当磁场强度变化到一定的值（H），使入射电磁波的能量恰好等于磁能级差，即满足关系式 $\nu = \frac{\gamma}{2\pi} H$ 时，样品中某一类型的质子发生能级跃迁，产生核磁共振吸收信号，由射频接收器检测、放大、记录，即可得到一定的质子共振波谱。

在水溶液中，杂环碱存在下列平衡：

$$\underset{\substack{| \\ H^+ \\ (BH^+)}}{\bigcirc\!\!\!\!N} \xrightleftharpoons{K_a} \underset{(B)}{\bigcirc\!\!\!\!N} + H_3O^+$$

$$K_a = \frac{[H_3O^+][B]}{[BH^+]} \tag{31-2}$$

式中，K_a 为溶液中杂环碱的质子化阳离子酸的电离常数，B 为碱分子，BH^+ 为它的质子化阳离子，取对数即得到

$$pK_a = pH + \lg\frac{[BH^+]}{[B]} \tag{31-3}$$

特定分子的质子化学位移取决于环境的性质，由于不带电的分子与带电的离子在电子密度和氮的孤对电子的磁各向异性上有显著的差别，所以在溶液中它们的 NMR 质子化学位移是不同的。在这种情况下，从一种环境到另一种环境变化的速度比 NMR 测量的时间分辨率快，所以只能检测出对于两种环境质子信号的平均值，它可以用溶液中分子和离子的集居分

数来衡量，溶液中观察到的化学位移可以由下式表示：

$$\nu_{obs} = \nu_{BH^+} P_{BH^+} + \nu_B P_B \qquad (31\text{-}4)$$

式中，ν_{obs} 为实验测得溶液的化学位移；ν_B，ν_{BH^+} 分别为分子与离子的化学位移；P_B，P_{BH^+} 分别为分子与离子的集居分数，它们的关系为 $P_{BH^+} + P_B = 1$。

用碱性溶液可以测得 ν_B，用高酸度溶液可以测得 ν_{BH^+}。在这两种溶液中基本上不存在阳离子和分子，因此，对于包含显著量的阳离子和分子的溶液，其浓度比为

$$\frac{[BH^+]}{[B]} = \frac{\nu_{obs} - \nu_B}{\nu_{BH^+} - \nu_{obs}} \qquad (31\text{-}5)$$

由上式可以看出，只要有三个不同 pH 值（一个在高 pH 值，一个在低 pH 值，一个在某一合适的 pH 值，其中分子和阳离子以近乎相等的量存在）溶液的 NMR 测量的化学位移值，根据式(31-5)及式(31-3)即可求出质子化作用的平衡常数。

【仪器与药品】

NMR 仪（60MHz 如 JNM-PM×60SI NMR Spectrometer）一台；NMR 样品管 3 根；移液管（10mL）1 支；pH 计及其附件一套；移液管（5mL）1 支；容量瓶（25mL）1 个；烧杯（10mL）4 只；滴管若干；盐酸（化学纯）；氯化四甲基铵（化学纯）；α-甲基吡啶（化学纯）。

【实验步骤】

① 称 1.5～2g α-甲基吡啶溶解在 2mol·L^{-1} 盐酸中，转入 25mL 量瓶中，用 2mol·L^{-1} 盐酸加至刻度。

② 配制饱和氯化四甲基铵水溶液。

③ 将 1mL 氯化四甲基铵与 10mL 样品溶液混合。

④ 用 pH 计测定上述溶液的 pH 值，然后把一部分溶液倒入 NMR 样品管中，另一部分溶液用 NaOH 溶液提高其 pH 值（至溶液的 pH 值为 6 左右）把第二份溶液的一部分倒入另一 NMR 样品管中，另一部分再次加入 NaOH 溶液调 pH 值，直至溶液 pH 值为 10 左右，将此溶液倒入第三根样品管中。每次用 NaOH 溶液调节溶液的 pH 值后，均需用 pH 计精确测定其 pH 值。

⑤ 将上述三种不同 pH 值的溶液进行 NMR 波谱的测定。

注意：

① 配制溶液时，盐酸与氢氧化钠的浓度应在 1mol·L^{-1} 以上，否则溶液会变浑，甚至有白色沉淀出现，影响测定结果。

② 样品管必须插在磁场中心处，否则测不到核磁共振信号。

③ 核磁共振仪系精密仪器，使用时应在教师指导下严格按操作规程进行实验。

【数据处理】

① 在 NMR 谱图中，找出三个溶液相对于氯化四甲基铵的化学位移值。

② 由式(31-5)算出 pH 值为 6 左右的溶液的 $\dfrac{[BH^+]}{[B]}$ 值。

③ 由式(31-3)计算杂环质子化作用的平衡常数。

思 考 题

化学位移的数值是否随外加磁场的强度而改变？说明理由。

第5章 综合及设计实验

实验 32 热导式自动量热计的标定和化学反应热的测定

【关键词】 量热计 量热常数 反应热

【实验目的】

本实验通过用 RD-3 型热导式自动热量计的电能标定和三羟甲基氨基甲烷（Tris）与 HCl 中和反应热效应的测定，掌握热导式量热计测量热量的基本原理和实验方法。

【实验原理】

热导式自动量热计是一种新型量热仪器，它在原理和结构上完全不同于恒温外套式和绝热式量热计。在这种量热方法中，不涉及热容和温度的计量，它由自动记录的峰面积计算反应的热效应，由热稳态过程的峰高计算反应过程的放热（吸热）速率。

1. Tian's 方程

设在量热容器中有一个热效应发生，其热功率 $W = dQ/dt$，W 的一部分以热流量（Φ）的形式通过导热片流向恒温导管（热阱），热流量与量热单元内外温差成正比，即

$$\Phi = P(\theta_i - \theta_e) = P\theta \tag{32-1}$$

式中，P 为量热单元的热导系数；θ_i 和 θ_e 分别代表量热容器内样品和恒温套管的温度。W 的另一部分使量热容器及其内容物的温度升高为 $d\theta_i$，因为 θ_e 保持恒定，所以 $d\theta_i = d\theta$。设量热容器及其中物质的有效热容为 μ，则

$$W = \frac{dQ}{dt} = p\theta + \mu\frac{d\theta}{dt} \tag{32-2}$$

因为记录仪曲线上的峰高 Δ 和温度差 θ 成正比，故

$$\Delta = g\theta \tag{32-3}$$

式中，g 为与系统灵敏度、热电堆的性质和热电信号转换以及输出记录等系统有关的常数，因此

$$W = \frac{P}{g}\Delta + \frac{\mu}{g}\frac{d\Delta}{dt} \tag{32-4}$$

在时间 t_1 至 t_2 的范围内积分，得

$$Q = \frac{P}{g}A + \frac{\mu}{g}(\Delta_2 - \Delta_1) \tag{32-5}$$

式中，A 为 t_1 至 t_2 时间内记录曲线下的峰面积；Δ_1 和 Δ_2 分别为记录曲线在 t_1、t_2 时的高度。式（32-4）和式（32-5）称为 Tian's 方程。

2. 量热计的热量常数 K

当量热容热内有一个热效应发生时，记录笔从基线出发开始出峰，过一最高点以后回到基线，在这种情况下，$\Delta_1 = \Delta_2 = 0$，由式（32-5）得

$$\frac{Q}{A} = \frac{P}{g} = K \tag{32-6}$$

式中，K 称为量热计的热量常数，它的大小由量热元件的热导系数和常数 g 决定，通过准确的电能标定，求得仪器的热量常数 K 以后，即可由相应的峰面积 A 按下式

$$Q = KA \tag{32-7}$$

计算任一过程的未知热效应 Q。

由此可见，热导式自动量热计进行量热工作时，由记录曲线下的峰面积表示热量，在这种表示法中，K 是量热的单位，它等于单位面积（$1mm^2$）所表示的热量，这就是热导式自动量热计测定热量的基本原理。

在另一工作情况下，设量热容器内有一个热源以恒定的热功率放出热量，到一定时间后，量热单元内外的温度将保持恒定，此时 Δ 不再随时间改变，达到一个热恒定状态，即 $d\Delta/dt=0$，在这种情况下，由式（32-4）可得

$$\frac{W}{\Delta_0}=\frac{P}{g}=K \qquad (32-8)$$

式中，Δ_0 为记录曲线在稳定态的峰高，因此，由恒定的热功率 W 和相应的稳定态的峰高 Δ_0 之比，也可以求得热量计的热量常数 K。

在求得仪器的 K 以后，可根据相应的记录曲线在稳定态的峰高 Δ_0，按下式

$$W=\frac{dQ}{dt}=K\Delta_0 \qquad (32-9)$$

计算任一稳定过程的热功率 W（亦即放热速率 dQ/dt）。

由此可见，热导式自动量热计测定任一过程的放热速率时，以记录曲线上稳定态的峰高表示热功率，在这种表示法中，K 是热功率的单位，它等于单位高度（$1mm$）所表示的热功率。

对化学反应而言，反应速率（dn/dt）和放热速率（dQ/dt）有下列关系

$$\frac{dn}{dt}=\left(\frac{1}{\Delta_r H_m}\right)\left(\frac{dQ}{dt}\right) \qquad (32-10)$$

式中，$\Delta_r H_m$ 为摩尔反应热；$n=cV$（c 为产物的浓度，V 为反应液体积），n 为样品池中反应产物的物质的量，mol。

式（32-9）和式（32-10）对吸收热速率和吸热反应也同样适用。

由以上讨论可知，热导式自动量热计的 K 是仪器的一个重要常数，它决定着仪器的测量范围。

【仪器和试剂】

1. 仪器

热导式自动量热计由量热系统、自动记录装置、电能测量装置和反应装置组成。

（1）量热系统

量热系统包括量热单元、恒温铝块和恒温外套，如图 32-1 和图 32-2 所示。

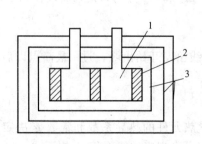

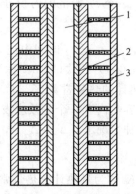

图 32-1　量热系统示意图

1—放置量热单元的空腔；2—恒温铝块，3—恒温外套

图 32-2　量热单元示意图

1—量热容器；2—恒温导管；3—导热片

量热单元由量热容器、恒温套管、导热片和热电堆构成。

恒温铝块是铝质圆柱体，在其中对称地分布着两个圆筒形的空腔，每个空腔中各放入一个结构完全相同的量热单元，量热单元的外壁与恒温铝块空腔的内壁紧密结合，一个量热单元作为工作单元，欲测的热效应在其中发生；另一个作为参比单元。两个热电堆的四根引线以对抗方式相连，即量热单元外壁的两根引线互相联接，来自内壁的两根引线接入自动检测记录系统。

恒温外套在恒温铝块的周围，由三层铝（铁）质圆筒组成。

（2）自动记录装置

自动记录装置由 RD46-A 型微伏放大器和 YEW- Type3066 型记录仪组成。

由热电堆输出的热电转换电信号，经微状放大器放大后，输入记录仪，记录仪记录出热谱曲线，曲线上峰高将与两个量热单元的温差成正比，曲线下的总峰面积与总热量成正比。

若将放大的电信号输入计算机，经处理和程序计算后，可直接打印输出实验结果。

（3）电能测量装置

电能测量装置如图 32-3 所示。

（4）控温装置

本实验采用程序升温控制仪，把量热计控制到所需的温度。

（5）反应装置

反应装置由玻璃反应管、加样管和搅拌器构成，如图 32-4 所示。

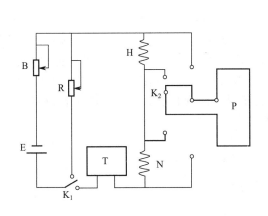

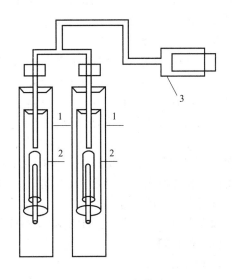

图 32-3　电能测量装置

E—直流电源；B—电阻箱；T—自动计时器；
H—热量容器中的加热器；N—标准电阻；P—
数字电压表；K_1、K_2—开关；R—电阻器

图 32-4　反应装置

1—玻璃反应管；2—加样管；3—搅拌器

2. 试剂

三羟甲基氨基甲烷，简称 THAM（Tris）；$0.1mol \cdot L^{-1}$ HCl 溶液。

【实验步骤】

1. 电能标定

（1）用求积法标定 K

用控温仪将热量计控制到所需的工作温度，将电加热器插入盛有液体石蜡的热容器中，

按图 32-3 接好电能测量装置线路，并设定好通电、加热的时间。启动放大器和自动记录系统，当记录仪走出工作基线后，接通加热器电源，每隔一定时间分别测定加热器两端的电压和加热电流，通电达到设定的时间后，量热计重新达到平衡，记录笔回到基线，实验所得的记录曲线如图 32-5 所示。

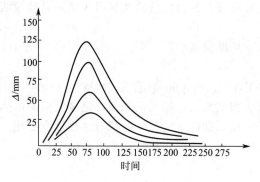

图 32-5　量热计常数标定（面积法）　　　　图 32-6　量热计常数标定（峰高法）

（2）用峰高法测定 K

开动记录仪，走出仪器的工作基线，接通加热器的电源，一直加热无须计时直到热量计达到稳定状态，记录笔走出一条与工作基线相平行的直线，如图 32-6 所示，测量加热器两端的电压和加热电流，然后断开加热器的电源，待记录笔回到基线，改变加热器的热功率，重复操作多次，并记录有关的数据。

2. 化学反应热的测定

测定 Tris 与盐酸的中和反应热 $\Delta_r H_m$。

将 20mL $0.1mol \cdot L^{-1}$ 的 HCl 盛入玻璃反应管中；再把已装有 0.1g 左右（准确称量）Tris 的加样管放入反应管中，然后再将它放人热量计的工作单元内；把 Tris 与盐酸反应后的溶液 20mL 盛于另一支玻璃反应管中，装上加样管，然后把它置于量热计的参比单元里，用一个三通管把这两支反应管与搅拌器相连，如图 32-4 所示。待基线稳定后，开动搅拌器，以混合反应物和搅拌反应体系。搅拌 5min 左右待记录笔回到基线后，再用搅拌器以同样的速度搅拌相同时间，以测定尚未对消完的搅拌热效应。

重复上述实验操作多次。

如没有 Tris，可测定 HCl 和 NaOH 的中和反应热。

【数据处理】

1. 面积法求 K

按下式计算电能

$$Q = IUt \tag{32-11}$$

① 从记录仪上取下记录纸，按梯形法算出各记录曲线下的峰面积。

② 按下式计算量热计的热量常数 K

$$K = Q/A \tag{32-12}$$

③ 将各次实验的有关数据及其计算结果列成表，并计算出 K 的平均值和平均值的标准误差（σ_a）。

2. 峰高法求 K

① 按下式计算加热器的加热功率 W

$$W = IU \tag{32-13}$$

② 从记录仪上取下记录纸，量出稳定态的峰高 Δ_0。

③ 按下式计算量热计的热量常数 K

$$K = \frac{W}{\Delta_0} (\text{J} \cdot \text{mm}^{-1} \cdot \text{s}^{-1}) \tag{32-14}$$

为了便于与面积法的结果相比较，可根据记录仪的走纸速率，将 K 的单位 J·mm^{-1}·s^{-1} 换算为 J·mm^{-2}。

④ 将峰高法的各次实验的有关数据及其计算结果列表并计算出 K 的平均值和平均值的标准误差（σ_a）。

比较用不同方法测量得热量常数 K，并讨论之。

3. 计算反应热

计算 Tris 与盐酸反应的摩尔反应热 $\Delta_r H_m$（J·mol^{-1}），并计算其平均值和平均值的标准误差。

思　考　题

1. 什么是热导式自动量热计？

2. 试比较面积法和峰高法求 K 的优缺点？

【参考文献】

［1］ Calwet E，Prat H. Recent Progress in Microcalorimetry，Pergamon Press，1963.

［2］ 田安民，秦自民，曾宪城等. RD-I 型热导式自动量热计的研制. 高等学校化学学报，1981，2（2）：224.

［3］ Hang R J and Waddso I，Acta Chem Scand. 1964，18（1）：195.

［4］ Hill J O，Ojeland G and Waddso I. J Chem Themedyamics，1969，（1）：111.

实验 33　B-Z 振荡反应

【关键词】　B-Z 振荡　诱导期　表观活化能

【实验目的】

1. 了解 Belousov-Zhabotinskii（B-Z）振荡反应的基本原理和机理，初步认识体系远离平衡态时的复杂行为。

2. 测定振荡反应诱导期和振荡期的表观活化能。

【实验原理】

人们通常所研究的化学反应，其反应物和产物的浓度呈单调变化，最终达到不随时间变化的平衡状态。而某些化学反应体系中，会出现非平衡非线性现象，即有些组分的浓度会呈现周期性变化，该现象称为化学振荡。为了纪念最先发现、研究这类反应的两位科学家 Belousov 和 Zhabotinskii，人们将可呈现化学振荡现象的含溴酸盐的反应笼统地称为 B-Z 振荡反应（B-Z Oscillating Reaction）。

大量的试验研究表明，化学振荡现象的发生必须满足 3 个条件：①必须是远离平衡的敞开体系；②反应历程中应含有自催化步骤；③体系必须具有双稳态（bistability），即可在两个稳态间来回振荡。

有关 B-Z 振荡反应的机理，目前为人们普遍接受的是 FKN 机理，即由 Field、Körös 和 Noyes 三位学者提出的机理。对于下面著名的化学振荡反应：

$$2BrO_3^- + 3CH_2(COOH)_2 + 2H^+ \xrightarrow{Ce^{3+},Br^-} 2BrCH(COOH)_2 + 3CO_2 + 4H_2O \qquad （Ⅰ）$$

FKN 机理认为，在硫酸介质中以铈离子作催化剂的条件下，丙二酸被溴酸盐氧化的过程至少涉及 9 个反应。

当上述反应中 $[Br^-]$ 较大时，BrO_3^- 通过下面系列反应被还原为 Br_2：

$$Br^- + BrO_3^- + 2H^+ \xrightarrow{k_1} HBrO_2 + HOBr \qquad (k_1 = 2.1\ mol^{-3} \cdot L^3 \cdot s^{-1},\ 25℃) \qquad ①$$

$$HBrO_2 + Br^- + H^+ \xrightarrow{k_2} 2HOBr \qquad (k_2 = 2 \times 10^9\ mol^{-2} \cdot L^2 \cdot s^{-1},\ 25℃) \qquad ②$$

$$HOBr + Br^- + H^+ \xrightarrow{k_3} Br_2 + H_2O \qquad (k_3 = 8 \times 10^9\ mol^{-2} \cdot L^2 \cdot s^{-1}, 25℃) \qquad ③$$

其中反应①是控制步骤。上述反应产生的 Br_2 使丙二酸溴化

$$Br_2 + CH_2(COOH)_2 \xrightarrow{k_4} BrCH(COOH)_2 + Br^- + H^+$$
$$(k_4 = 1.3 \times 10^{-2}\ mol \cdot L^{-1} \cdot s^{-1},\ 25℃) \qquad ④$$

因此，丙二酸被溴化的总反应（Ⅱ）是上述四个反应形成的一条反应链：

$$2BrO_3^- + 2Br^- + 3CH_2(COOH)_2 + 3H^+ \longrightarrow 3BrCH(COOH)_2 + 3H_2O \qquad （Ⅱ）$$

当 $[Br^-]$ 较小时，溶液中下列反应导致了铈离子的氧化

$$2HBrO_2 \xrightarrow{k_5} BrO_3^- + HOBr + H^+ \qquad (k_5 = 4 \times 10^7\ mol^{-1} \cdot L \cdot s^{-1}, 25℃) \qquad ⑤$$

$$H^+ + BrO_3^- + HBrO_2 \xrightarrow{k_6} 2BrO_2 + H_2O \qquad (k_6 = 1 \times 10^4\ mol^{-2} \cdot L^2 \cdot s^{-1}, 25℃) \qquad ⑥$$

$$H^+ + BrO_2 + Ce^{3+} \xrightarrow{k_7} HBrO_2 + Ce^{4+} \qquad (k_7 = 快速) \qquad ⑦$$

上述三个反应组成下列反应链

$$5H^+ + BrO_3^- + 4Ce^{3+} \longrightarrow HOBr + 4Ce^{4+} + 2H_2O \qquad （Ⅲ）$$

该反应链是振荡反应发生所必需的自催化反应，其中⑥是速度控制步骤。

最后，Br^- 可通过下列两步反应得到再生，

$$BrCH(COOH)_2 + 4Ce^{4+} + 2H_2O \xrightarrow{k_8} Br^- + HCOOH + 4Ce^{3+} + 2CO_2 + 5H^+$$

$$k_8 = \frac{1.7 \times 10^{-2}\ s^{-1}[Ce^{4+}][BrCH(COOH)_2]}{0.20\ mol \cdot L^{-1} + [BrCH(COOH)_2]},\ 25℃ \qquad ⑧$$

$$HOBr + HCOOH \xrightarrow{k_9} Br^- + 2CO_2 + H^+ + 2H_2O \qquad (k_9 = 快速) \qquad ⑨$$

上述两式偶合的净反应为：

$$BrCH(COOH)_2 + 4Ce^{4+} + HOBr + H_2O \longrightarrow 2Br^- + HCOOH + 3CO_2 + 6H^+ + 4Ce^{3+}$$
$$（Ⅳ）$$

振荡的控制物种是 Br^-。

【实验仪器设备】

超级恒温槽，电磁搅拌器，记录仪和夹套电解池。

【实验步骤】

① 配制 $1.0\ mol \cdot L^{-1}$ 丙二酸 100mL，$0.35\ mol \cdot L^{-1}$ KBrO$_3$ 100mL，$0.03\ mol \cdot L^{-1}$ Ce(NO$_3$)$_3$ 50mL。稀硫酸实验室已备。

② 按图 33-1 接好仪器装置，在 70mL 反应器中加入浓度为 $1.0\ mol \cdot L^{-1}$ 的丙二酸 12mL，

浓度为 $0.35\ \text{mol}\cdot\text{L}^{-1}$ KBrO$_3$ 18mL，浓度为 $3\ \text{mol}\cdot\text{L}^{-1}$ 的硫酸 6mL。接通超级恒温槽，控温 24.0℃，恒温搅拌均匀。接通记录仪（量程 1V，低速 $10\ \text{mm}\cdot\text{min}^{-1}$），到记录仪基线平直后，加入浓度为 $0.03\ \text{mol}\cdot\text{L}^{-1}$ 的 Ce(NO$_3$)$_3$ 溶液 4mL，开始计时，记录诱导期结束的时间和第 10 个振荡结束的时间（见图 33-2）。计时结束，加入抑制剂观察振荡衰减的情况。

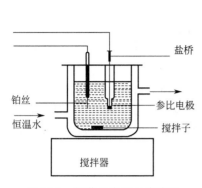

图 33-1 振荡反应测量线路图

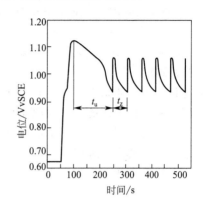

图 33-2 化学振荡反应的电位-时间曲线

可供选择的抑制剂有：2‰H$_2$O$_2$ 溶液，乙醇，正丙醇，异丙醇，正丁醇，KCl 或 NaCl 溶液，AgNO$_3$ 溶液等。

③ 改变温度为 26℃、28℃、30℃，重复步骤②。

【数据处理及讨论】

① 由电位及溶液颜色变化，分析 Pt 电极记录的电位与物种浓度的关系。

② 诱导期和振荡周期与反应速度成反比

$$\ln\frac{1}{t_{诱}}=\ln A-\frac{E_{诱}}{RT} \qquad \ln\frac{1}{t_{振}}=\ln B'-\frac{E_{振}}{RT}$$

分别从各条曲线中找出诱导时间 t_u 和振荡周期 t_z，并列表（参考如下格式）。以 $\ln\frac{1}{t}$、$\frac{1}{T}$ 作图，求出表观活化能 $E_{诱}$ 和 $E_{振}$。

实验记录表格示意

温度	$1/T$	t_u	$\ln(1/t_u)$	t_z	$\ln(1/t_z)$

③ 所使用的电解池、电极和一切与溶液接触的器皿是否干净是实验成败的关键，故每次实验完毕后必须将所用器皿冲洗干净。

思 考 题

1. 影响诱导期、周期及振荡寿命的主要因素有哪些？

2. 为什么在实验中应尽量保持搅拌子的位置和转速一致？

3. 为什么自催化作用是振荡反应中必不可少的步骤？

4. 本实验记录的电位与 Nernst 方程中的电位有何不同？为什么？

【参考文献】

[1] Fielld R J，Noyes R M，Chem J Am. Soc.，1972，94：8649.

[2] Nicolls G，Prigogine I. Self-organization nonequilibrium systems，wiley-interscience，N. Y.，1977.

[3] 庄继华等修订. 物理化学实验. 北京：高等教育出版社，2003.

实验 34　B-Z 振荡反应的系统动力学分析和模拟

【关键词】　振荡反应　非平衡态　震荡曲线

【实验目的】

1. 了解 Belousov-Zhabotinskii 振荡反应的基本原理和机理，认识体系远离平衡态时的复杂行为。

2. 确定振荡反应发生振荡的参数空间和模拟振荡曲线。

【实验原理】

某些化学反应体系中，会出现非平衡非线性现象，即有些组分的浓度会呈现周期性变化，该现象称为化学振荡。非线性非平衡热力学理论从原则上指出了在远离平衡的系统中产生时空有序结构的可能性。为了定量研究时空有序结构的具体形式和产生条件，就必须对化学反应系统中的动力学过程进行具体分析。对于只包含化学反应的均匀体系，基本的宏观动力学过程可描述为如下反应方程：

$$\frac{\partial x_i}{\partial t} = \sum_{\rho} v_{j\rho} w_{\rho} \tag{34-1}$$

等式左边是反应体系中第 i 种组分浓度 x_i 随时间的变化，右边是该组分通过化学反应产生或消耗所引起的总的变化率，是系统种各组分的浓度 x_j 的非线性函数，同时还取决于系统的动力学条件，如各种速率常数和某些由外界反应控制的反应物或产物的浓度等。因此反应动力学方程又可表示为：

$$\frac{\partial x_i}{\partial t} = f(\{x_j\}, \lambda) \tag{34-2}$$

式中，λ 表征系统的动力学条件，通常称为控制参数。实际上，λ 值不仅是反应系统受到控制的程度，而且还可以描述系统偏离热力学平衡的程度。

为了描述系统的动力学过程，除了式 (34-1) 和式 (34-2) 的反应方程外，还必须给出有关的边界条件，这些边界条件表明了系统与环境之间的关系。在大多数实际应用中，主要涉及如下两类边界条件。

第一类边界条件：在边界上组分浓度保持常数，也称为固定边界条件或 Dirichlet 条件。

第二类边界条件：是通过边界面的流保持恒定，也称为 Neumann 条件，当流为零时，即体系与环境之间没有物质流交换，这样的边界条件称为零流边界条件。

一旦系统中的动力学过程可以用一组适宜的反应方程及边界条件和初始条件来模拟，那么原则上系统发展的一切宏观动力学行为应该可以通过求解有关方程来了解清楚。但是，一般来说，对于非线性偏微分方程的解析求解是极为困难的，因此目前对于反应方程的分析主要是通过一些近似方法来实现的。

近年来，偏微分方程的定性理论有了迅速发展，特别是稳定性理论和分岔理论，为研究反应方程解的特性提供了强有力的工具。稳定性理论不仅可以给出参考态失去稳定性的条件，而且可以判断在发生不稳定之后什么样的新态可能出现。分岔理论在稳定性分析的基础上，进一步确定在一定控制条件下分岔解的数目和具体表达形式。

在对反应方程进行定性分析时，不是讨论定态对有限大小扰动的稳定性，而是讨论对于无限小扰动的稳定性。

B-Z 振荡反应是铈离子催化作用下溴酸氧化柠檬酸反应中，所呈现出的化学振荡现象。反应介质中所含的铈离子的两种价态呈现不同的颜色，淡黄色的 Ce^{4+} 与无色的 Ce^{3+} 具有精确的变化周期。B-Z 振荡反应的总反应为：

$$2BrO_3^- + 3CH_2(COOH)_2 + 2H^+ \xrightarrow{Ce^{3+}, Br^-} 2BrCH(COOH)_2 + 3CO_2 + 4H_2O \qquad (34\text{-}3)$$

对 B-Z 振荡反应的机理引入一组符号：

$$A = BrO_3^-, \qquad P = HOBr \qquad X = HBrO_2 \qquad Y = Br^-, \qquad Z = Ce^{4+}$$

则可以得到如下的一组反应模型，这也就是 Oregonator 模型。

$$A + Y \xrightarrow{k_1} X + P, \quad X + Y \xrightarrow{k_2} 2P \qquad A + X \xrightarrow{k_3} 2X + 2Z$$

$$2X \xrightarrow{k_4} P + A \qquad Z \xrightarrow{k_5} hY \qquad (34\text{-}4)$$

式中，h 为一个 Ce^{4+} 所能再生 Br^- 数目，是一个由实验确定的化学计量系数。

根据质量作用定律，上面动力学耦合系的演化方程为：

$$\frac{dX}{dt} = k_1 AY - k_2 XY + k_3 AX - 2k_4 X^2,$$

$$\frac{dY}{dt} = -k_1 AY - k_2 XY + hk_5 Z \qquad (34\text{-}5)$$

$$\frac{dZ}{dt} = 2k_3 AX - k_5 XY$$

对演化方程(34-5)进行线性稳定性分析，利用 Hanusse 判据，当其特征方程根的判别式满足下列条件时：

$$D = -4T^3 + \delta^2 T^2 - 27\Delta^2 + 18T\delta\Delta - 4\delta^3 < 0, \text{ 且 } \Delta < 0, \ T\delta - \Delta > 0 \qquad (34\text{-}6)$$

定态失稳，体系中将出现极限环振荡。其中 T、δ、Δ 分别为演化方程线性化矩阵的迹、各二阶主子式之和及行列式；D 为 jacobian 矩阵的特征方程根的判别式。

利用数学软件，可以求解出定态，同时 Lyapounov 稳定性理论为研究反应方程的解的特性提供了强有力的工具。据此，可以得到振荡反应的参数条件和振荡模拟图（见图 34-1 和图 34-2）。

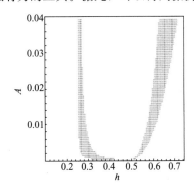

图 34-1　B-Z 振荡参数区间图

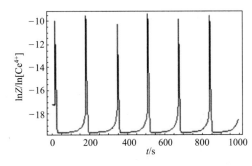

图 34-2　B-Z 振荡图

【实验仪器设备】

计算机；计算机软件：Mathematic 软件。

【实验步骤】

① 启动计算机，双击桌面图标，启动 Maths 软件。

② 参数区间参考程序如下。

a. $k_1 = 1.34$；$k_2 = 1.6 \times 10^9$；$k_3 = 0.8 \times 10^4$；$k_4 = 4 \times 10^7$；$k_5 = 1$

```
Do[Do]u = Solve[{k₁×a×y₁-k₂×x₁×y₁+k₃×a×x₁-2k₄×x₁²= =0,
        -k₁×a×y₁-k₂×x₁×y₁+h×k₅×z₁= =0,
        2×k₃×a×x₁-k₅×z₁= =0},{x₁,y₁,z₁}];
u1={z₁,y₁,x₁}/.u;
```

If[u1[[3,3]]>0,x0=u1[[3,3]]];
If[u1[[3,2]]>0,y0=u1[[3,2]]];
If[u1[[3,1]]>0,z0=u1[[3,1]]];
a11=$-k_2 \times$y0+$k_3 \times$a$-4 \times k_4 \times$x0;
a12=$k_1 \times$a$-k_2 \times$x0;
a21=$-k_2 \times$y0;
a22=$-k_1 \times$a$-k_2 \times$x0;
a23=h$\times k_5$;
a31=2$\times k_3 \times$a;
a33=$-k_5$;
tr=a11+a22+a33;
b=a11×a22+a11×a33+a22×a33−a12×a21;
c=a11×a22×a33+a12×a23×a31−a12×a21×a33;
d=$4 \times tr^3 \times c - b^2 \times tr^2 + 27 \times c^2 - 18 \times tr \times b \times c + 4 \times b^3$;
f=tr×b−c;
If[c<0&&d>0&&f>0,list1=Append[list1,{h,a}]],{h,0.10,1.2,0.005}],{a,0, 0.04,0.0005}];

b. 参数区间作图
tu1 = ListPlot[list1,Frame → True,FrameLabel → {"h","A"},AspectRatio → 1, DefaultFont→{"Times-Bold",12},PlotRange→{{0.1,0.75},{0,0.04}}]

③ 振荡模拟参数程序
a. 求解微分方程定态
k_1=1.34;k_2=1.6×10^9;k_3=0.8×10^4;k_4=4×10^7;k_5=1; a=0.015;h=0.6;
v=Solve[{[{$k_1 \times$a×$y_1 - k_2 \times x_1 \times y_1 + k_3 \times$a$\times x_1 - 2k_4 \times x_1^2$= =0,
$-k_1 \times$a×$y_1 - k_2 \times x_1 \times y_1 + h \times k_5 \times z_1$= =0,
$2 \times k_3 \times$a$\times x_1 - k_5 \times z_1$= =0},{$x_1,y_1,z_1$}];
v1={z_1,y_1,x_1}/.v;
x0=v1[[3,3]];y0=v1[[3,2]];z0=v1[[3,1]];
x2[t]=Exp[x3[t]];
y2[t]=Exp[y3[t]];
z2[t]=Exp[z3[t]];
w2=NDSolve[{($k_1 \times$a×$y_1 - k_2 \times x_1 \times y_1 + k_3 \times$a$\times$x1$- 2k_4 \times x_1^2$)/Exp[x3[t]]
= =x3'[t], ($-k_1 \times$a×$y_1 - k_2 \times x_1 \times y_1 + h \times k_5 \times z_1$)/Exp[y3[t]] =
=y3'[t], ($2 \times k_3 \times$a$\times x_1 - k_5 \times z_1$)/Exp[z3[t]] ==z3'[t], z3[0] = =Log[z0], y3[0] == Log[y0], x3[0] ==Log[x0/0.98]}, {x3,y3,z3},{t,0,10000}, MaxSteps→8000000]

b. 振荡曲线
Plot[Evaluate[x3[t]/. w2],{t,0,1000},Frame → True,FrameLabel → {"t","lnX/ln [HBrO2]"},AxesOrigin→{0,−26},DefaultFont→{"Times-Bold",12},PlotRange→All];
Plot[Evaluate[y3[t]/. w2],{t,0,1000},Frame → True,AxesOrigin→{0,−18.5},FrameLabel→{"t","lnY/ln[Br]"},DefaultFont→{"Times-Bold",12},PlotRange→All];
Plot[Evaluate[z3[t]/. w2],{t,0,1000},AxesOrigin→{0,−20},Frame → True,FrameLabel→{"t/s","lnZ/ln[Ce4+]"},DefaultFont→{"Times-Bold",12},PlotRange→All];

思　考　题

1. 理论得到的振荡图与实验振荡图相比较，说明什么问题？
2. 能否将参数区间描述为曲线区间？

【参考文献】

[1] 梁文平，杨俊林，陈拥军等. 新世纪的物理化学——学科前沿与展望. 北京：科学出版社，2004.

[2] Wenhua Zhang，Jiuli Luo. The effect of temperature undula-tion to limit cycle oscillation in chemical reaction system，Chinese Chemical Letter，2004，9：1075-1078.

[3] 卫国英，张文华，罗久里. 外控弱周期电流约束下电极 B-Z 反应体系中的时间自组织. 化学物理学报，2005，3：367-371.

[4] 卫国英，张文华，罗久里. 外控恒电流对 B-Z 电化反应体系动力学行为的影响. 化学研究与应用，2004，4：533-534.

实验 35　气态小分子热力学函数的理论计算

【关键词】　量子化学　薛定谔方程　热力学函数

【实验目的】

1. 了解量子化学在现代化学中的发展现状和起到的重要作用。
2. 了解化学反应中各分子的能量和热力学函数已可精确地通过量子化学理论方法进行计算。
3. 了解化合物的标准生成焓可通过量子化学方法进行计算、预测甚至修正。
4. 掌握用量化计算软件 Gaussian03W 计算一些气态小分子的热力学函数。
5. 学习和掌握用量子化学计算软件从分子建模到理论计算再到处理数据的整个过程。

【实验原理】

1. 量子化学理论

量子力学用于研究化学问题从而诞生了量子化学这一学科，自 1927 年海特勒和伦敦使用量子力学原理研究了组成氢分子的化学键本质以来，量子化学这一学科已发展成为一门独立的化学分支学科并与物理、生物、材料、计算机等学科相互交叉渗透。随着计算机技术的极大发展，理论方法的进步和人们对理论重要性的逐步认识，量子化学已成为一门蓬勃发展的具有极强生命力的学科。1998 年诺贝尔化学奖授予了在发展量子化学计算方法方面作出巨大贡献的 J.A.Pople 教授和 W.Kohn 教授。

量子化学基础主要是基于三个基本近似（非相对论近似、Born-Oppenheimer 近似和单电子近似）的定态 Schrödinger 方程建立的。

在不考虑相对论效应的情况下，微观分子体系的运动满足普遍的含时 Schrödinger 方程。当所研究的问题只涉及非动力学现象时，体系的 Hamiltonian 是与时间无关的。这时体系波函数中的含时部分可作为一个因子单独分离出来，从而分离出与时间无关的薛定谔（Schrödinger）方程

$$H\Psi(\{R_\alpha\},\{\chi_i\})=E\Psi(\{R_\alpha\},\{\chi_i\})$$

式中，H 称为 Hamilton 算符，描述了分子中各种运动和相互作用能量的数学表达式，包括电子运动动能，原子核之间的静电排斥能，核与电子静电吸引能，电子与电子静电排斥能等；Ψ 称为分子波函数，是电子的空间和自旋坐标 $\{\chi_i\}$ 以及核空间坐标 $\{R_\alpha\}$ 的复杂的多元函数；E 为分子的总能量。

通过求解薛定谔方程，可以在理论上计算得到分子的总能量，结合统计热力学的方法进

而可以计算得到分子热力函数。

对于求解薛定谔方程是一件复杂的工作，对于氢原子和类氢离子以外的体系目前都只能用近似的方法求解。随着量子化学的极大发展，目前已出现了很多商业化的量子化学计算软件，即使我们不懂得太多的量子化学知识也可以利用量子化学计算软件进行分子的能量和热力学函数的计算。本实验采用目前国际上应用最广泛、最有影响力的著名量化计算软件 Gaussian 03W 对一些气态小分子的热力学函数进行理论计算。使用的方法是密度泛函的 B3LYP 方法和精确计算能量的 G3 方法。其中 G3 方法在一定温度下能量计算精度已达化学实验的精度，其误差普遍不会大于 $8.36 \text{kcal} \cdot \text{mol}^{-1}$。通过计算可以预测一些尚未有实验报道的数据，甚至还可以帮助修正一些实验测量有误的数据。

2. 原子化方案计算化合物的标准生成热

对于一个已知分子或未知分子我们可以使用原子化方案计算该化合物的标准生成热。假设该分子的分子式为 $A_x B_y H_z$，其中各原子相应的标准态的"稳定单质"为 A_2、B_2、H_2，则可设计下面的热力学过程见图 35-1。

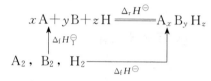

图 35-1 $A_x B_y H_z$ 原子化方案
计算生成热热力学过程图

其中，$\Delta_f H^\ominus$ 为我们需要得到的标准生成热，$\Delta_f H_1^\ominus$ 为原子 A、B、H 的标准生成热乘以反应系数之和，可由查表得到，显然 $\Delta_f H^\ominus = \Delta_f H_1^\ominus + \Delta_r H^\ominus$，我们只需通过理论计算得到 $\Delta_r H^\ominus$，就可获得 $\Delta_f H^\ominus$。本实验将使用 G3 方法计算一些小分子在 298.15K 下的标准摩尔生成焓。

【实验仪器设备】

计算机；计算机软件：Gaussian 03W D01。

【实验步骤】

① 启动计算机，双击桌面图标，启动 Gaussian 03W 配置图形界面建模软件 GaussView。

② 使用 GaussView 软件中 View 菜单中的 Builder 工具进行分子建模，分别画好分子 H_2O 和 O_2。

③ 点击 Calculate 菜单中的 Gaussian 进行计算设置，点击 Method 选择 DFT 方法，Basis Set 选 6-311++G (d, p)，具体见图 35-2。

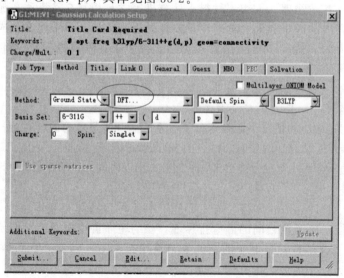

图 35-2 Gaussian 程序计算设置界面

Job Type 选择 Opt＋Freq，见图 35-3。

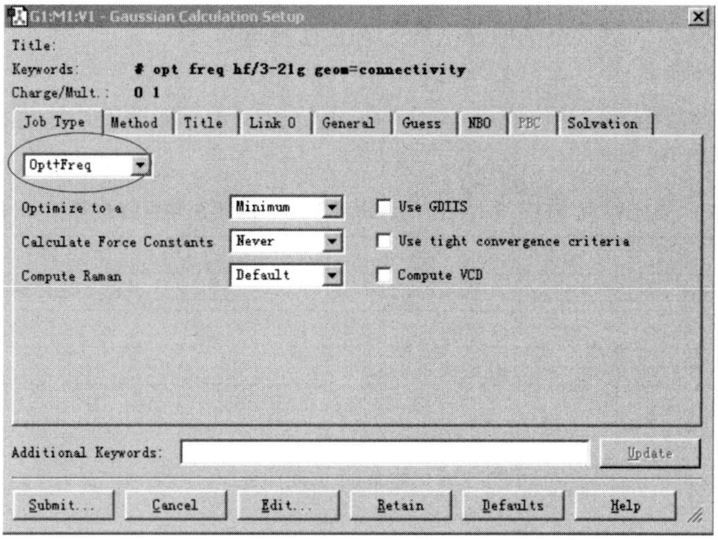

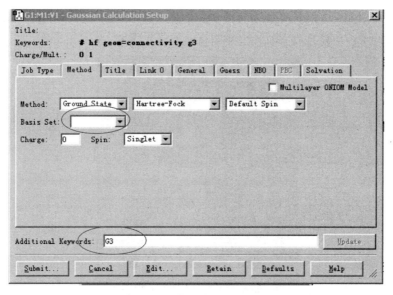

图 35-3　Gaussian 程序工作类型设置界面

点击 Submit 将计算输入文件以文件名 $H_2O.gjf$、$O_2.gjf$ 保存于 D:\PCexperiment 下，软件调用 Gaussian03 W 进行计算，完成计算将计算结果熵 S 和恒容热容 C_V 记于表 35-1。注意：O_2 spin 选择 triplet。

④ 使用 GaussView 软件中 View 菜单中的 Builder 工具进行分子建模，分别画好分子 H_2O、CH_4、C_2H_2、C_2H_4、C_2H_4O。

⑤ 点击 Calculate 菜单中的 Gaussian 进行计算设置，将 basis Set 选为"无"，Additional Keywords 中输入 G3，见图 35-4。

图 35-4　Gaussian 程序 G3 方法设置界面

点击 submit 将计算输入文件以文件名 $H_2OG3.gjf$，$CH_4G3.gjf$、$C_2H_2G3.gjf$、$C_2H_4G3.gjf$、$C_2H_4OG3.gjf$ 保存于 D:\PCexperiment 下，软件调用 Gaussian03 W 进行计算，完成计算将

计算结果 G3（0 K）和 G3 Enthalpy 记于表 35-2 中。

【数据处理】

① 计算标态下水和氧气分子的熵函数 S 和恒压热容 C_p。

将计算得到的熵函数 S 和恒容热容 C_V 记于表 35-1 中，并换算为 $J \cdot K^{-1} \cdot mol^{-1}$。利用所学热力学知识计算出恒压热容 C_p，与实验值进行比较并计算理论计算值相对于实验值的百分误差 Error（%）。

表 35-1　B3LYP/6-311++G（d，p）水平下的熵函数 S 和恒容热容 C_V 计算值

分子	H_2O			O_2		
项目	S	C_V	C_p	S	C_V	C_p
$cal \cdot mol^{-1} \cdot K^{-1}$						—
$J \cdot mol^{-1} \cdot K^{-1}$						
实验值	188.72	—	33.58	205.03		29.36
Error/%						

注：1 cal = 4.184 J，$R = 8.314 J \cdot mol^{-1} \cdot K^{-1}$，实验值单位为 $J \cdot mol^{-1} \cdot K^{-1}$。

② 计算分子 H_2O、CH_4、C_2H_2、C_2H_4、C_2H_4O 在 298.15K 下的标准摩尔生成热。将计算结果 G3（0 K）和 G3 Enthalpy 记于表 35-2 中。

表 35-2　G3 水平下的 298.15K 下的标准摩尔生成热

分子	G3(0 K)	G3 Enthalpy	$\Delta_f H_{298}^{\ominus}$	实验值	Error/%	计算时间
H_2O						
CH_4						
C_2H_2						
C_2H_4						
C_2H_4O						

使用自编软件 Heats 计算 $\Delta_f H_{298}^{\ominus}$，输入原子数和 G3（0 K）、G3 Enthalpy，点击 Submit，见图 35-5。计算百分误差，分析数据，回答思考题。

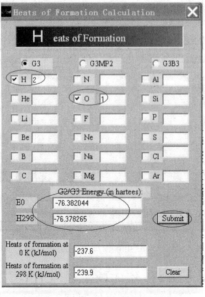

图 35-5　Heats 计算设置界面

思　考　题

1. 理论计算值与实验值相比说明什么问题?

2. 在计算不同小分子生成热时,计算时间的长短说明了什么问题?

【参考文献】

[1] 陈志达. 量子化学的第二次革命. 大学化学,1999,14,3.

[2] 徐光宪,黎乐民. 量子化学基本原理和从头计算法. 北京:科学出版社,1999.

[3] Cutiss L A,Raghavachari K,Redfern P C,et al. J Chem Phys,1998,109:7764.

[4] 苏克和,C A 迪凯恩. 量子化学的 Gaussian-2 理论及其应用与化合物的标准生成焓预测,化学进展,1995,7,128.

实验 36　甲烷生成热和燃烧热的理论计算

【关键词】　生成热　燃烧热　量子化学

【实验目的】

1. 初步掌握一种计算物质热力学性质的理论方法。

2. 学会用 GaussView 建立分子模型,初步掌握 Gaussian 软件的使用。

【实验原理】

生成热、燃烧热、热容、焓、熵等是物质的基本物理化学性质。有些物质或因稳定性差、毒性等原因,难以用实验手段测量它们的热力学性质。理论化学方法是在计算机上开展"实验",不需真实样品,只需告诉程序所要计算的分子的结构和计算水平,无任何危险。原则上是所测物质没有任何限制,只要方法得当,计算结果便准确可靠。本实验将通过计算甲烷的生成热和燃烧热,掌握用理论化学计算物质的热力学性质的方法。

化合物 i 的标准摩尔生成热 $\Delta_f H_{m,i}$ 定义为由单独处于温度为 T 的标准态下的最稳定的单质,生成单独处于温度也为 T 的标准态下的 1mol 纯物质过程的焓变 ΔH。若化合物 C 形式上可由 A 和 B 经反应 $a\text{A}+b\text{B}\Longrightarrow\text{C}$ 生成,则化合物 C 的标准摩尔生成热(以下简称生成热)

$$\Delta_f H_{m,C}=\Delta_r H+a\Delta_f H_{m,A}+b\Delta_f H_{m,B}$$

式中,$\Delta_r H$ 为反应焓变。若 A 和 B 为稳定的纯单质,则按规定 $\Delta_f H_{m,A}$ 和 $\Delta_f H_{m,B}$ 均为零。

本实验通过计算反应 $\text{C(g)}+4\text{H(g)}\Longrightarrow\text{CH}_4\text{(g)}$ 的焓变求甲烷的生成热,其中 C 和 H 为气态原子,而不是通常用作参考态的稳定石墨和氢气。理论计算得到的是体系在 0K 时的总能 E。由于分子具有零点振动能,因此,0K 时 CH_4 的生成热 $\Delta_f H_{m,\text{CH}_4}^0$ 可由式(36-1)得到。其中,E_i 和 ZPE_i 分别为 i 的总能和零点振动能,$\Delta_f H_{m,C}^0$ 和 $\Delta_f H_{m,H}^0$ 分别为绝对零度时气态 C 原子和 H 原子的生成热,分别为 711.53kJ·mol^{-1} 和 216.12kJ·mol^{-1}。

$$\Delta_f H_{m,\text{CH}_4}^0=E_{\text{CH}_4}+ZPE_{\text{CH}_4}-E_C-4E_H+\Delta_f H_{m,C}^0+4\Delta_f H_{m,H}^0 \tag{36-1}$$

通常报道的是化合物在 298.15K(以下简记为 298K)的生成热。因此,需要对各物质的焓作热(温度)校正。根据统计力学,热校正包括四个部分:平动、转动、振动和电子运动。甲烷生成效的热校正 $\Delta_f H_{0,m,\text{CH}_4}^{298}$ 由式(36-2)计算。

$$\Delta_f H_{0,m,\text{CH}_4}^{298}=H_{0,m,\text{CH}_4}^{298}-H_{0,m,C}^{298}-4H_{0,m,H}^{298} \tag{36-2}$$

式中 $H_{0,m,\text{CH}_4}^{298}=H_T-ZPE$;$H_T$ 为甲烷焓的热校正;ZPE 为零点振动能,这两者均由程序计算得到;

$H_{0,m,C}^{298}$ 和 $H_{0,m,H}^{298}$ 分别为 C 和 H 原子焓的热校正，分别为们 1.05 kJ·mol^{-1} 和 4.23 kJ·mol^{-1}。甲烷在 298.15K 的生成热 $\Delta_f H_{m,CH_4}^{298}$ 为

$$\Delta_f H_{m,CH_4}^{298} = \Delta_f H_{m,CH_4}^0 + \Delta_f H_{0,m,CH_4}^{298} \tag{36-3}$$

燃烧热定义为在 25℃ 和 101KPa 时，1mol 可燃物完全燃烧生成稳定的化合物时所放出的热量。按规定，甲烷燃烧反应为 $CH_4(g) + 2O_2(g) == CO_2(g) + 2H_2O(l)$，产物 H_2O 的状态为液态。但 Gaussian 理论计算给出的是相应于水在气态的结果。本实验通过计算反应 $CH_4(g) + 2O_2(g) == CO_2(g) + 2H_2O(g)$ 的焓变，$\Delta_r H$，结合实测 $H_2O(g) \longrightarrow H_2O(l)$ 的放热量 44.04 kJ·mol^{-1}，由式(36-4)求得甲烷的燃烧热 $\Delta_c H_{m,CH_4}$。

$$\Delta_c H_{m,CH_4} = \Delta_r H \times 627.51 + 2 \times (-44.04 \text{ kJ·mol}^{-1})$$
$$= (\sum \nu H_P - \sum \nu H_R) \times 627.51 + 2 \times (-44.04 \text{kJ·mol}^{-1}) \tag{36-4}$$

式中，$\Delta_r H = (\sum \nu H_P - \sum \nu H_R)$ 为反应的焓变；ν 为物种的反应计量数；H_R 和 H_P 分别为反应物和产物的焓；44.04 kJ·mol^{-1} 是 $H_2O(g) \longrightarrow H_2O(l)$ 放出的热量；627.51 是能量单位换算因子。

计算燃烧热需四个化合物的总能及热校正结果，每个化合物计算误差的积累可能会导致较大的燃烧热计算误差，为此，在本实验中采用高精度的 CBS-APNO 复合计算方法。

【实验仪器】

计算机 1 台；GaussView3.0 和 Gaussian03 程序。

【实验步骤】

① 打开 GaussView，点击位于最左侧的 Element Fragment 图标，在显示的 Select Element 框中选 C 元素，然后选择下方最右侧的四面体碳结构。将鼠标箭头移至工作窗口，点击鼠标左健，然后再点击 GaussView 菜单上的 Symmetrize 图标，建立具有 T_d 对称性的甲烷分子。

② 在 GaussView 菜单上先点击 Calculate，再点击 Gaussian。在 Job Type 中选择 Opt+Freq；点击 Method，在 Method 一行选择 Ground Set、DFT、Default Spin、B3LYP。Basis Set 一行选择 6-311G，在后面括号内的两方框中分别选 b 和 p。Charge 和 Spin 分别设为 0 和 singlet。上述计算参数选定后，点击 Submit。此时出现一对话框，点击 Save 后程序提示输入保存文件名。指定一文件名如 CH4，选择 save 及 OK 后，GaussView 将调用 Gaussian 程序对输入的分子作结构优化和频率计算。此时将出现 Gaussian 程序的运行界面。注意在点击 OK 提交作业前，必须保证 Gaussian 程序没有被激活，否则 Gaussian 不能运行。正常运行结束后，文件结尾处会出现类似 "NormaI termination of Gaussian03 at Mon Mar 23 18:19:11 2009" 的信息，记下结果文件所在目录的路径名。

③ 仿照上述对 CH_4 的处理，从 GaussView 的 File 菜单中新建工作窗口，对 C 和 H 原子做类似处理。不同的是，在 Select Element 框中均选最左例的原子栏。同时还须注意，C 的自旋多重度应为 "triplet"，H 为 "doublet"。

④ 用写字板打开结果文件 ch4.out 文件。搜索字符串 "NImag"（有时该字符串分开在两行，则检索不到），若出现 "NImag=0" 则表示优化所得分子结构为稳定构型，否则需重新优化。C 和 H 原子计算结果文件中没有字串 "NImag"，因为只有一个原子，不存在结构优化问题。搜索字符串 "HF="（有时该字符串分开在两行，用 "HF=" 字串检索不到）、"Zero-point correction=" 和 "Thermal correction to Enthalpy="，分别读取总能 E、零点振动能（ZPE）和焓的热校正热 $H(T)$。这些结果是以 Hartree 为单位，1Hartree$=2.632 \times 10^6$ J·mol^{-1}。在 "Sum of electronic and thermal Free Energy=" 下方，给出恒容热容 C_V 和熵 S。

⑤ 分别建立 CH_4、O_2、CO_2 和 H_2O 的结构模型，先点击 Calculate，再点击 Gaussian，在 Job Type 中选 Energy。Method 中选 Ground Sate、Compound 和 CBS-APNO。CH_4、O_2、CO_2 和 H_2O 的 Charge 和 Spin 分别为 0 和 singlet，O_2 的 Charge 和 Spin 分别为 0 和 Triplet，选好后提交作业。待正常结束后，在输出文件的末尾找到 "CBS-APNO Enthalpy＝"，等号后的数据用于计算式(36-4) 中的 $\Delta_r H$。

【注意事项】

① 甲烷属 T_d 点群，建模时必须使分子具有这一对称性。

② C 原子的自旋多重度应为 Triplet，而不是单重态 Singlet。计算 CH_4 的燃烧热时，O_2 的自旋多重度也为 Triplet。

③ 基组 Basis Set 选择应为 6-311G(d,P)，注意不要选其他基组。

【数据处理】

① 根据式(36-1) 求出 0K 时甲烷的生成热 $\Delta_f H^0_{m,CH_4}$。

② 根据式(36-2) 求出 0K 至 298.15K 时甲烷焓的热校正 $\Delta_f H^{298}_{0,m,CH_4}$。

③ 根据式(36-3) 计算 298.15K 时甲烷的生成热 $\Delta_f H^{298}_{m,CH_4}$。

④ 根据式(36-4) 计算甲烷燃烧热 $\Delta_c H_{m,CH_4}$。

⑤ 将上述计算结果填入表 36-1 相应的栏中。

表 36-1　CH_4 热力学性质的计算值

性质	$\Delta_f H^0_{m,CH_4}$/kJ·mol^{-1}	$\Delta_f H^{298}_{m,CH_4}$/kJ·mol^{-1}	$\Delta_f H^{298}_{0,m,CH_4}$/kJ·mol^{-1}	$\Delta_c H_{m,CH_4}$/kJ·mol^{-1}
计算值				
文献值	−66.90	−74.85	−10.04	35.69

思　考　题

1. 理论计算的频率通常比实验结果偏高，精度要求高时应作频率校正，本实验中未做。若作频率校正，对焓和生成热的计算结果有何影响？

2. 若甲烷对称性降低对计算结果有何影响？

3. 如果建立分子模型后，在 Job Type 中误选 Frequency 而未选 Opt＋Freq，会有什么结果出现？

4. 理论计算中基函数往往对结果影响很大，本实验中若用基函数 6-31G(d,P) 代替 6-311G(d,P)，计算的甲烷生成热有什么变化？

实验 37　氧化锌纳米材料的制备与表征

【实验目的】

1. 掌握一种制备 ZnO 纳米材料的方法——均匀沉淀法。

2. 掌握研究纳米材料的形貌、晶体结构和光学性质的常规方法。

【实验原理】

纳米材料是指在三维空间中至少有一维的尺度在 1～100nm 之间的结构单元或由它们作为基本单元构成的材料，通常应具有不同于该物质常规块材料的理化性质。根据纳米材料的维度差异，可将其分为零维纳米材料（纳米颗粒、团簇等）、一维纳米材料（纳米线、纳米棒、纳米管、纳米带等）、二维纳米材料（纳米薄膜、超晶格膜等）。

由于纳米材料的尺度大小与电子的德布罗意波长、激子玻尔半径相近，电子局限于狭小的纳米空间中，其传输受到限制，电子的局限性和相干性增强；同时，尺度的下降使得纳米材料包含的原子或离子数目较少，表面原子比例大大增加，在常规材料中的准连续能带消失，出现离散能级。这些特点使纳米材料呈现出量子尺寸效应、小尺寸效应、表面效应、宏观量子隧道效应等一系列新的效应。

由于这些效应的存在，使得纳米材料的电、光、热、力、磁、催化等理化性质与常规块材料不同，引起了物理学、化学、材料科学、生命科学等领域科学工作者的广泛关注。纳米材料的研究重点包括纳米材料的可控制备（形貌和成分可控）、表征（纳米材料的性能、结构和谱学特征）和应用探索。目前纳米材料的潜在应用领域包括纳米电子器件（如纳米集成电路、场发射器件、纳米发电机等）、传感（如化学、生物、气体传感器）、催化（如光催化、固体催化剂及载体）、药物载体、固体光源（如发光二极管、X 射线源等）、能源（如太阳能电池、锂离子电池、超级电容器等）等。

由于材料的成分和结构决定其性质，因此材料的制备是相关性能和应用研究的基础。纳米材料的制备方法很多，其中液相法操作简单、对设备要求不高且便于大量制备，是最常用的方法之一。液相法是指通过在溶液中发生化学反应而得到纳米材料的方法。常用的液相法主要有均匀沉淀法、直接沉淀法、水（溶剂）热合成法、微乳液法、溶胶-凝胶法、有机配合物前驱体法等。其中均匀沉淀法是利用某一化学反应使溶液中的构晶离子从溶液中缓慢、均匀地释放出来。此法中，加入的沉淀剂不立刻与被沉淀组分发生反应，而是通过化学反应使沉淀剂在整个溶液中缓慢地析出。在均匀沉淀过程中，由于构晶离子的过饱和度在整个溶液中比较均匀，所得沉淀物的颗粒均匀而致密，制得的产品粒度小、分布窄、团聚少。常用的均匀沉淀剂有六亚甲基四胺和尿素。

纳米材料的表征方法很多，例如可用透射电镜（TEM）、扫描电镜（SEM）或原子力显微镜（AFM）等手段观察纳米材料的形貌和尺寸，可用 XRD 测定纳米材料的物相和晶体结构，可用 X 射线光电子能谱（XPS）、能量色散 X 射线谱（EDX）、电子能量损失谱（EELS）等方法确定纳米材料的成分，可用紫外可见吸收光谱、荧光光谱研究材料的导带-价带能隙和光学性质。

氧化锌 ZnO 具有六方纤锌矿结构，是一种宽带隙（室温下 3.37eV）半导体化合物。纳米 ZnO 可广泛应用于气体传感、生物电化学、蓝光 LED、紫外探测和屏蔽、压电、图像记录技术、复合材料增强等领域。通过控制生长条件，人们可以获得多种有重要价值的 ZnO 低维纳米结构，其中 ZnO 一维纳米材料的研究尤为重要。目前，ZnO 一维纳米材料的合成、表征和光学特性等已成为研究热点之一。本实验采用均匀沉淀法，通过两种路径制备 ZnO 纳米棒，比较制备方法对产物形貌的影响，对 ZnO 产物进行表征，掌握纳米材料的某些表征手段。

【实验仪器与药品】

磁力搅拌器（带加热包）2 套；烧瓶（250mL）2 个；回流冷凝管 2 支；烧杯（100mL）4 个，量筒（50mL）1 个；移液管（10mL）1 支；滴管 2 支；电子天平一台；JEOL—JEM—1005 型透射电镜一台；XRD—6000 型 XRD 衍射仪一台；UV—2401PC 紫外可见吸收光谱仪一台；RF—5301PC 荧光光谱仪（Bruker）一台。$Zn(NO_3)_2 \cdot 6H_2O$（AR）；$ZnAc_2$（AR）；$C_6H_{12}N_4$（六亚甲基四胺，AR）；CH_3CH_2OH（AR）；$(C_5H_9NO)_n$（聚乙烯吡咯烷酮，AR）；NaOH（AR）。

【实验步骤】

① 称取 270mg 醋酸锌，溶入 60mL 的无水乙醇中，得溶液 I；称取 210mg 的 NaOH，溶入 65mL 无水乙醇中，得溶液 II。在 60℃水浴和搅拌条件下将溶液 II 连续滴入溶液 I 中，滴完后于 60℃水浴中维持 30min，最后得到 ZnO 纳米粒子（晶种）。

②　称取 1.5g Zn(NO$_3$)$_2$·6H$_2$O 溶于 50mL 水中，得溶液Ⅲ；称取 0.7g 六亚甲基四胺，溶于 50mL 水中，得溶液Ⅳ。将溶液Ⅲ和Ⅳ混合后升温，于 60℃时加入 0.5g 聚乙烯吡咯烷酮，再加入 10mL 的 ZnO 纳米粒子作为晶种，继续升温到 95℃共反应 3h，得到 ZnO 纳米棒（样品 1）。

③　作为比较，不向溶液Ⅲ和Ⅳ的混合液中加晶种，重复步骤 2，可得到纳米棒（样品 2）。

④　表征

a. 取 1mg 左右的样品，加入 2mL 乙醇溶液（乙醇与水的体积比约为 1∶1）中，超声分散 5min，滴一滴溶液到带有机膜的铜网上，晾干后用透射电子显微镜观察样品的形貌。

b. 将样品倒入 XRD 样品槽中，用金属刮刀压实并刮平，使样品表面平整，并与玻片表面保持在同一平面上，然后在 XRD—6000 型仪器上测定其 XRD 谱图（扫描范围 2θ=20°～80°）。

c. 取少量样品均匀铺于 CaSO$_4$ 粉末表面并研磨压实，以 CaSO$_4$ 粉末为参比，在 UV—2401PC 紫外可见吸收光谱仪上测试样品的漫反射吸收光谱（测试范围：200～600nm）；将样品置于石英样品槽中，在 RF—5301PC 荧光光谱仪上测试样品的光致发光性质（激发波长：300nm）。

【实验注意事项】

①　晶种的制备非常关键，所得晶种的大小决定了 ZnO 纳米棒的直径。

②　溶液Ⅲ和Ⅳ混合后升温到 95℃的过程中，晶种加入时间很重要，应控制在不超过 60℃时加入，否则会生成其他形状的 ZnO 产物，影响产物的纯度。

【数据处理】

①　通过透射电子显微镜照片观察两种 ZnO 样品的形貌，测定样品 1 和 2 的直径和长度计其长度及直径的分布范围图，并比较有无晶种诱导对 ZnO 产物的影响。

②　通过 XRD 谱确认 ZnO 的晶型。

③　研究两种 ZnO 样品的 UV-vis 谱和光致发光谱，并根据 $\Delta E = hc/\lambda$ 计算其禁带宽度。

思　考　题

1. 纳米材料的定义是什么？与常规块材料相比，纳米材料具有哪些特点？
2. ZnO 纳米材料的表征手段主要有哪些？从这些表征中可分别获得哪些信息？
3. ZnO 纳米棒的发光机理是什么？

实验 38　浸渍法制备 Ni/Al$_2$O$_3$ 催化剂

【关键词】　浸渍法　催化剂制备

【实验目的】

掌握均匀沉淀法制备催化剂。

【实验原理】

以浸渍为关键和特殊步骤制造催化剂的方法称浸渍法，也是目前催化剂工业生产中广泛应用的一种方法。浸渍法是基于活性组分（含助催化剂）以盐溶液形态浸渍到多孔载体上并渗透到内表面，而形成高效催化剂的原理。通常将含有活性物质的液体去浸各类载体，当浸渍平衡后，去掉剩余液体，再进行与沉淀法相同的干燥、焙烧、活化等工序后处理。经干燥，将水分蒸发逸出，可使活性组分的盐类遗留在载体的内表面上，这些金属和金属氧化物的盐类均匀分布在载体的细孔中，经加热分解及活化后，即得高度分散的载体催化剂。

活性溶液必须浸在载体上，常用的多孔性载体有氧化铝、氧化硅、活性炭、硅酸铝、硅藻土、浮石、石棉、陶土、氧化镁、活性白土等，可以用粉状的，也可以用成型后的颗粒状的。氧化铝和氧化硅这些氧化物载体，就像表面具有吸附性能的大多数活性炭一样，很容易被水溶液浸湿。另外，毛细管作用力可确保液体被吸入到整个多孔结构中，甚至一端封闭的毛细管也将被填满，而气体在液体中的溶解则有助于过程的进行，但也有些载体难于浸湿，例如高度石墨化或没有化学吸附氧的碳就是这样，可用有机溶剂或将载体在抽空下浸渍。

浸渍法有以下优点：第一，附载组分多数情况下仅仅分布在载体表面上，利用率高、用量少、成本低，这对铂、铑、钯、铱等贵金属型负载催化剂特别有意义，可节省大量贵金属；第二，可以用市售的、已成形的、规格化的载体材料，省去催化剂成型步骤。第三，可通过选择适当的载体为催化剂提供所需物理结构特性，如比表面、孔半径、力学强度、热导率等。可见浸渍法是一种简单易行而且经济的方法。广泛用于制备负载型催化剂，尤其是低含量的贵金属附载型催化剂。其缺点是其焙烧热分解工序常产生废气污染。

浸渍法分为以下几类。

① 过量浸渍法　本法系将载体泡入过量的浸渍溶液中，即浸渍溶液体积超过载体可吸收体积，待吸附平衡后，滤去过剩溶液，干燥、活化后便得催化剂成品。通常借调节浸渍溶液的浓度和体积控制附载量。

② 等体积浸渍法　将载体浸入到过量溶液中，整釜溶液的成分将随着载体的浸渍而被改变，释放到溶液中的碎物可形成淤泥，使浸渍难于完全使用操作溶液。因而工业上使用等体积浸渍法（吸干浸渍法），即将载体浸到初湿程度，计算好溶液的体积，做到更准确地控制浸渍工艺。工业上，可以用喷雾使载体与适当浓度的溶液接触，溶液的量相当于已知的总孔体积，这样做可以准确控制即将掺入催化剂中的活性组织的量。各个颗粒都可达到良好的重复性，但在一次浸渍中所能达到最大负载量，要受溶剂溶解度的限制。在任何情况下，制成的催化剂通常都要经过干燥与焙烧。在少数情况下，为使有效组分更均匀地分散，可将浸渍过的催化剂浸入到一种试剂中，以使发生沉淀，从而可使活性组分固定在催化剂内部。

③ 多次浸渍法

本法即浸渍、干燥、焙烧反复进行数次。采用这种方法的原因有两点。第一，浸渍化合物的溶解度小，一次浸渍不能得到足够大的附载量，需要重复浸渍多次；第二，为避免多组分浸渍化合物各组分间的竞争吸附，应将各别组分按顺序先后浸渍。每次浸渍后，必须进行干燥和焙烧，使之转化为不溶性的物质，这样可以防止上次浸载在载体的化合物在下一次浸渍时又溶解到溶液中，也可以提高下一次浸渍时载体的吸收量。例如，加氢脱硫 Co_2O_3-MoO_3/Al_2O_3 催化剂的制备，可将氧化铝先用钴盐溶液浸渍，干燥、焙烧后再用钼盐溶液按上述步骤处理。

④ 浸渍沉淀法

本法是在浸渍法的基础上辅以均匀沉淀法发展起来的一种新方法，即在浸渍液中预先配入沉淀剂母体，待浸渍单元操作完成之后，加热升温使待沉淀组分沉积在载体表面上。此法可以用来制备比浸渍法分布更加均匀的金属或金属氧化物负载型催化剂。

⑤ 流化床喷洒浸渍法

浸渍溶液直接喷洒到流化床中处于流化状态的载体中，完成浸渍以后，升温干燥和焙烧。在流化床内可一次完成浸渍、干燥、分解和活化过程。流化床内放置一定量的多孔载体颗粒，通入气体使载体流化，再通过喷嘴将浸渍液向下或用烟道气对浸渍后的载体进行流化干燥，然后升高床温使负载的盐类分解，逸出不起催化作用的挥发组分，最后用高温烟道气活化催化剂，活化后鼓入冷空气进行冷却，然后卸出催化剂。

本实验采用等体积浸渍法制备 Ni/Al_2O_3，该催化剂广泛应用于 CO_2 甲烷化反应。

【实验仪器与药品】

烧杯（100mL）2 个，量筒（50mL）1 个；移液管（10mL）1 支；滴管 2 支；电子天平一台；恒温水浴锅一台；马弗炉 1 台；$Ni(NO_3)_3$（AR）；Al_2O_3 粉末（比表面积 120$m^2 \cdot g^{-1}$ 以上）。

【实验步骤】

① 称取 1g Al_2O_3，置于烧杯中；用移液管取 5mL 水，逐滴加入 Al_2O_3 中，同时搅拌 Al_2O_3，直到 Al_2O_3 变成泥状，加入的水即为 Al_2O_3 的水孔体积。

② 称取 1.88g 的 $Ni(NO_3)_2$，溶于 10 倍 Al_2O_3 的水孔体积水中，得需要的 $Ni(NO_3)_2$ 溶液。

③ 称取 10g Al_2O_3 于烧杯中；把②得的溶液快速倒入烧杯中，搅拌 0.5h。

④ 把③得到的粉末放置水浴锅上干燥（水浴要逐步从 60℃升温到 90℃），90℃干燥 1h。

⑤ 把④得到的粉末放在鼓风干燥箱中 120℃干燥 1h。

⑥ 把⑤得到的粉末放在马弗炉中 500℃焙烧 2h，既得所需的催化剂粉末。

思　考　题

1. 等孔体积浸渍的定义是什么？有哪些特点？
2. 等孔体积浸渍应注意哪些事项？

实验 39　Ni/Al_2O_3 催化 CO_2 加氢甲烷化反应

【关键词】甲烷化　Ni 催化剂　表观活化能

【实验目的】

1. 测定负载于载体上的 Ni 催化剂对 CO_2 加氢甲烷化反应的催化活性，掌握表观活化能 E_a 的计算方法。

2. 进一步掌握催化作用、催化剂、催化剂活性、选择性等基本概念。

3. 通过实验掌握用气相色谱分析气体组分组成的方法。

4. 掌握负载型催化剂的制备方法及表征。

【实验原理】

1. 基本原理

（1）基本反应　工业上应用的催化剂大多数为负载型催化剂，所谓负载型催化剂就是采用一定的方法把活性组分负载于多孔性高比表面积的载体上后形成的催化剂，这类催化剂在使用前通常都需要活化。研究表明负载金属催化 Ni/Al_2O_3 是 CO_2 催化加氢甲烷化反应的有效催化剂，该催化剂是将 Ni 分散在高比表面积的 γ-Al_2O_3 上后制成的，在使用前需要活化。在一定温度下，负载于载体 Al_2O_3 上的氧化物 Ni_2O_3 和 NiO 被气相中的 H_2 还原为金属 Ni。

$$Ni_xO_y + yH_2 \longrightarrow xNi + yH_2O \tag{39-1}$$

由于这种催化剂中金属的负载量可以从 1% 或小于 1% 变化到金属布满整个载体表面的程度（本实验所用催化剂上金属负载量约为 10%），因此还原所得金属 Ni 大多以微小晶粒（多晶微粒）形式高度分散在载体的整个孔体系中，能产生较大的活性表面，有利于反应气体在催化剂表面活性中心的吸附。

催化剂表面的金属态 Ni 对反应物 H_2 和 CO_2 均有吸附作用，H_2 在过渡金属上一般发生解离吸附。H_2 和 CO_2 吸附于催化剂的活性中心后被活化，反应性增强，继而发生 CO_2 加氢反应产生甲烷，该反应为典型的气-固多相催化反应。

$$CO_2 + 4H_2 \xrightarrow{Ni/Al_2O_3} CH_4 + 2H_2O \qquad (39\text{-}2)$$

除此之外，催化剂上存在如下竞争反应，

$$CO_2 + H_2 \xrightarrow{Ni/Al_2O_3} CO + H_2O \qquad (39\text{-}3)$$

当反应(39-3)发生后，又有可能发生另外两个反应，即（39-3）的逆反应和反应(39-4)。

$$CH_4 + 3H_2O \xrightarrow{Ni/Al_2O_3} CH_4 + H_2O \qquad (39\text{-}4)$$

因此该反应的产物中有 CO_2、H_2O 和 CO 三种物质共存，即反应尾气中可能有未反应的 H_2、CO_2 和反应生成的产物 CH_4、H_2O 及 CO。反应中生成的水蒸气用冷阱除去，因此反应尾气含 CH_4、CO 和未知反应的 CO_2、H_2 四种气体。

在本实验所用的 Ni/Al_2O_3 催化剂上和采用的温度范围内，反应(39-2)是主要反应。和 CO 相比，催化剂对产物 CH_4 有很好的选择性，因此我们在讨论 CO_2 催化加氢甲烷化反应的动力学行为时可以只考虑反应(39-2)。

（2）分析检测　当含有混合组分的反应尾气流过气相色谱仪的色谱柱时，由于不同物种与色谱柱填料相互作用的情况不同，不同物种扩散速度不同，因而流出色谱柱时有不同物种可以被分离开。当气流再流入热导池时，热导将在不同时刻检测到不同的物种，在记录仪上表现为不同的位置（即时间）出峰。各物种的色谱峰面积与其在混合气中的浓度线性相关，因此可以利用各物种色谱峰面积的相对大小计算各物种的相对含量，再由此得出反应速率、表观活化能 E_a' 等信息。图 39-1 是典型的气相色谱分析图谱。

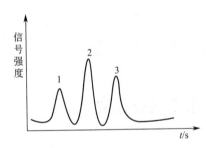

图 39-1　典型气相色谱分析

根据图 39-2 我们可以看到，当化学计量比为 $CO_2/H_2 = 1/4$ 的反应混合气流经反应管时，在反应管中发生了上述反应后，反应尾气再通过六通阀门（其工作原理示意图见图 39-3）。在不进样分析状态下尾气直接排空，当进样分析

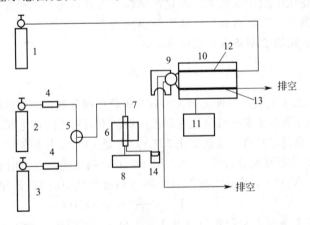

图 39-2　实验反应装置示意

1—色谱载气 H_2；2—反应气 H_2；3—反应气 CO_2；4—流量计；5—混合器；6—管式电炉；7—微型反应管；

8—温度控制仪；9—六通阀；10—色谱热导池；11—色谱信号记录仪（或色谱工作站）；

12—热导池参考臂；13—热导池测量臂；14—冷阱

时，先流过热导池参考臂的载气 H_2 带着采样管中的反应尾气进入热导池的测量臂，由于反应尾气的组成与载体 H_2 流经的参考臂气体组成不同，热导池两臂不平衡，热导检测输出信号，记录仪记录出峰情况，数据处理机计算相对峰面积大小。

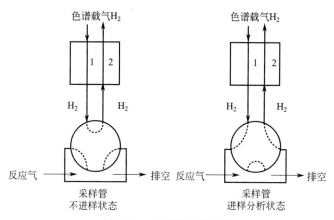

色谱载气H_2　　　　　　　　　色谱载气H_2

反应气　　　排空　反应气　　　排空

采样管　　　　　　　　采样管
不进样状态　　　　　　进样分析状态

图 39-3　六通阀工作原理
1—色谱参考臂；2—色谱测量臂

2. 数据处理

色谱峰面积与待测组分 i 的量呈线性关系，因此进行定量计算时引入了相对摩尔校正因子 $F_{x_{i/s}}$。若气体中各组分均能被分开并在色谱图中出现峰信号，则使用面积归一法来计算各组分的摩尔百分数。

各组分的摩尔百分数 X_i 的计算公式如下：

$$X_i = \frac{A_i/F_{x_{i/s}}}{\sum\limits_i (A_i/F_{x_{i/s}})} \times 100\% \qquad (39-5)$$

式中，A_i 为待测 i 组分所对应的色谱峰面积；$F_{x_{i/s}}$ 为待测 i 组分的相对摩尔校正因子。对 CO_2 加氢甲烷化反应来说：

$$CO_2 + 4H_2 \xrightarrow{\text{Ni/Al}_2\text{O}_3} CH_4 + 2H_2O$$

由于反应掉的 CO_2 与生成的 CH_4 的化学计量比是 $1:1$，并且 CO_2 转化为 CO 及 CO 转化为 CH_4 的化学计量比都是 $1:1$ 的关系，因此可以简便地用碳平衡来计算产物中 CH_4 的摩尔百分含量。进样的总碳量即为进入反应管的反应气中 CO_2 的含量，而尾气中 CH_4 的摩尔百分含量实际上就是 CO_2 的转化率。

流入反应管的总进样碳量可根据下式求出：

$$n_{CO_2} = \frac{pV_{CO_2}}{RT} \qquad (39-6)$$

式中，p 为实验时的大气压；T 为实验时的室温；V_{CO_2} 为单位时间内的 CO_2 进样体积 $mL \cdot min^{-1}$；R 为摩尔气体常数，等于 $8.314\ J \cdot K^{-1} \cdot mol^{-1}$；$n_{CO_2}$ 为单位时间内的进样总碳量，$mol \cdot min^{-1}$。

由上述讨论可知，用摩尔百分数表示后，反应后生成 CH_4 的速率就是 CO_2 的消耗速率：

$$r_{CH_4} = \frac{n_{CO_2} x_{CH_4}}{m_{cat}} \qquad (39-7)$$

式中，r_{CH_4} 为单位质量催化剂上 CH_4 的生成速率 $mol \cdot min^{-1} \cdot g^{-1}$；$n_{CO_2}$ 为碳的进样量，$mol \cdot min^{-1}$；x_{CH_4} 为 CH_4 的摩尔分数；m_{cat} 为催化剂质量，g。

不同反应温度条件下，CH_4 的生成速率不同。反应速率常数 k 与反应温度 T 之间满足阿累尼乌斯公式：

$$k = Ae^{-E_a/RT} \tag{39-8}$$

由阿累尼乌斯公式可以求出反应的实验活化能 E_a：

$$E_a = RT^2 \left(\frac{\partial \ln k}{\partial T} \right)_p = \frac{RT^2}{k} \left(\frac{\partial k}{\partial T} \right)_p \tag{39-9}$$

将此定义扩展，将式(39-9)中的反应速率常数用反应速率 r 取代，即可求得表观活化能 E_a'。

$$E_a' = RT^2 \left(\frac{\partial \ln r}{\partial T} \right)_p \tag{39-10}$$

将上式积分可得：

$$\ln r_{CH_4} = -\frac{E_a'}{RT} + B \tag{39-11}$$

式中，B 为积分常数，由式(39-11)可见，以 $\ln r_{CH_4}$ 对 $1/T$ 作图，可以得到一条直线，从直线斜率可求出反应的表观活化能 E_a'。

【实验步骤】

① 量取 1mL Ni/Al_2O_3 催化剂，称重。取一干燥直型反应管，先填入适量玻璃丝，防止催化剂颗粒渗漏，在玻璃丝上加约 0.5mL 石英砂，再装入称过重的 1mL Ni/Al_2O 催化剂，再在其上装入约 0.5mL 石英砂。

② 将反应管放到加热炉中，接通气路，通入 H_2 气，调节总流速为 30mL·min^{-1}，待尾气管中有气泡冒出后开始对加热炉升温，将反应管温度升到 400℃，恒温，H_2 气流下还原 2h。停止加热，在 H_2 气流中降温。

③ 打开载气并过色谱，看到尾气管中有气炮冒出后，打开气相色谱仪电源走基线。

④ 待反应管降温至 200℃，恒温，并在反应气路中通入 CO_2 气体，调节流速使 $V_{CO_2}/V_{H_2} = 1/4$，总流速为 30mL·min^{-1}。待色谱基线走直后，打开六通阀开始采样进入色谱分析，观察记录仪记录色谱峰情况，等所有组分的峰均出完后，关闭六通阀，一次采样分析结束。每隔 8～10min 采样分析一次，记录分析数据结果，待三次数据重现性较好时，可以停止在该温度的分析。

⑤ 升高温度约 20～30℃，恒温，在这一反应温度下重复第④操作。本实验共需测出 5～9 个不同反应温度下的数据。

⑥ 关闭色谱电源，关闭反应气，待色谱热导池冷却后才能关闭色谱载气 H_2 气。

【数据处理】

① 用色谱峰面积 A_i 及相对摩尔校正因子 $F_{x_{i/s}}$，求出不同温度下 CH_4 的摩尔百分数 x_{CH_4}，并计算出不同温度下的平均值 x_{CH_4}。

查表得到下列物种的相对摩尔校正因子 $F_{x_{i/s}}$

$F_{CH_4} = 35.7$，$F_{CO} = 42$，$F_{CO_2} = 48$

② 由式(39-6)、式(39-7)计算反应速率 r_{CH_4}。

③ 作 $\ln r$-$1/T$ 图，求出该反应的表观活化能 E_a'。

思 考 题

1. 什么叫催化剂，什么叫催化作用？当本实验所用样品 Ni/Al_2O_3 处于反应管外没有进行催化反应时还是不是催化剂，为什么？

2．什么是催化剂的选择性，本实验中催化剂的选择性如何表示？如果实验中反应（39-3）进行的程度也很大，不可忽略，即（39-2）和（39-3）是平行反应，催化剂对甲烷的选择性又该如何表示？

3．催化剂载体上的 Ni_xO_y 在没有被还原成金属 Ni 时，有没有催化活性？

【参考文献】

[1] Raupp G. B, J. A. Dumesic , JCatal., 1986，97：85-99.

[2] Shin ichiro Fujita HiroyUki Terunuma . Masato Nakamura . Nobutsune Takezawa . Ind. Eng Chem. Res.，1991，30：1146-1151.

[3] 胡常伟，彭新民，王文灼等. 化学研究与应用，1994，6（3）：54-57.

[4] Chang wei Hu，Jie Yao，Hua-qing，et al，An-min Tian，J. Catal.，1997，166：1-7.

[5] 吴越. 催化化学（上册）. 北京：科学出版社，1990.

实验 40　自动吸附仪测定固体粉粒的比表面积

【关键词】　物理吸附　吸附仪　比表面积

【实验目的】

1. 加深理解多分子层低温物理吸附理论。

2. 学会使用 QUADRASORBSI 型自动吸附仪测定多孔性固体粉体物质的表面结构参数（比表面积、孔容和孔径分布等）。

【实验原理】

暴露在气体中的固体，其表面上的气体分子浓度会高于气相中的浓度，这种气体分子在相界面上自动聚集的现象称为吸附。通常把起吸附作用的物质叫吸附剂，被吸附剂吸附的物质叫吸附质。

按吸附质和吸附剂相互作用的性质，可以分为物理和化学两类吸附。化学吸附时，吸附质和吸附剂之间发生电子转移；物理吸附时不发生电子转移，吸附质分子依靠范德华（van der wa，als）力作用而吸附在吸附剂的表面上。这两种吸附差别列于表 40-1。

表 40-1　化学吸附和物理吸附的比较

性　　质 \ 吸附类型	物理吸附	化学吸附
吸附热	约 $10^2\sim10^3$ J	接近化学键生成热,$10^3\sim10^5$ J
吸附温度	低	高
活化能	几乎不需要活化能	需要相当高的活化能
吸附层	单层、多层	单层
吸附平衡	快	慢
可逆性	可逆	不可逆

固体物质的比表面积大小和孔径分布情况，是评选催化剂、了解固体表面性质和研究电极性质的重要参数，而固体物质的宏观结构性质的测定，是以物理吸附为基础的。

固体物质的比表面积是指 1g 固体所具有的总表面积。包括外表面和内表面。显然，如果 1g 吸附剂内外表面形成完整的单分子吸附层就达到饱和，那么只要将该饱和吸附量（吸附质分子数）乘以每个分子在吸附剂上占据的面积，就可以求得吸附剂的比表面。朗缪尔（Langmuir）于 1916 年提出的吸附理论，就是建立在单分子吸附层假设上的。

然而，大量事实表明，大多数物理吸附不是单分子层吸附。1938 年．勃鲁瑙（Brunauer）、爱默特（Emmett）和泰勒（Teller）（简称 BET）等三人将朗缪尔吸附理论推广到多分子层吸附现象，建立了 BET 多分子层吸附理论。其基本假设是：固体表面是均匀的；吸附质与吸附剂之间的作用力是范德华力，吸附质分子之间的作用力也是范德华力，所以当气相中的吸附质分子被吸附在固体表面上之后，它们还可能从气相中吸附其同类分子，因而吸附是多层的。但被吸附在用一层的吸附质分子之间相互无作用；吸附平衡是吸附与解吸的动态平衡；第二层及其以后各层分子的吸附热等于气体的液化热。根据这些假设，推导得如下BET 方程：

$$\frac{p}{Vp_s - p} = \frac{1}{V_m \cdot C} + \frac{C-1}{V_m \cdot C} \cdot \frac{p}{p_s} \tag{40-1}$$

式中，p 为平衡压力；p_s 是吸附平衡温度下吸附质的饱和蒸气压；V 为平衡时的吸附量（以标准状况毫升计）；V_m 为单分子层饱和吸附所需的气体量（以标准状况毫升计）；C 为与温度、吸附热和液化热有关的常数。

通过实验可以测量一系列 p 和 V，以 $p/[V(p_s - p)]$ 对 p/p_s 作图得一直线，其斜率为 $(C-1)/(V_m C)$，截距为 $1/(V_m C)$，由斜率和截距数据可算出 V_m。若知道一个吸附质分子的截面积，则根据下式可算出吸附剂的比表面积：

$$A = \frac{V_m \cdot L \cdot \sigma_A}{22400 \cdot m} \tag{40-2}$$

式中，L 为阿伏伽德罗常数；σ_A 为一个吸附质分子的截面积；m 为吸附剂质量，g；22400 为标准状况下 1mol 气体的体积，mL。

根据爱默特和勃鲁瑙建议，σ_A 可按以下公式计算：

$$\sigma_A = 4 \times 0.866 \left(\frac{M}{4\sqrt{2} \cdot L \cdot \rho} \right)^{2/3} \tag{40-3}$$

式中，M 为吸附质的摩尔质量；ρ 为实验温度下吸附质的液体密度。

本实验以 N_2 为吸附质，在 78K 时其截面积 σ_A 取 $16.2 \times 10^{-20} \, m^2$。将此数值代入式（40-2），可得：

$$A = 4.36 \frac{V_m}{m} \tag{40-4}$$

BET 公式的适用范围是相对压力 p/p_s 在 $0.05 \sim 0.35$ 之间，因而实验时气体的引入量应控制在该范围内。由于 BET 方法在计算时需假定吸附质分子的截面积，因此严格地说，该方法只能说是相对方法。本实验达到的精度一般可在 $\pm 5\%$ 之内。

BET 容量法适用的测量范围为 $1 \sim 1500 m^2 \cdot g^{-1}$，作为基础物理化学实验，最好选择其比表面积为 $100 \sim 1000 m^2 \cdot g^{-1}$ 的固体样品。在测定之前，需将吸附剂表面上原已吸附的气体或蒸气分子除去，否则会影响比表面积的测定结果。这个脱附过程，在催化实验中又称为活化，活化的温度和时间，因吸附剂的性质而异。

【仪器和试剂】

QUADRASORBSI 型自动吸附仪，单盘光学天平或电子天平（精度≤0.1mg），气源；高纯氮（99.99%），普氮、液氮、大气压计，温度计，样品管，4 号真空脂，细长漏斗，40目左右多孔性固体粉粒（催化剂）。

【实验步骤】

1. 活化样品

（1）开 N_2 气路（0.07MPa），开活化仪器，开真空泵。

（2）称样品管空管质量（m_1），所称取样品装于样品管中，然后将其装入到加热炉中（1、2、3、4、5、6），打开相应的针型阀（黑色开关 1、2、3、4、5、6），开细抽（Fine Vac），待真空度低于 50Torr 后，打开粗抽（Coarse Vac）。

（3）打开 CN616 软件

① 设置升温程序：打开 CN616→Configure Unit→Set Profile→Set Profile Segments→80℃（目标温度）→10℃/min（升温速率）→80℃（目标温度）→0.5h（恒温时间）→300℃（目标温度）→10℃/min（升温速率）→300℃（目标温度）→3h（恒温时间），点击 program data。

注：加热炉最高活化温度为 420℃，本实验室样品一般都在 300℃活化。

② 运行程序：CN616→Configure Unit→Model configuration→Return/Run→点击所选择的活化炉编号（1、2、3、4、5、6）→点击 "confirmation start zone"。

2. 测量

（1）活化程序运行结束后，关细抽和粗抽，将样品管小心取出放入相应的冷却炉中冷却。

（2）待冷却至室温后，打开 Gas On，通入 N_2，待真空度上升为 760Torr 时，关 Gas On 和各自的脱气站针形阀。

（3）戴手套，取下样品管，用纸擦拭后称重，记录下质量（m_2），计算求得脱气后的样品质量（$m=m_2-m_1$），装入填充棒。

（4）开 Quadrsorb 电源开关，开真空泵，开 He 气（0.07MPa）。然后将样品管装到比表面测量仪上，取杜瓦瓶，装液氮。

（5）设置测量程序

QS on com4→Start Analysis→进入 Start Analysis for QS on com4 界面，完成以下设置。

① 点击 "Station 1"→点击 "Sample"→文件名（File Name Template），点击 "Verify" 确认→编号（ID）→样品质量 m（Weight），也可输入样品的描述信息（Description）对样品细节进行描述。

② 设定吸脱附程序以及比表面积和孔容孔径的测定程序。

点击 "Points"，完成以下程序设置。

a. 吸附程序设置　在 spread points 处输入 0.05～0.99，在 cnt 处输入 20，选中 adsorption-on，点击 "add"，选中前六个点（0.05～0.30）点击 "Mutiple BET"，点击 "apply to selected"；选 0.99 点击 "pore volume"，点击 "apply to selected"；

b. 脱附程序设置　在 spread points 处输入 0.99～0.1，在 cnt 处输入 19，选中 desorption-on，点 "add"；Pore Size-on，点击 "apply to selected"。

③ 在 Station 2、Station 3 和 Station 4 依次完成以上程序设置。

（6）开始测量程序

Active stations→选择使用的工作站（1，2，3，4）→点击 "Start"，程序开始运行，过 1～2min 会弹出确认杜瓦瓶是否装上的对话窗口，点击确定（弹出对话窗口内容为：Open cabinet place dewar in active station and press any key to continue）。

（7）将样品管装上 Quadrasorb 后，关脱气站的真空泵，关活化装置电源开关。

（8）当程序自动终止后，关 Quadrasorb 的真空泵，关电源开关。

（9）回收液氮，取下样品管，并将其清洗干净，晾干。

【数据处理】

① 记录以下各项：室温；大气压；比表面积；孔容；孔径等。

② 试从孔径分布图讨论样品可能的特性。

③ 试从吸附曲线和脱附曲线讨论样品的微孔形状。

思 考 题

1. 多孔性固体物质的吸附量与哪些因素有关？
2. 影响测量结果的可能因素有哪些？

【参考文献】

尹元根. 多相催化剂的研究方法. 北京：化学工业出版社，1988.

实验 41　程序升温还原法研究负载型金属催化剂

【关键词】 TPR　暂态技术　还原物种

【实验目的】

1. 通过实验掌握程序升温暂态技术的原理和方法。
2. 测定 CuO/Al_2O_3 体系上，Cu 氧化物物种在 Al_2O_3 上的分配。

【实验原理】

1. 理论基础

纯金属氧化物具有特定的还原温度，因此可以用此温度表征该氧化物的性质。两种氧化物混在一起，如果在程序升温过程中彼此不发生相互作用，则每一氧化物仍保持其自身的还原温度不变，如果两种氧化物发生固相反应，则原来的还原温度要发生变化。通过对还原峰温、峰形、峰面积的测量，可以对体系进行定性及定量分析，获取各还原物种的属性、还原量、还原动力学等信息。

2. 实验装置简图及简明原理

实验装置如图 41-1 和图 41-2 所示。采用含 3%～10% H_2/Ar 混合气流过热导池参考臂。再通过反应管，然后再流过测量臂，若反应管中无还原反应发生，则流过参考臂和测量臂的气体成分是完全相同的，热导池两臂平衡，热导检测就无信号输出。当反应管中发生了还原反应时，反应管中消耗了气流中的部分氢，流过参考臂和测量臂的气体成分就不相同，热导池两臂就不平衡，热导检测就有输出信号，输出信号的大小与耗氢成正比，从而得到升温还原曲线。

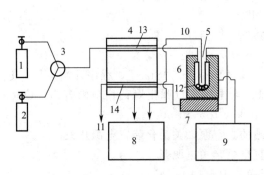

图 41-1　程序升温还原装置简易原理示意

1—高纯氢气；2—高纯 $N_2(Ar)$；3—混合气；4—热导池；
5—反应管；6—加热电炉；7—除水管；8—双臂记录仪；
9—程序控温仪；10—测温热电偶；11—尾气放空；
12—催化剂样品；13—热导池参考臂；14—热导池测量臂

图 41-2　程序升温还原转置实物

3. 数据处理

① 单还原曲线法

假定还原反应为

$$H_2 + S \longrightarrow P \tag{41-1}$$

则其在定温下的反应速率为

$$r = \frac{-d[S]}{dt} = k[H_2]^m [S]^n \tag{41-2}$$

其中，速率常数 k 用 Arrhenius 公式表示：

$$k = A e^{-E/RT} \tag{41-3}$$

在程序升温还原（temperature-programmed reduction）过程中，温度也是时间的函数：

$$\beta = dT/dt \tag{41-4}$$

若采用线性程序升温，则 β 为常数，故

$$-\frac{d[S]}{dt} = -\beta \frac{d[S]}{dT} \tag{41-5}$$

在所用样品不多，还原气流为活塞流的条件下，可以认为 H_2 的浓度为常数，且用 t 时刻的还原度 α 来表示速率，则式（41-2）可改写为

$$\frac{d\alpha}{dt} = k(1-\alpha)^n \tag{41-6}$$

联解方程式（41-3）、式（41-4）、式（41-6）得：

$$\int_0^\alpha \frac{d\alpha}{(1-\alpha)^n} = \frac{A}{\beta} \int_0^T e^{-E/RT} dT \tag{41-7}$$

积分得

$$\begin{cases} \dfrac{1-(1-\alpha)^n}{1-n} = \dfrac{ART^2}{\beta E}\left[1 - \dfrac{2RT}{E}\right] e^{-\frac{E}{RT}} & (n \neq 1) \tag{41-8a} \\[3mm] -\ln(1-\alpha) = \dfrac{ART^2}{\beta E}\left[1 - \dfrac{2RT}{E}\right] e^{-\frac{E}{RT}} & (n=1) \tag{41-8b} \end{cases}$$

取对数

$$\begin{cases} \ln\left[\dfrac{1-(1-\alpha)^n}{T^2(1-n)}\right] = \ln\dfrac{AR}{\beta E}\left[1 - \dfrac{2RT}{E}\right] - \dfrac{E}{RT} & (n \neq 1) \tag{41-9a} \\[3mm] \ln\left[\dfrac{-\ln(1-\alpha)}{T^2}\right] = \ln\dfrac{AR}{\beta E}\left[1 - \dfrac{2RT}{E}\right] - \dfrac{E}{RT} & (n=1) \tag{41-9b} \end{cases}$$

对于大多数 E 值，在这类实验温度范围内，$\ln\dfrac{AR}{\beta E}\left[1 - \dfrac{2RT}{E}\right]$ 为常数，故方程（41-9）的左边对 $1/T$ 作图应直线，其斜率为 $-\dfrac{E}{R}$。

② 改变升温速率法

还原反应发生后，H_2 浓度的改变为

$$[H_2] = [H_2]_{进} - [H_2]_{出}$$

假定气流为活塞流，则在反应管某长度段的耗氢速率为

$$r = f \frac{dx}{dz} \tag{41-10}$$

式中，f 为 H_2 的进料速度，dx 为 dz 段的转化率。在低转化条件下，可假定整个反应器中气相 H_2 的浓度为定值，故

$$反应速率 = fx \tag{41-11}$$

式中，$f=F[H_2]$，F 为总流速，且 $x=\dfrac{\Delta[H_2]}{[H_2]}$

$$反应速率 = F\Delta[H_2] \tag{41-12}$$

对式(41-2) 微分得：

$$\frac{d(反应速度)}{dT} = Ae^{-E/RT}\left[[H_2]^m[S]^n\frac{E}{RT^2} + n[H_2]^m[S]^{n-1}\frac{d[S]}{dT}\right] + m[H_2]^{m-1}[S]^n\frac{d[H_2]}{dT} \tag{41-13}$$

$$在最大速率处，\frac{d(反应速度)}{dT} = 0 \tag{41-14}$$

由式(41-12) 得 $d[H_2]/dT = 0$ $\tag{41-15}$

$$\frac{E}{RT_m^2} + \frac{nd[S]_m}{[S]_m dt} = 0 \tag{41-16}$$

联解方程式(41-2)、式(41-3)、式(41-16) 得：

$$\frac{E}{RT_m^2} = \frac{A[H_2]_m^m n[S]_m^{n-1}}{\beta}e^{-E/RT} \tag{41-17}$$

取对数得：

$$2\ln T_m - \ln\beta + m\ln[H_2]_m + (n-1)\ln[S]_m = \frac{E}{RT_m} + 常数 \tag{41-18}$$

若 m、n 已知，则左边对 $1/T_m$ 作图得一直线，其斜率为 E/R，若假定 $n=1$，则

$$2\ln T_m - \ln\beta + m\ln[H_2]_m = \frac{E}{RT_m} + 常数 \tag{41-19}$$

选取适当的 m 值，左边对 $1/T_m$ 作图得一直线，其斜率为 E/R。

【实验步骤】

① 准确称取样品 m_i（对纯物，约为 $20\sim50\text{mg}$，对负载型催化剂，根据金属的负载量称取 $0.01\sim0.1\text{g}$），置于 U 形反应管中，两边各装填约 0.5mL 石英沙，以保证样品位于反应管适当位置。

② 将反应管接入气路中，将尾气管接于反应管一端，以不使气流通过热导池测量臂，缓缓通入载气（Ar）（注意流量一定要慢慢增加）使 $V_{Ar} = 10\text{mL}\cdot\text{min}^{-1}$，流量稳定后，检查前半段是否有漏气处，确认不漏气后，以 $10\text{K}\cdot\text{min}^{-1}$ 升温至 $150℃$，恒温 30min，恒温结束后，停止加热，Ar 气流中降温。

③ 装好除水管（除水管不能装得过紧）。

④ 将除水管装入气路中，接通气路。

⑤ 待反应管内温度降至室温后，在载气中加通 H_2，调整流速，使 $V_{Ar} = 30\text{mL}\cdot\text{min}^{-1}$，$V_{H_2} = 4\text{mL}\cdot\text{min}^{-1}$。

打开色谱仪走基线（此时一定要注意，两气体的流速一定要稳定）。

⑥ 待基线走稳后，调节记录仪量程为 $5\sim10\text{mV}$，以升温速率 β（$\beta = 10\text{K}\cdot\text{min}^{-1}$）升温至 $600℃$，记录出峰时各特征温度。

⑦ 并闭色谱仪，待热导池冷却后方能停气。

⑧ 改变 β 值，重复上述实验。

【数据处理】

① 量出不同温度 T 时，其峰前面部分的面积 S。

② 量出峰的总面积 S_0，算出还原度。

③ 按式(41-9) 作数据处理，求出 E。

④ 改变 β 值，按式(41-19) 作数据处理，求出 E。

思　考　题

1. 比较数据处理中③、④的结果，并讨论之。

2. 比较纯物与负载样品在峰型、峰温及还原动力学上的异同，并讨论之。

【参考文献】

[1] Nicholas W Hurst，Stephen J Gentry，Alan Jones，Brian D Mcnicol Caial. Rew-Scl Eng. 1982，24 (2)：233～309.

[2] Daniele A M Monti，Alfons Baiker，J Catal，1983，83：323～335.

[3] Stephen J Gentry，Nicholas W Hurst，Alan Jones. J Chem Soc，Faraday Trans. I.，1979，75：1688～1699.

实验 42　表面活性剂胶束形成热力学的电导法研究

【关键词】　表面活性剂　CMC　电导法

【实验目的】

1. 由电导法测十六烷基三甲基溴化铵（CTAB）在不同温度下的临界胶束浓度（cmc），考查添加剂对 cmc 的影响。

2. 计算胶束形成热力学函数。

【实验原理】

表面活性剂（surface active agent，SAA）分子内具有两种极性不同的基团，这种结构特征，使其在稀水溶液中将发生界面吸附、定向排列以及形成胶束等。因可显著地降低界面张力，使其具有调节润湿，乳化、洗涤、去污、起泡、消泡等功能，同时胶束的形成还具有加快反应，提高反应专一性的作用。目前表面活性剂不仅广泛应用于生产、生活的各个领域，同时对于学科的交叉发展也起着特殊的作用。

1. 胶束的形成

在纯水中加入表面活性剂，表面活性剂分子将呈现极性基指向水、非极性基指向气相的排列，即产生所谓的界面吸附现象。随表面活性剂浓度的升高，在吸附逐渐达饱和形成定向单位分子层后，体相中的单分子将几十到几百聚集在一起，形成极性基指向外侧水相，非极性基指向内核的聚集体即为胶束（micelle）。与此同时，溶液的表面张力逐渐降低，到一定值后几乎不再变化。开始形成胶束的浓度为临界胶束浓度（critical micelle concentration，cmc）。由于胶束的形成，体系的许多性质在 cmc 附近出现突变，反过来也可由相应的实验测定表面活性剂的 cmc 值。对于离子型表面活性剂，达到 cmc 以后由于胶束的形成，胶束的体积较单体分子大，胶束表面层及扩散层反离子的存在，使胶束的导电能力较单体离子差，因而在 cmc 处电导率随浓度变化的直线出现一转折点，由此转折点可判断 cmc。当溶液中添加无机物或极性有机物时，cmc 会发生变化。

2. 胶束作用的热力学处理

对于离子型表面活性剂，通常用相分离模型处理胶束的形成，即把胶束的形成看作相分离过程，cmc 为未缔合表面活性剂（SAA）的饱和溶液，相分离在 cmc 开始。

离子型表面活性剂在形成胶束时有以下平衡：

$$j\,m^+ + j\,x^- \rightleftharpoons M \tag{42-1}$$

式中，m^+、x^-表示 SAA 阳离子和阴离子，M 为形成的胶束，j 为胶束的聚集数。由相平衡原理可知，溶液中 SAA 单体的化学势与胶束相中的相同。

$$\mu_2(s\ln) = \mu_2(M) \tag{42-2}$$

其中因胶束为纯相，相当于纯液相纯固体，活度为 1。故

$$\mu_2(s\ln) = \mu_2^\ominus + RT\ln a_2 = \mu_2^\ominus(M) \tag{42-3}$$

式中，a_2 为 SAA 单体在溶液中的活度，对 1-1 型电解质的稀溶液来说：

$$a_2 = a_+ a_- = a_\pm^2 = (\gamma_\pm c/c^\ominus)^2 \approx (c/c^\ominus)^2 = (cmc/c^\ominus)^2 \tag{42-4}$$

$$\mu_2^\ominus(M) - \mu_2^\ominus = 2RT\ln(cmc/c^\ominus) \tag{42-5}$$

上式左端可视为 1mol SAA 物质形成胶束的标准化学势的变化，即

$$\Delta_r G_m^\ominus = 2RT\ln(cmc/c^\ominus) \tag{42-6}$$

又由热力学关系式

$$[d(\Delta_r G_m^\ominus/T)dT]_p = -\Delta_r H_m^\ominus/T^2$$

可以得出

$$\Delta_r H_m^\ominus = -2RT^2[d\ln(cmc/c^\ominus)/dT] \tag{42-7}$$

和

$$\Delta_r S_m^\ominus = (\Delta_r H_m^\ominus - \Delta_r G_m^\ominus)/T \tag{42-8}$$

实验测定 cmc 随温度变化的数据，由式（42-6）可求出不同温度下的 $\Delta_r G_m^\ominus$，作 $\ln\left(\dfrac{cmc}{c^\ominus}\right)$-$1/T$ 线，由切线斜率可求出 $\Delta_r H_m^\ominus$，最后由式（42-8）可求出 $\Delta_r S_m^\ominus$，在温度变化范围不大的情况下 $\Delta_r H_m^\ominus$、$\Delta_r S_m^\ominus$ 可视为常数。

【仪器和试剂】

（1）仪器　电导仪（DDSJ-308 型），镀铂黑电极，超级恒温水浴。

（2）试剂　CTAB、戊醇（均为分析纯）。

【实验步骤】

1. 配制浓度分别为 4.0×10^{-4} mol·L^{-1}、6.0×10^{-4} mol·L^{-1}、8.0×10^{-4} mol·L^{-1}、10.0×10^{-4} mol·L^{-1}、12.0×10^{-4} mol·L^{-1}、14.0×10^{-4} mol·L^{-1}、16.0×10^{-4} mol·L^{-1} 的 CTAB 水溶液各 100mL，恒温下测电导率 κ。测量温度为 25.0℃、30.0℃、35.0℃ 和 40.0℃，更换溶液时，应仔细冲洗电导管及电极。

2. 同以上系列 CTAB 溶液，但其中分别含 0.2%、0.4%、0.8%（质量分数）的戊醇，在 25.0℃ 下测电导率 κ。

【数据处理及结果讨论】

① 作 CTAB 水溶液的 κ-c 曲线，由曲线拐点确定 cmc，对添加戊醇的实验作同样处理。

② 作 $\ln(cmc/c^\ominus)$-$1/T$ 曲线，确定 25℃ 时曲线的斜率。

③ 按式（42-6）~式（42-8）计算 25℃ 时胶束形成的热力学函数。

④ 将实验值与文献结果加以比较，分析产生差异的原因。

⑤ 讨论为什么在 cmc 处溶液的电导率 κ 会发生突变？讨论 cmc 随温度和戊醇加入量变化的原因。由 $\Delta_r H_m^\ominus$、$\Delta_r S_m^\ominus$ 和 $\Delta_r G_m^\ominus$ 的符号及大小讨论胶束形成的热力学特征。

思　考　题

1. 讨论电导法测表面活性剂 cmc 的适用范围。

2. 请再提出 1～2 种确定 cmc 的实验方法。

3. 若需测定胶束的聚集数，请提出合适的实验方案？

实验 43　胶束催化 2,4-二硝基氯苯碱水解反应动力学研究

【关键词】　胶束催化　表面活性剂　反应动力学

【实验目的】

1. 由光度法测 CTAB 胶束溶液中 2,4-二硝基氯苯（R）碱水解表观一级反应的表观速率常数 k_{app} 和在 CTAB 胶束相的反应速率常数 k_m。

2. 计算胶束催化反应的活化焓、活化熵和活化自由能。

3. 了解胶束催化反应的动力学机制。

【实验原理】

1. 胶束的催化作用

一些有机反应分别在水溶液和表面活性剂胶束溶液中进行，反应速率及选择性出现显著差异，此现象为化学反应的胶束效应。根据反应选择适当的表面活性剂及浓度，可起到加速或抑制反应、控制产物分布的作用。胶束不仅使一些在水溶液中难以进行的反应，如长链酯水解、高分子聚合等得以加速，同时还可模拟某些生物酶研究复杂的生理反应。胶束的催化作用主要源于局部浓集效应、静电效应和微环境效应等。如疏水基相互作用可使有机反应物或增溶于胶束内核之中，或增溶于胶束的定向表面活性剂分子之间；胶束表面电荷的静电作用，使带异号电荷的进攻离子易于在胶束表面浓集；胶束的形成，改变了溶剂的性质，使一些反应的过渡态易于形成和稳定存在，从而降低了反应的活化能。这些均有利于反应的进行。

2. 胶束催化的动力学原理

胶束催化通常采用假相模型进行处理。该模型假设胶束作为一个具有自身特点的相，反应在水相和胶束相中分开进行，反应物在两相间迅速达到平衡。若忽略反应对胶束动态结构的影响，有

$$\text{M} + \text{R} \underset{}{\overset{K_s}{=\!=\!=}} \text{MR}$$

$$\big\downarrow k_w \qquad \big\downarrow k_m$$

$$\text{P} \qquad\quad \text{P}$$

(43-1)

式中，R 代表反应物；M 代表胶束；P 代表产物；MR 为胶束与反应物的结合物；K_s 为结合常数；k_w、k_m 分别为水相和胶束相中的反应速率常数。产物的生成速率

$$d[\text{P}]/dt = k_{app}[\text{R}]_{tot} = k_w[\text{R}]_{tot}x_w + k_m[\text{R}]_{tot}x_m \tag{43-2}$$

式中，k_{app} 为表观一级反应速率常数，$[\text{R}]_{tot}$ 为反应物的总浓度，x_w 和 x_m 为未与胶束结合和已与胶束结合的反应物的摩尔分数。结合常数

$$K_s = \frac{[\text{MR}]}{[\text{M}][\text{R}]} = \frac{[\text{MR}]}{[\text{M}]([\text{R}]_{tot} - [\text{MR}])} = \frac{x_m}{[\text{M}](1 - x_m)} \tag{43-3}$$

由以上结果可以得出

$$k_{app} = k_w x_w + k_m x_m \tag{43-4}$$

$$x_m = K_s[\text{M}]/(1 + K_s[\text{M}]) \tag{43-5}$$

$$k_{app} = (k_w + k_m K_s[\text{M}])/(1 + K_s[\text{M}]) \tag{43-6}$$

若 [M] 以胶束化的表面活性剂浓度表示，即 [M]＝$c-$cmc。c 为表面活性剂的化学计量浓度，式(43-6) 可改写为

$$k_{app}=[k_w+k_mK_s(c-cmc)]/[1+K_s(c-cmc)] \tag{43-7}$$

式(43-7) 经整理可改写为线性形式

$$\frac{1}{k_w-k_{app}}=\frac{1}{k_w-k_m}+\frac{1/(k_w-k_m)}{1/K_s(c-cmc)} \tag{43-8}$$

若实验测定 k_w 和不同 ($c-$cmc) 浓度下反应的表观速率常数 k_{app}，按式(43-8) 作图，由 k_w 和直线的斜率与截距可求出胶束相反应速率常数 k_m 和结合常数 K_s。K_s 可表示反应物与胶束的结合程度，K_s 越大，反应物的局部浓集作用越强，而 k_m 主要体现静电效应和微环境效应对反应速率的影响。

3. 光度法测表观速率常数

当碱浓度远远大于 2,4-二硝基氯苯的浓度时，反应可作为表观一级反应处理。因产物 2,4-二硝基氯苯在 358nm 处有一特征吸收峰，故可由光度法监测反应的进行。对于一级反应：

$$\ln[R]=-k_{app}t+C \tag{43-9}$$

由化学计量式(43-1) 及 Lambert-Beer 定律，式(43-9) 可改写为

$$\ln(A_\infty-A_t)=-k_{app}t+C' \tag{43-10}$$

式中，A_t、A_∞ 为任意时刻和反应进行到底时反应物的吸光度。由直线斜率可求出表观速率常数 k_{app}，在不加入 CTAB 时的 k_{app} 即为 k_w。

由过渡态理论，对于凝聚体系反应，有：

$$k_c=\left[\frac{k_BT}{h}\right](c^\ominus)^{1-n}\exp\left(\frac{\Delta_rS_{m,\neq}^\ominus}{R}\right)\exp\left(-\frac{\Delta_rH_{m,\neq}^\ominus}{RT}\right) \tag{43-11}$$

式中，n 为反应分子数（$n=2$），$\Delta_rS_{m,\neq}^\ominus$ 和 $\Delta_rH_{m,\neq}^\ominus$ 为反应的活化熵和活化焓。测定了不同温度下的速度常数可求出反应的活化能，由式(43-11) 可求出 $\Delta_rS_{m,\neq}^\ominus$ 和 $\Delta_rH_{m,\neq}^\ominus$，进而求出活化自由能 $\Delta_rG_{m,\neq}^\ominus$。

$$E_a=\frac{RT_1T_2}{T_2-T_1}\ln\frac{k_2}{k_1} \tag{43-12}$$

$$\Delta_rG_{m,\neq}^\ominus=\Delta_rH_{m,\neq}^\ominus-T\Delta_rS_{m,\neq}^\ominus \tag{43-13}$$

由活化热力学函数可对过渡态的构型做一些预测。

【仪器和试剂】

仪器　紫外可见分光光度计，超级恒温水浴。

试剂　CTAB，2,4-二硝基氯苯（R），NaOH 等，均为分析纯。

【实验步骤】

① 按下表配制溶液 25mL，储备液 [CTAB]＝1.0×10^{-2} mol·L^{-1}，[R]＝1.0×10^{-3} mol·L^{-1} 由实验室提供 0.2mol·L^{-1} NaOH 溶液，并按下表配制溶液：

序号	1	2	3	4	5	6	7
V_{CTAB}/mL	0.0	2.5	3.75	5.0	6.25	7.5	8.75
V_R/mL	2.5	2.5	2.5	2.5	2.5	2.5	2.5

② 反应液先恒温数分钟，取 7 号反应液 2.6mL 于液槽中，恒温下迅速加入 0.4mL NaOH 溶液，搅拌混合，计时，记录吸光度 A_t 随时间变化的数据，每 2min 读一次数，取 10 个数据点。同法依次测定 1～6 号反应液的数据。改换反应液前，比色器应洗净后擦干。

③ 将 7 号反应液升温到 40℃下反应，至吸光度不再变化为止，记录 A_∞。

④ 改变反应液温度到 30℃，重复以上实验。

【数据处理及结果讨论】

① 按式(43-10)处理数据，由直线斜率求出 25℃ 和 30℃ 反应的两组 k_w 和 k_{app} 值，二级反应速率常数 $k_{app,2}=k_{app}/[OH^-]$，$k_{w,2}=k_w/[OH^-]$。

② 按式(43-8)处理数据，由直线斜率和截距求出 25℃ 和 30℃ 时胶束相反应速率常数 $k_{m,2}$。

③ 按式(43-11)～式(43-13)计算水相和胶束相反应的表观活化能和活化热力学函数。

④ 比较水相和胶束相中反应的动力学数据，对 CTAB 胶束影响反应速率的事实加以评价及解释。

⑤ 比较水相和胶束相反应的活化热力学函数，对反应过渡态的形成和稳定性因素进行讨论。

思　考　题

1. 实验证明 2,4-二硝基氯苯碱水解反应可以被阳离子表面活性剂胶束加速，试从胶束增溶、胶束表面带电及 OH^- 的到达等几个方面加以解释。

2. 推测阴离子表面活性剂如十二烷基硫酸钠（NaLS）胶束对本反应速率会有什么影响？非离子型胶束又会有什么影响？为什么？

3. 作 k_{app}-[CTAB] 曲线并对曲线呈现的形状加以解释。

4. 请举出 1～2 个可以被离子型表面活性剂胶束加速的有机反应实例。

【参考文献】

[1] 何玉尊等. 物理化学（下）. 北京：化学工业出版社，2006.

[2] 何玉尊等. 胶束催化 2,4-二硝基氯苯碱水解反应动力学研究. 化学研究与应用，2000，12（2）：234.

[3] 沈吉静，赵振国，马季铭. 阳离子表面活性剂溴代十六烷基吡啶胶束对 2,4-二硝基氯苯水解反应的影响. 高等学校化学学报，1997，18（9）：1527.

参考数据

反应条件	CTAB 的 cmc	反应的 $k_{w,2}$
25℃，0.02mol·L^{-1} NaOH 中	4.45×10^{-4}mol·L^{-1}	1.42×10^{-4}L·mol^{-1}·s^{-1}
30℃，0.02mol·L^{-1} NaOH 中	4.55×10^{-4}mol·L^{-1}	2.81×10^{-4}L·mol^{-1}·s^{-1}

实验 44　HCl 的红外光谱测定及其解析

【关键词】 红外光谱　电子跃迁　振动力常数

【实验目的】

1. 用 16PC 型傅立叶变换红外光谱仪测定 HCl 的红外光谱，了解测量原理和红外光谱仪的使用方法。

2. 由高分辨红外光谱仪测定 HCl 红外光谱，由谱图计算 HCl 分子的键距、力常数和离解能等结构常数。

【实验原理】

分子除平动外，还有电子跃迁、分子振动和转动等分子内部的运动，因此，分子的总能量为

$$E=E_平+E_电+E_振+E_转 \tag{44-1}$$

平动能级间隔极小，可看作连续的，非量子化的。而电子跃迁、振动和转动能级都是量子化的，分子的转动能级间隔较小，其能量差在 0.0035～0.05eV 之间，振动能级间隔较

大，其能量差在 $0.05\sim1\text{eV}$ 之间，电子运动的能级间隔更大，其能量差在 $1\sim20\text{eV}$ 之间。在同一电子能级中，还有若干振动能级，而在同一振动能级中又有若干转动能级。当用能量较低（频率较小，波长较长）的远红外线照射分子时，只能引起分子转动能级的变化，产生转动能级间的跃迁，得到转动光谱，即远红外光谱。当用能量高一些，频率大一些的红外光照射分子时则可引起振动能级的跃迁（伴随有转动能级的改变），得到振动-转动光谱，也就是红外光谱，当用能量更大，频率更高的可见紫外线照射分子时，则可引起电子能级的跃迁（伴随有振动、转动能级的改变）得到电子光谱，即紫外可见光谱。

在讨论双原子分子的红外光谱时，作为一种近似，可把双原子分子当作简谐振子和刚性转子来处理。

简谐振子的振动能为：

$$E_{振}=(v+\frac{1}{2})h\nu_e \qquad V=0,1,2,3,\cdots \qquad (44\text{-}2)$$

$$=\frac{1}{2\pi}\left(\frac{K}{\mu}\right)^{1/2}$$

式中，v 为振动量子数；ν_e 为振动频率；K 为常数，μ 为折合质量。对于一个由质量 m_1 和 m_2 组成的，平衡键距为 r_e 的双原子分子，其折合质量为

$$\mu=\frac{m_1 m_2}{m_1+m_2} \qquad (44\text{-}3)$$

图 44-1 示出了简谐振子的位能曲线及振动能级，对于极性分子，光子吸收和发射的选择是 $\Delta v=\pm1$。

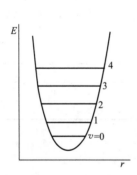 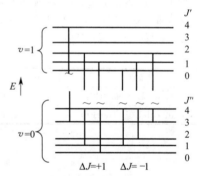

图 44-1　简谐振子的位能曲线和振动能级　　　图 44-2　双原子分子中振动能级 $v=0$ 和 $v=1$ 的转动能级和振-转光谱中观察到的跃迁

刚性转子的转动能级由下式给出

$$E_{转}=J(J+1)\frac{h^2}{8\pi^2 I} \quad J=0,1,2,3,\cdots \qquad (44\text{-}4)$$

$$I=\mu r_e^2 \qquad (44\text{-}5)$$

式中，I 是转动惯量；J 是转动量子数；对于转动能级，光子吸收和发射的选律为 $\Delta J=\pm1$。

光谱学上常以波数（cm^{-1}）为单位表示能量，因此式（44-4）变为：

$$\tilde{\nu}_{转}=\frac{E_J}{hc}=J(J+1)\frac{h}{8\pi^2 cI}=J(J+1)B \qquad (44\text{-}6)$$

$$B=\frac{h}{8\mu^2 cI} \qquad (44\text{-}7)$$

式中，B 称为转动常数，c 为光速（$3 \times 10^{10}\,cm \cdot s^{-1}$）。

图 44-2 为 $v = 0$ 和 $v = 1$ 时振动能级中的转动能级及振动-转动吸收示意图。图 44-2 的左边，纵向箭头表示某些 $J = 1$ 允许的跃迁，右边纵向箭头出表示某些 $\Delta J = -1$ 允许的跃迁，可观察到的振动转动能级跃迁由下式给出：

$$\widetilde{\nu} = \frac{\Delta E}{hc} = (v' - v'')\widetilde{\nu}_e + [J'(J'+1) - J''(J''+1)]B \qquad (44\text{-}8)$$

式中 "'" 表示终态而 "''" 表示始态。

若 $v'' = 0$ 和 $v' = 1$，则对于 $J' = J'' + 1$ 得：

$$\widetilde{\nu} = \widetilde{\nu}_e + 2(J''+1)B \qquad\qquad J'' = 0,1,2,3,\cdots \qquad (44\text{-}9)$$

对于 $J' = J'' - 1$ 得：

$$\widetilde{\nu} = \widetilde{\nu}_e - 2J''B \qquad\qquad J'' = 0,1,2,3,\cdots \quad (44\text{-}10)$$

式（44-9）称为 R 支，式（44-10）称为 P 支。

实际上，真实的双原子分子振动时，即不是简谐振子也不是刚性转子，因此，必须对前面的考虑加以修正。先考虑振动的非简谐性，图 44-3 为双原子分子的位能曲线。D_e 是把两原子核移到相距无穷远处所需的能量，分子处在最低振动状态具有 $\frac{1}{2}h\nu_e$ 的 "零点能"，离解能为：

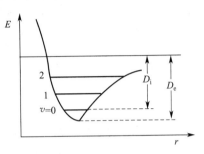

图 44-3　双原子分子位能曲线

$$D_0 = D_e - \frac{1}{2}h\nu_e \qquad (44\text{-}11)$$

能量曲线可用摩尔斯（Morse）函数近似地表达成：

$$U = D_e[1 - e^{-\beta(r - r_e)}]^2 \qquad (44\text{-}12)$$

$$\beta = \nu_e\left[\frac{2\pi^2\mu}{D_e}\right]^{1/2} \qquad (44\text{-}13)$$

将摩尔斯函数代入薛定谔方程，对 HCl 分子的非简谐性作一级近似处理可得：

$$E_{振} = \left(v + \frac{1}{2}\right)hc\,\widetilde{\nu}_e - (v+1/2)^2 hcX_e\,\widetilde{\nu}_e \qquad (44\text{-}14)$$

非简谐常数为：

$$X_e = \frac{h\,\widetilde{\nu}_e c}{4D_e} \qquad (44\text{-}15)$$

非简谐效应使得每个振动能级低于简谐振子的振动能级，振动能级随 v 增加而互相接近。另外，现在的选择为 $\Delta v = \pm 1, \pm 2, \pm 3\cdots$ 这样，除基频谱带 $v'' = 0 \to v' = 1$ 外，还可以观察到泛频谱带，如 $v'' = 0 \to v' = 2$ 或 $v'' = 0 \to v' = 3$，泛频谱带往往比基频带的强度小得多。

其次，还应加入非刚性转子的修正项 $J^2(J+1)^2D$（D 为离心变形常数）和振动的相互作用项 $J(J+1)(v+1/2)a$（a 为振动-转动相互作用常数）。

$$\widetilde{\nu} = (v + \frac{1}{2})\widetilde{\nu}_e - (v+1/2)^2 X_e\,\widetilde{\nu}_e + J(J+1)B - J(J+1)(v+\frac{1}{2})\alpha - J^2(J+1)^2D$$

$$(44\text{-}16)$$

如果将式（44-16）的第三、第四项合并，并定义转动系数为：

$$B_v = B - (v + \frac{1}{2})\alpha \tag{44-17}$$

则得到：

$$\tilde{\nu} = (v + \frac{1}{2})\tilde{\nu}_e - (v + \frac{1}{2})^2 X_e \tilde{\nu}_e + J(J+1)B_v - J^2(J+1)^2 D \tag{44-18}$$

当 $v''(=0) \rightarrow v'$，$J'' \rightarrow J'$（即 $J''+1$）时，式(44-18) 变为：

$$\tilde{\nu}_R(J'') = v'[1 - (v'+1)X_e]\tilde{\nu}_e + 2B_v + J''(3B_v - B_0) + (J'')^2(B_v - B_0) - 4(J''+1)^3 D$$
$$J'' = 0, 1, 2, 3, \cdots \tag{44-19}$$

即为 R 支

当 $v''(=0) \rightarrow v'$，$J'' \rightarrow J'$（即 $J''-1$），式(44-18) 则变为：

$$\tilde{\nu}_P(J'') = v'[1 - (v'+1)X_e]\tilde{\nu}_e - J''(B_v' + B_0) + (J'')^2(B_v - B_0) + 4(J'')^3 D$$
$$J'' = 1, 2, 3, \cdots \tag{44-20}$$

即为 P 支。

$$\tilde{\nu}_R(J'') - \tilde{\nu}_P(J'') = 2(J''+1)B_v - 4[(J''+1)^3 + (J'')^3]D$$
$$J'' = 1, 2, 3, \cdots \tag{44-21}$$

由式(44-21) 可得到 B_v 和 D_0 值，若考虑具有相同终态的 R 分支组分，则得：

$$\tilde{\nu}_R(J'') - \tilde{\nu}_P(J''+2) = 2(J''+3)B_0 - 4[(J''+1)^3 + (J''+2)^3]D$$
$$J'' = 1, 2, 3, \cdots \tag{44-22}$$

由此可以得到 B_0 和 D 值，从式(44-19) 和式(44-20) 可看出用两分支组分相加可以推出包含谱带原线的方程：

$$\tilde{\nu}_R(J'') + \tilde{\nu}_P(J''+1) = 2v'[1 - (v'+1)X_e]\tilde{\nu}_e + 2(J''+1)^2(B_v - B_0)$$
$$J'' = 0, 1, 2, 3, \cdots \tag{44-23}$$

这样就能得到谱带原线及差值 $(B_v' - B_0)$。

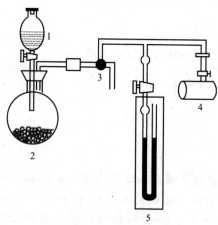

图 44-4　HCl 气体发生器

1—装有浓硫酸的分液漏斗；2—装有固体 NaCl 的
小烧瓶；3—三通活塞；4—气体
池接真空泵；5—压力计

【仪器】

16PC 型傅立叶变换红外光谱仪（带 10mL 气体池），HCl 气体发生装置。

【实验步骤】

① HCl 气体的制备。HCl 气体发生装置如图 44-4 所示。通过三通活塞 3，使真空泵与气体池连通，抽真空至 1mmHg 左右，旋动活塞 3，使气体池与 HCl 发生器连通并同时打开盛硫酸的分液漏斗活塞，使硫酸与 NaCl 反应产生 HCl 气体（事先已把系统内的空气赶尽），气体池充气压 600mmHg 为止，关闭 1 和 5 中的活塞，取下气体池。

② 按操作规程调节红外光谱仪至正常工作状态。

③ 将充装了 HCl 的气体池放在 16PC 红外光谱仪样品气路的样品托架上测定 HCl 气体的红外吸收光谱。

【数据处理】

16PC 傅立叶变换红外光谱仪所测定的 HCl 红外光谱进行下列数据处理。

① 从 HCl 红外光谱图上读出 $\tilde{\nu}_R(J'')$ 和 $\tilde{\nu}_P(J'')$ 各谱带的波数，并列成数据表。

② 以 $0.5[\tilde{\nu}_R(J'')-\tilde{\nu}_P(J'')^3]/(2J''+1)$ 对 $\dfrac{2[(J''+1)^3+(J'')^3]}{(2J''+1)}$ 作图，由斜率得 $-D$，由截距得 B'_v，$(J''=1，2，3\cdots)$。

③ 以 $0.5[\tilde{\nu}_R(J'')+\tilde{\nu}_R(J''+2)]/(2J''+3)$ 对 $\dfrac{2[(J''+1)^3+(J''+2)^3]}{(2J''+3)}$ 作图，由斜率得 $-D$，由截距得 B_0 $(J''=1，2，3\cdots)$。

④ 以 $0.5[\tilde{\nu}_R(J'')+\tilde{\nu}_P(J''+1)]$ 对 $(J''+1)^2$ 作图，由截距得谱带原线，由斜率得 (B'_v-B_0) $(J''=1，2，3\cdots)$。

⑤ 用所得数据及公式求 HCl 的平均间距 r_e。

⑥ 由计算所得的基频谱带原线和附表中任一条泛频带原线计算 $\tilde{\nu}_e$ 和 $X_e\tilde{\nu}_e$。

⑦ 计算 HCl 分子的振动力常数 K_0。

⑧ 计算 HCl 的离解能 $D_0(\text{kJ/mol})$。

附表

H^{35}Cl 泛频谱带原线

v'	2	3	4	5
$\tilde{\nu}_v/\text{cm}^{-1}$	5668.05	8346.98	10923.11	13396.55

思 考 题

1. 简述红外光谱的测量原理。

2. 什么是 R 支？什么是 P 支？

【参考文献】

[1] 北京大学物理化学教研室. 物理化学实验.（修订本）. 北京：北京大学出版社，1985.

[2] H D Cvockford, et al . Laboratory Manuual of Physical Chemistry，New York：John Wiley，1975.

[3] 郑一善. 分子光谱导论. 上海：上海科学技术出版社，1961.

[4] 王宗明等. 实用红外光谱学. 北京：石油化学工业出版社，1978.

附：仪器说明

1. 傅立叶变换红外光谱（FT-IR）基本原理

傅立叶变换红外线光谱，主要由光学系统和计算机系统两部分组成。光学系统主要是由迈克尔逊干涉义，辅助光学系统（白光和激光干涉系统）和光源、探测器组成。迈克尔逊干涉仪的作用是产生相干光束，通过相干光束获取全部光谱信息（干涉图）。计算机功能是数据采集，傅立叶变换是指将干涉图变换成光谱图。

傅立叶变换红外光谱中的光学系统主体是干涉仪系统，其原理图如图 44-5 所示，干涉仪系统由动镜、固定镜、分束器组成。分束器的作用是让输入的红外光束一半透过到动镜，一半反射到固定镜。然后，两光束分别通过动镜和固定镜反射，原路返回时，固定镜反射回来的光束透过分束器到输出光路上，动镜反射回来的光束，再经分束器反射，也到输出光路上。但由于动镜移动与固定镜产生光束差，这样在输出光路上产生相干光束。相干光束通过样品，即产生样品干涉图，样品干涉图包含了样品的全部光谱信息。这种样品干涉图是动镜移动的距离的函数，由于动镜是线性运动，所以干涉图又是时域函数，通过傅立叶变换即把这种时域函数变换成人们熟悉的，可以识谱的频域函数，即光谱图。傅立叶变换红外光谱仪工作原理框图如图 44-6 所示。

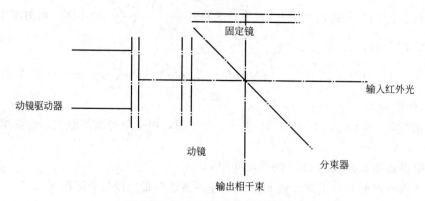

图 44-5　迈克尔逊干涉仪工作原理

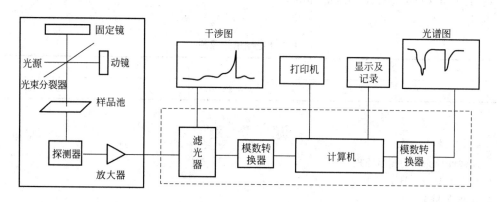

图 44-6　FT-IR 光谱仪工作原理

2. FT-IR 仪器的主要优点

① 高的信/噪比　在测定光谱时，对于色散型仪器需要单色器把多色光分成 n 个分辨单元，逐次来测定其随频率变化的光谱图。而每个分辨单元需要测定的时间为 Δt，这样，总测量时间就需要 $n\Delta t$。对于 FT-IR 中的干涉图则包含全部光谱信息，得到这样的干涉图只需 Δt 即可，因而从时间上来说，在同样的信/噪比（S/N）条件下，傅立叶变换光谱中完成一次干涉图测量时间只有色散型仪器的 $1/n$。如果同样的 $n\Delta t$ 总时间在傅立叶光谱中，则可完成 n 次干涉的光学测量，信号强度随 n 的增加而增加，因而，傅立叶变换光谱的信/噪比与 $\sqrt{n}$ 成正比：

$$\frac{S}{N} \propto \sqrt{\frac{t}{\Delta t}} \propto \sqrt{n}$$

因而在同样的测量时间，FT-IR 的信/噪比比色散型仪器提高 $\sqrt{n-1}$ 倍。提高信/噪比既提高测量灵敏度又减少测量时间，这是傅立叶变换光谱的基本优点。

② 大光通量（Aparture Advantage）　FT-IR 中没夹缝，光通量大，比光谱仪器要高出近百倍。

③ 高波数精度（Cornnes Advantage）　这是由于采用单色性极高的 He-Ne 激光来控制和测量干涉图样并取样，使光谱计算得到很高的波数精度。

④ 具有很宽的光谱范围　目前计算机的软件功能可自动更换探测器、分束器、光源等，一台仪器可测 $50000cm^{-1}$ 至 $10cm^{-1}$ 范围（不同档次的仪器此范围不同）。

⑤ 高分辨力 分辨力取决于干涉仪中动镜移动的距离以及其与固定镜所构成的最大光度差，目前生产的 FT-IR 仪器分辨力多在 $0.05 \sim 4\mathrm{cm}^{-1}$ 之间。

⑥ 具有极低的杂散光 一般低于 0.3%。

⑦ 计算机功能达到极大发挥 如检索、定量、图谱识别、定量分析、谱图处理等。

⑧ 适合各种联机 FT-IR-GC、FT-IR-SFC、FT-IR-显微分析、FT-IR-LG、GC-FT-IR-MSTFFU 等。

附　　录

一、法定计量单位

附表 1-1　国际单位制的基本单位

量	单位名称	单位符号
长度	米	m
质量	千克(公斤)	kg
时间	秒	s
电流	安(培)	A
热力学温度	开(尔文)	K
物质的量	摩(尔)	mol
光强度	坎(德拉)	cd

附表 1-2　国际单位制的辅助单位

量的名称	单位名称	单位符号
平面角	弧度	rad
立体角	球面度	sr

附表 1-3　国际单位制中具有专门名称的导出单位

量的名称	单位名称	单位符号	用 SI 单位表示
频率	赫(兹)	Hz	s^{-1}
力	牛(顿)	N	$kg \cdot m \cdot s^{-2}$
压力,应力	帕(斯卡)	Pa	$m^{-1} \cdot kg \cdot s^{-2}$
能(量)、功、热(量)	焦(耳)	J	$m^2 \cdot kg \cdot s^{-2}$
电荷(量)	库(仑)	C	$A \cdot s$
功率	瓦(特)	W	$m^2 \cdot kg \cdot s^{-3}$
电位、电压、电动势	伏(特)	V	$m^2 \cdot kg \cdot s^{-3} \cdot A^{-1}$
电容	法(拉)	F	$m^{-2} \cdot kg^{-1} \cdot s^4 \cdot A^2$
电阻	欧(姆)	Ω	$m^2 \cdot kg \cdot s^{-3} \cdot A^{-2}$
电导	西(门子)	S	$m^{-2} \cdot kg^{-1} \cdot s^3 \cdot A^2$
磁通(量)	韦(伯)	Wb	$m^2 \cdot kg \cdot s^{-2} \cdot A^{-1}$
磁感应强度	特(斯拉)	T	$kg \cdot m^{-2} \cdot A^{-1}$
电感	亨(利)	H	$m^2 \cdot kg \cdot s^{-2} \cdot A^{-2}$
摄氏温度	摄氏度	℃	

附表 1-4　国家选定的非国际单位制单位

量的名称	单位名称	单位符号	换算关系说明
时间	分	min	$1min = 60s$
	(小)时	h	$1h = 60min$
	天(日)	d	$1d = 24h = 86400s$
平面角	(角)秒	(″)	$1″ = (\pi/648000)rad$

量的名称	单位名称	单位符号	换算关系说明
	（角）分	（′）	$1' = 60'' = (\pi/10800)\,rad$
	度	（°）	$1° = 60' = \pi/180\,rad$
旋转速度	转每分	$r \cdot min^{-1}$	$1r \cdot min^{-1} = (1/60)\,s^{-1}$
长度	海里	n mile	$1n\ mile = 1852m$（只用于航程）
速度	节	kn	$1kn = 1n\ mile \cdot h^{-1} = (1852/3600)m \cdot s^{-1}$（只用于航行）
质量	吨	t	$1t = 10^3\,kg$
	原子质量单位	u	$1u \approx 1.6605655 \times 10^{-27}\,kg$
体积	升	L(l)	$1L = 1dm^3 = 10^{-3}\,m^3$
能	电子伏	eV	$1eV = 1.6021892 \times 10^{-19}\,J$
级差	分贝	dB	
线密度	特（克斯）	tex	$1tex = 1g/km$

附表 1-5　用于构成十进制倍数和分数单位的词头

倍数	词头名称	词头符号	倍数	词头名称	词头符号
10^{24}	尧［它］(yotta)	Y	10^{-1}	分(deci)	d
10^{21}	泽［它］(zetta)	Z	10^{-2}	厘(centi)	c
10^{18}	艾［可萨］(exa)	E	10^{-3}	毫(milli)	m
10^{15}	拍［它］(peta)	P	10^{-6}	微(micro)	μ
10^{12}	太［拉］(tera)	T	10^{-9}	纳［诺］(nano)	n
10^{9}	吉［咖］(giga)	G	10^{-12}	皮［可］(pico)	p
10^{6}	兆 mega	M	10^{-15}	飞［母托］(femto)	f
10^{3}	千 kilo	k	10^{-18}	阿［托］(atto)	a
10^{2}	百 hecto	h	10^{-21}	仄［普托］(zepto)	z
10^{1}	十 deca	da	10^{-24}	幺［科托］(yocto)	y

附表 1-6　一些非国际制单位与国际单位间的换算因子

量的名称	单位名称	用 SI 单位表示
长度	埃(Å)	$10^{-10}\,m$
能量	电子伏(eV)	$1.6022 \times 10^{-19}\,J$
	波数(cm^{-1})	$1.986 \times 10^{-23}\,J$
	卡（热化学 cal）	$4.184\,J$
	尔格(erg)	$10^{-7}\,J$
力	达因(dyne)	$10^{-5}\,N$
压力	大气压(atm)	$101325\,Pa$
	毫米汞柱(mmHg)	$133.3224\,Pa$
	托(Torr)	$133.3224\,Pa$
电子电荷	$e \cdot s \cdot u$	$3.334 \times 10^{-10}\,C$
偶极距	德拜(D)	$3.334 \times 10^{-30}\,C \cdot m$
磁场强度	奥斯特(Oe)	$1000/4\pi A \cdot m^{-1}$
磁通量密度	高斯(Gs)	$10^{-4}\,T$

二、物理化学常用数据表

附表 2-1　国际相对原子质量表

符号	名称	相对原子质量	符号	名称	相对原子质量	符号	名称	相对原子质量
Ac	锕	[227]	Ar	氩	39.948	B	硼	10.811
Ag	银	107.8682	As	砷	74.92159	Ba	钡	137.327
Al	铝	26.981539	At	砹	[210]	Be	铍	9.012182
Am	镅	[243]	Au	金	196.96654	Bi	铋	208.98037
Bk	锫	[247]	Ir	铱	192.22	Ra	镭	226.0254
Br	溴	79.904	K	钾	39.0983	Bb	铷	85.4678
C	碳	12.011	Kr	氪	83.80	Re	铼	186.207
Ca	钙	40.078	La	镧	138.9055	Rh	铑	102.90550
Cd	镉	112.411	Li	锂	6.941	Rn	氡	[222]
Ce	铈	140.115	Lr	铹	[260]	Ru	钌	101.07
Cf	锎	[251]	Lu	镥	174.967	S	硫	32.066
Cl	氯	35.4527	Md	钔	[256]	Sb	锑	121.75
Cm	锔	[247]	Mg	镁	24.3050	Sc	钪	44.955910
Co	钴	58.93320	Mn	锰	54.93805	Se	硒	78.96
Cr	铬	51.9961	Mo	钼	95.94	Si	硅	28.0855
Cs	铯	132.90543	N	氮	14.00674	Sm	钐	150.36
Cu	铜	63.546	Na	钠	22.989768	Sn	锡	118.710
Dy	镝	162.50	Nb	铌	92.90638	Sr	锶	87.62
Er	铒	167.26	Nd	钕	144.24	Ta	钽	180.9479
Es	锿	[254]	Ne	氖	20.1797	Tb	铽	158.92534
Eu	铕	151.965	Ni	镍	58.6934	Tc	锝	98.9062
F	氟	18.9984032	No	锘	[259]	Te	碲	127.60
Fe	铁	55.847	Np	镎	237.0482	Th	钍	232.0381
Fm	镄	[257]	O	氧	15.9994	Ti	钛	47.88
Fr	钫	[223]	Os	锇	190.2	Tl	铊	204.3833
Ga	镓	69.723	P	磷	30.973762	Tm	铥	168.93421
Gd	钆	157.25	Pa	镤	231.03588	U	铀	238.0289
Ge	锗	72.61	Pb	铅	207.2	V	钒	50.9415
H	氢	1.00794	Pd	钯	106.42	W	钨	183.85
He	氦	4.002602	Pm	钷	[145]	Xe	氙	131.29
Hf	铪	178.49	Po	钋	[209]	Y	钇	88.90585
Hg	汞	200.59	Pr	镨	140.90765	Yb	镱	173.04
Ho	钬	164.93032	Pt	铂	195.08	Zn	锌	65.409
I	碘	126.90447	Pu	钚	[239]	Zr	锆	91.224
In	铟	114.82						

附表 2-2　一些物理化学常数

常数名称	符号	数值	单位(SI)
真空光速	c	2.997924258	$10^8\,m\cdot s^{-1}$
基本电荷	e	1.6021892	$10^{-19}\,C$
阿伏伽德罗常数	L	6.022045	$10^{23}\,mol^{-1}$
原子质量单位	u	1.6605655	$10^{-27}\,kg$
电子静质量	m_e	9.109534	$10^{-31}\,kg$
质子静质量	m_p	1.6726485	$10^{-27}\,kg$
法拉第常数	F	9.648456	$10^4\,C\cdot mol^{-1}$
普朗克常数	h	6.626176	$10^{-34}\,J\cdot s$
电子质荷比	e/m_e	1.7588047	$10^{11}\,C\cdot kg^{-1}$
里德堡常数	R_∞	1.09737317	$10^7\,m^{-1}$
玻尔磁子	μ_B	9.274078	$10^{-24}\,J\cdot T^{-1}$
气体常数	R	8.31441	$J\cdot K^{-1}\cdot mol^{-1}$
真空电容率	ε_0	8.854188	$10^{-12}\,C^2\cdot N^{-1}\cdot m^{-2}$
玻尔兹曼常数	k	1.380662	$10^{-23}\,J\cdot K^{-1}$
万有引力常数	G	6.6720	$10^{-11}\,N\cdot m^2\cdot kg^{-2}$
重力加速度	g	9.80665	$m\cdot s^{-2}$

附表 2-3　汞的蒸气压

温度/℃	p/Pa	温度/℃	p/Pa	温度/℃	p/Pa
0	0.02466	14	0.09413	28	0.31451
2	0.03040	16	0.11280	30	0.37024
4	0.03680	18	0.13452	32	0.43476
6	0.04466	20	0.16012	34	0.50969
8	0.05413	22	0.19012	36	0.59608
10	0.06533	24	0.22545		
12	0.07839	26	0.26664		

附表 2-4　不同温度下水的饱和蒸气压

t/℃	p/kPa	t/℃	p/kPa	t/℃	p/kPa	t/℃	p/kPa
0	0.6105	13	1.497	26	3.361	39	6.991
1	0.6567	14	1.599	27	3.565	40	7.375
2	0.7058	15	1.705	28	3.780	45	9.583
3	0.7579	16	1.817	29	4.005	50	12.33
4	0.8134	17	1.937	30	4.242	55	15.73
5	0.8723	18	2.064	31	4.493	60	19.92
6	0.9350	19	2.197	32	4.754	65	25.00
7	1.002	20	2.338	33	5.030	70	31.16
8	1.073	21	2.486	34	5.320	75	38.54
9	1.148	22	2.644	35	5.624	80	47.34
10	1.228	23	2.809	36	5.941	85	57.81
11	1.312	24	2.984	37	6.275	90	70.096
12	1.403	25	3.168	38	6.625	95	84.513

注：引自 Robe rt C. weast：《Handbook of Chemistry and Physics》，69th ed. D：189-190 (1989).

附表 2-5　不同温度下水的密度 ρ 　　　　　　g·mL^{-1}

温度/℃	0	0.2	0.4	0.6	0.8
0	0.999841	9854	9866	9878	9889
1	0.999900	9909	9918	9927	9934
2	0.999941	9947	9953	9958	9962
3	0.999965	9968	9970	9972	9973
4	0.999973	9973	9972	9970	9968
5	0.999965	9961	9957	9952	9947
6	0.999941	9935	9927	9920	9911
7	0.998902	9893	9883	9872	9861
8	0.999849	9873	9824	9810	9796
9	0.999781	9766	9751	9734	9717
10	0.999700	9682	9664	9645	9625
11	0.999605	9585	9564	9542	9520
12	0.999489	9475	9451	9427	9402
13	0.999377	9352	9326	9299	9272
14	0.999244	9216	9183	9159	9129
15	0.999099	9069	9038	9007	8975
16	0.998943	8910	8877	8843	8809
17	0.998774	8739	8704	8668	8632
18	0.998595	8558	8520	8482	8444
19	0.998405	8365	8325	8285	8244
20	0.998203	8162	8120	8078	8035
21	0.997992	7948	7904	7860	7815
22	0.997770	7724	7678	7632	7585
23	0.997538	7490	7442	7394	7345
24	0.997296	7246	7196	7146	7095
25	0.997044	6992	6941	6888	6836
26	0.996783	6729	6676	6621	6567
27	0.996512	6457	6401	6345	6289
28	0.996232	6175	6118	6060	6002
29	0.995944	5885	5826	5766	5706
30	0.995646	5586	5525	5464	5402

注：第三列以后各列的前两位数与同行第二列的字相同。

引自 John A. Dean：《Lange's Handbook of Chemistry》，11th ed. 10-127（1973）.

附表 2-6　水的黏度 η 　　　　　　Pa·s

$t/℃$	$\eta/10^{-3}$	$t/℃$	$\eta/10^{-3}$	$t/℃$	$\eta/10^{-3}$	$t/℃$	$\eta/10^{-3}$
0	1.792	10	1.303	20	1.0019	30	0.8007
1	1.731	11	1.271	21	0.9810	35	0.7225
2	1.673	12	1.236	22	0.9579	40	0.6560
3	1.619	13	1.203	23	0.9358	45	0.5988
4	1.567	14	1.171	24	0.9142	50	0.5494
5	1.519	15	1.140	25	0.8937	60	0.4688
6	1.473	16	1.111	26	0.8737	70	0.4050
7	1.428	17	1.083	27	0.8545	80	0.3565
8	1.386	18	1.060	28	0.8360	90	0.3165
9	1.346	19	1.030	29	0.8180	100	0.2838

注：引自 John A Dean：《Lange's Handbook of Chemistry》，11th ed. 10-288（1973）.

附表 2-7 水的表面张力 γ

$t/℃$	$γ/10^{-3}N·m^{-1}$	$t/℃$	$γ/10^{-3}N·m^{-1}$	$t/℃$	$γ/10^{-3}N·m$	$t/℃$	$γ/10^{-3}N·m$
0	75.64	17	73.19	26	71.82	60	66.18
5	74.92	18	73.05	27	71.66	70	64.42
10	74.22	19	72.90	28	71.50	80	62.61
11	74.07	20	72.75	29	71.35	90	60.75
12	73.93	21	72.59	30	71.18	100	58.85
13	73.78	22	72.44	35	70.38	110	56.89
14	73.64	23	72.28	40	69.56	120	54.89
15	73.59	24	72.13	45	68.74	130	52.84
16	73.34	25	71.97	50	67.91		

注：引自 John A. Dean：《Lange's Handbook of Chemistry》，11th ed. 10-265（1973）。

附表 2-8 水的折射率

$t/℃$	n_D	$t/℃$	n_D
14	1.33348	34	1.33136
15	1.33341	36	1.33107
16	1.33333	38	1.33079
18	1.33317	40	1.33051
20	1.33299	42	1.33023
22	1.33281	44	1.32992
24	1.33262	46	1.32959
26	1.33241	48	1.32927
28	1.33219	50	1.32894
30	1.33192	52	1.32860
32	1.33164	54	1.32827

注：引自 Robert C. Weast：《Handbook of Chemistry and Physics》，69th ed. E-382（1989）。

附表 2-9 某些液体的密度

$$ρ = A + Bt + Ct^2 + Dt^3$$

$ρ$——密度（g·mL^{-1}） t——温度（℃）

各种液体 A、B、C、D 常数如下表所示。

物质	化学式	A	$B×10^3$	$C×10^6$	$D×10^9$	温度范围/℃
正庚烷	C_7H_{16}	0.70048	−0.8476	0.1880	−5.23	0~100
环己烷	C_6H_{12}	0.79707	−0.8879	−0.972	1.55	0~65
苯	C_6C_6	0.90005	−1.0636	−0.0376	−2.213	11~72
甲苯	C_7H_8	0.88412	−0.92243	0.0150	−4.223	0~99
乙醇[①]	C_2H_5OH	0.80625	−0.8461	0.160	8.5	0~405
正丙醇	C_3H_7OH	0.8201	−0.8133	1.08	−16.5	0~100
正丁醇	C_3H_9OH	0.82390	−0.699	−0.32	—	0~47
甘油	$C_3H_8O_3$	1.2727	−0.5506	−1.016	1.270	0~230
丙酮	C_3H_6O	0.81248	−1.100	−0.858	—	0~50
乙醚	$C_4H_{10}O$	0.73629	−1.1138	−1.237	—	0~70
乙酸	CH_3COOH	1.0724	−1.1229	0.0058	−2.0	9~100
乙酸甲酯	$C_3H_6O_2$	0.95932	−1.2710	−0.405	−6.09	0~100
乙酸乙酯	$C_4H_8O_2$	0.92454	−1.168	−1.95	20	0~40
苯胺	C_6H_7N	1.03893	−0.86534	0.0929	−1.90	0~99
三氯甲烷	$CHCl_3$	1.52643	−1.8563	−0.5309	−8.81	−53~+55
四氯化碳	CCl_4	1.63255	−1.9110	−0.690	—	0~40

注：引自《Internationnal Critical Tables of Numerical Data，Physics，Chemistry and Technology》Ⅲ-28。

附表 2-10　一些化合物的饱和蒸气压

$$\lg p = A - B/(C+t)$$

p 为蒸气压（Pa），t 为温度（℃），A、B、C 为常数

物质	化学式	A	B	C	温度范围/℃
丙酮[①]	C_3H_6O	7.02474	1210.595	229.664	液态
苯	C_6H_6	6.90565	1211.033	220.790	8～103
甲苯	C_7H_8	6.95464	1344.80	219.482	—
甲醇[①]	CH_4O	7.89756	1474.08	229.13	−14～65
乙醇[①]	C_2H_6O	8.32109	1718.10	237.53	−2～100
醋酸	$C_2H_4O_2$	7.80307	1651.2	225	0～36
		7.18807	1416.7	211	36～170
乙酸乙酯	$C_4H_8O_2$	7.09808	1238.71	217.0	−20～150
氯仿	$CHCl_3$	6.90328	1163.03	227.4	−30～150
四氯化碳	CCl_4	6.93390	1242.43	230.0	—
环己烷	C_6H_{12}	6.84018	1203.526	222.863	−50～220
乙醚	$C_4H_{10}O$	6.78754	994.195	220.0	—

注：引自 John A. Dean：《Lange's Handbook of Chemistry》。

附表 2-11　几种常用液体的折射率 n_D^t

物质	t /℃		物质	t /℃	
	15	20		15	20
苯	1.50439	1.50110	四氯化碳	1.46304	1.46044
丙酮	1.38175	1.35911	乙醇	1.36330	1.36048
甲苯	1.4998	1.4968	环己烷	1.42900	—
乙酸	1.3776	1.3717	硝基苯	1.5547	1.5524
氯苯	1.52748	1.52460	正丁醇	—	1.39909
氯仿	1.44853	1.44550	二硫化碳	1.62935	1.62546

附表 2-12　几种常用液体的沸点和沸点时的摩尔汽化焓 $\Delta_{vap}H_m$　（kJ·mol^{-1}）

物质	T_b/ K	$\Delta_{vap}H_m$	物质	T_b/ K	$\Delta_{vap}H_m$
水	373.2	40.679	正丁醇	390.0	43.822
环己烷	353.9	30.143	丙酮	329.4	30.254
苯	353.3	30.714	乙醚	307.8	17.588
甲苯	383.8	33.463	乙酸	391.5	24.323
甲醇	337.9	35.233	氯仿	334.7	29.469
乙醇	351.5	39.380	硝基苯	483.2	40.742
丙醇	355.5	40.080	二硫化碳	319.5	26.789

注：引自 John A. Dean：《Lange's Handbook of Chemistry》，11th ed. 9-85～95 (1973)。

附表 2-13　25℃时，无限稀释离子摩尔电导率 λ_m^∞ 和温度系数 α

$$\alpha = \frac{1}{\lambda_m^\infty}\left[\frac{d\lambda_m^\infty}{dT}\right]$$

阳离子	λ_m^∞/10^4S·m^2·mol^{-1}	α/K^{-1}	阴离子	λ_m^∞/10^4S·m^2·mol^{-1}	α/K^{-1}
H^+	349.7	0.0142	OH^-	200	0.0180
Na^+	50.1	0.0188	Cl^-	76.3	0.0203
K^+	73.5	0.0173	Br^-	78.4	0.0197
NH_4^+	73.7	0.0188	I^-	76.9	0.0193
Ag^+	61.9	0.0174	NO_3^-	71.4	0.0195
$1/2Mg^{2+}$	53.1	0.0217	HCO_3^-	44.5	—
$1/2Ca^{2+}$	59.5	0.0204	$1/2CO_3^{2-}$	72	0.0228
$1/2Sr^{2+}$	59.5	0.0204	$1/2SO_4^{2-}$	79.8	0.0206
$1/2Ba^{2+}$	63.7	0.0200	$1/2C_2O_4^{2-}$	85	0.0219
$1/2Zn^{2+}$	53.5	0.0227	$1/2C_2O_4^{2-}$	63(18℃)	
$1/2Cu^{2+}$	56	0.0273	$1/2Fe(CN)_6^{4-}$	95(18℃)	
$1/3Fe^{3+}$	53.5	0.0143	CH_3COO^-	41	0.0244

注：引自《物理化学数据简明手册》，[苏] H. M. 巴龙等，科学技术出版社，52。

附表 2-14 KCl 溶液的电导率 κ   S·m⁻¹

t /℃	浓度 c/mol·L⁻¹			
	1.0	0.1	0.02	0.01
10	8.319	0.933	0.1994	0.1020
15	9.252	1.048	0.2242	0.1147
20	10.207	1.167	0.2501	0.1278
21	10.400	1.191	0.2553	0.1305
22	10.594	1.215	0.2606	0.1332
23	10.789	1.239	0.2659	0.1359
24	10.984	1.264	0.2712	0.1386
25	11.180	1.288	0.2765	0.1413
26	11.377	1.313	0.2819	0.1441
27	11.574	1.337	0.2873	0.1468
28		1.362	0.2927	0.1496
29		1.387	0.2981	0.1524
30		1.412	0.3036	0.1552
31		1.437	0.3091	0.1581
32		1.462	0.3146	0.1609
33		1.488	0.3201	0.1638
34		1.513	0.3256	0.1667
35		1.539	0.3312	

附表 2-15 几种电极的电极电势

$\varphi^{25℃}$ 和温度系数 $\alpha\left(\alpha=\dfrac{\mathrm{d}\varphi}{\mathrm{d}T}\right)$ $\varphi^{t}=\varphi^{25℃}+\alpha(t-25)$，$t(℃)$

电 极 类 型	$\varphi^{25℃}$/V	α/10⁻⁴V·K⁻¹	电 极 类 型	$\varphi^{25℃}$/V	α/10⁻⁴V·K⁻¹
甘汞电极			$Ag\,|\,AgCl(s)\,|\,Cl^{-}\,(a=1)$	0.22234	−6.45
$Hg(l)\,|\,Hg_2Cl_2(s)\,|\,Cl^{-}$（饱和)	0.2415	−7.61	醌-氢醌电极		
$Hg(l)\,|\,Hg_2Cl_2(s)\,|\,Cl^{-}$（1mol·L⁻¹)	0.2800	−2.75	$Q(s),QH_2(s)\,|\,H^{+}\,(a=1)$	0.6994	−7.40
$Hg(l)\,|\,Hg_2Cl_2(s)\,|\,Cl^{-}$（0.1 mol·L⁻¹)	0.3337	−0.875	银电极		
银-氯化银电极			$Ag\,|\,Ag^{+}\,(a=1)$	0.7900	−9.70

附表 2-16 气相分子的偶极矩 μ

物质	化学式	μ/D	物质	化学式	μ/D
水	H_2O	1.85	乙醇	C_2H_6O	1.69
硫化氢	H_2S	0.97	乙酸	$C_2H_4O_2$	1.74
二硫化碳	CS_2	0	乙酸甲酯	$C_3H_6O_2$	1.72
二氧化硫	SO_2	1.63	乙酸乙酯	$C_4H_8O_2$	1.78
四氯化碳	CCl_4	0	乙醚	$C_4H_{10}O$	1.15
一氧化碳	CO	0.112	丙酮	C_3H_6O	2.88
二氧化碳	CO_2	0	正丙醇	C_3H_8O	1.68
甲烷	CH_4	0	丁醇	$C_4H_{10}O$	1.66
氯仿	$CHCl_3$	1.01	苯	C_6H_6	0
甲醛	CH_2O	2.33	甲苯	C_7H_8	0.36
甲醇	CH_4O	1.70	环己烷	C_6H_{12}	0
甲酸	CH_2O_2	1.41	硝基苯	$C_6H_5NO_2$	3.96

注：引自 Robert C. Weast：《Handbook of Chemistry and Physics》，69th ed. E60～62 (1982)。

附表 2-17　一些物质的摩尔磁化率 X_M

物　质	化学式	温度/K	$X_M/\times 10^{-12}J \cdot T^{-2} \cdot mol^{-1}$
十八水合硫酸铝	$Al(SO_4)_3 \cdot 18H_2O$	常温	-323.0
二水氯化钡	$BaCl_2 \cdot 2H_2O$	常温	-100.0
二水氯化镉	$CdCl_2 \cdot 2H_2O$	常温	-99.0
四水硝酸镉	$Cd(NO_3)_2 \cdot 4H_2O$	常温	-140.0
二水硫酸钙	$CaSO_4 \cdot 2H_2O$	常温	-74.0
五水硫酸铈	$Ce_2(SO_4)_3 \cdot 5H_2O$	293	4540.0
十四水合硫酸铬	$Cr_2(SO_4)_3 \cdot 14H_2O$	290	12160.0
六水氯化钴	$CoCl_2 \cdot 6H_2O$	293	9710.0
二水氯化铜	$CuCl_2 \cdot 2H_2O$	293	1420.0
六水硝酸铜	$Cu(NO_3)_2 \cdot 6H_2O$	293	1625.0
五水硫酸铜	$CuSO_4 \cdot 5H_2O$	293	1460.0
四水氯化亚铁	$FeCl_2 \cdot 4H_2O$	290	12900.0
六水氯化铁	$FeCl_3 \cdot 6H_2O$	293	15250.0
七水硫酸亚铁	$FeSO_4 \cdot 7H_2O$	293	11200.0
七水硫酸镁	$MgSO_4 \cdot 7H_2O$	常温	-135.7
四水氯化锰	$MnCl_2 \cdot 4H_2O$	293	14600.0
五水硫酸锰	$MnSO_4 \cdot 5H_2O$	293	14700.0
铁氰化钾	$K_3Fe(CN)_6$	297	2290.0
亚铁氰化钾	$K_4Fe(CN)_6$	常温	-130.0
七水硫酸锌	$ZnSO_4 \cdot 7H_2O$	常温	-143.0

注：引自 Robert C. weast：《Handbook of Chemistry and Physics》，62th ed. E60～62 (1982)。

附表 2-18　铂铑-铂热电偶分度表

冷端为 0℃（分度号 S）

t /℃	0	10	20	30	40	50	60	70	80	90
	热电势/mV									
0	0.000	0.056	0.113	0.173	0.235	0.299	0.364	0.431	0.500	0.571
100	0.643	0.717	0.792	0.869	0.946	1.025	1.106	1.187	1.269	1.352
200	1.436	1.521	1.607	1.693	1.780	1.867	1.955	2.044	2.134	2.224
300	2.315	2.407	2.498	2.591	2.684	2.777	2.871	2.965	3.060	3.155
400	3.250	3.346	3.441	3.538	3.634	3.731	3.828	3.925	4.023	4.121
500	4.220	4.318	4.418	4.517	4.617	4.717	4.817	4.918	5.019	5.121
600	5.222	5.324	5.427	5.530	5.633	5.735	5.839	5.943	6.046	6.151
700	6.256	6.361	6.466	6.572	6.677	6.784	6.891	6.999	7.105	7.213
800	7.322	7.430	7.539	7.648	7.757	7.867	7.978	8.088	8.199	8.310
900	8.421	8.534	8.646	8.758	8.871	8.985	9.098	9.212	9.326	9.441
1000	9.556	9.671	9.787	9.902	10.019	10.136	10.252	10.370	10.488	10.605
1100	10.723	10.842	10.961	11.080	11.198	11.317	11.437	11.556	11.676	11.795
1200	11.915	12.035	12.155	12.275	12.395	12.515	12.636	12.756	12.875	12.996
1300	13.116	13.236	13.356	13.475	13.595	13.715	13.835	13.955	14.074	14.193
1400	14.313	14.433	14.552	14.671	14.790	14.910	15.029	15.148	15.266	15.885
1500	15.504	15.623	15.742	15.860	15.979	16.097	16.216	16.334	16.451	16.569
1600	16.688									

附表 2-19　铂铑-铂热电偶分度表

冷端为 0℃（分度号 B）

t /℃	0	10	20	30	40	50	60	70	80	90
	热电势/mV									
0	0.000	−0.001	−0.002	−0.002	0.000	0.003	0.007	0.012	0.018	0.025
100	0.034	0.043	0.054	0.065	0.078	0.092	0.107	0.123	0.141	0.159
200	0.178	0.199	0.220	0.243	0.267	0.291	0.317	0.344	0.372	0.401
300	0.431	0.462	0.494	0.527	0.561	0.596	0.632	0.670	0.708	0.747
400	0.787	0.828	0.870	0.913	0.957	1.002	1.048	1.096	1.143	1.192
500	1.242	1.293	1.345	1.397	1.451	1.505	1.560	1.617	1.675	1.732
600	1.791	1.851	1.912	1.973	2.036	2.099	2.164	2.229	2.295	2.362
700	2.429	2.498	2.567	2.638	2.709	2.781	2.853	2.927	3.001	3.076
800	3.152	3.229	3.307	3.385	3.464	3.544	3.624	3.706	3.788	3.871
900	3.955	4.039	4.124	4.211	4.297	4.385	4.473	4.562	4.651	4.741
1000	4.832	4.924	5.016	5.109	5.203	5.297	5.293	5.488	5.589	5.683
1100	5.780	5.879	5.978	6.078	6.178	6.279	6.380	6.482	6.585	6.688
1200	6.792	6.896	7.001	7.106	7.212	7.319	7.425	7.533	7.641	7.749
1300	7.858	7.967	8.076	8.186	8.297	8.408	8.519	8.630	8.742	8.854
1400	8.967	9.080	9.193	9.307	9.420	9.534	9.649	9.763	9.878	9.993
1500	10.108	10.224	10.339	10.455	10.571	10.687	10.803	10.919	11.035	11.151
1600	11.268	11.384	11.501	11.617	11.734	11.850	11.966	12.083	12.199	12.315
1700	12.431	12.547	12.663	12.778	12.894	13.009	12.124	13.269	13.354	13.468
1800	13.582									

附表 2-20　镍铬-镍硅热电偶分度表

冷端为 0℃（分度号 K）

t /℃	0	10	20	30	40	50	60	70	80	90
	热电势/mV									
零下	0	−0.39	−0.77	−1.14	−1.50	−1.86				
0	0	0.40	0.80	1.20	1.61	2.02	2.43	2.85	3.26	3.68
100	4.10	4.51	4.92	5.33	5.73	6.13	6.53	6.93	7.33	7.73
200	8.13	8.53	8.93	9.34	9.74	10.15	10.56	11.97	11.38	11.8
300	12.21	12.62	13.04	13.45	13.87	14.30	14.72	15.14	15.56	15.99
400	16.40	16.83	17.25	17.67	18.09	18.51	18.94	19.37	19.79	20.22
500	20.65	21.08	21.50	21.93	22.35	22.78	23.21	23.63	24.05	24.48
600	24.90	25.32	25.75	26.18	26.60	27.03	27.45	27.87	28.29	28.71
700	29.13	29.55	29.97	30.39	30.81	31.22	31.64	32.06	32.46	32.87
800	33.29	33.69	34.10	34.51	34.91	35.32	35.72	36.13	36.53	36.93
900	37.33	37.73	38.13	38.53	38.93	39.32	39.72	40.10	40.49	40.88
1000	41.27	41.66	42.04	42.43	42.83	43.21	43.59	43.97	44.34	44.72
1100	45.10	45.48	45.85	46.23	46.60	46.97	47.41	47.71	43.08	48.44
1200	48.81	49.17	49.53	49.88	50.25	50.61	50.96	51.32	51.67	52.02
1300	52.37									

附表 2-21　镍铬-考铜热电偶分度表

冷端为 0℃（分度号为 E）

t /℃	0	10	20	30	40	50	60	70	80	90
	热电势/mV									
零下		−0.64	−1.27	−1.89	−2.50	−3.11				
0	0	0.65	1.31	1.98	2.66	3.35	4.05	4.76	5.48	6.21
100	6.95	7.69	8.43	9.18	9.93	10.69	11.46	12.24	13.03	13.84
200	14.66	15.48	16.30	17.12	17.95	18.76	19.59	20.42	21.24	22.07
300	22.90	23.74	24.59	25.44	26.30	27.15	28.01	28.88	29.75	30.61
400	31.48	32.34	33.21	34.07	34.94	35.81	36.67	37.54	38.41	39.28
500	40.15	41.02	41.90	42.78	43.67	44.55	45.44	46.33	47.22	48.11
600	49.01	49.89	50.76	51.64	52.51	52.39	54.26	55.12	56.00	56.87
700	57.74	58.57	59.47	60.33	61.20	62.06	62.92	63.78	64.64	65.50
800	66.06									

三、常用物理化学数据手册及实验参考书

[1]　何玉萼，龚茂初，陈耀强编. 物理化学实验. 成都：四川大学出版社，1993.

[2]　吴江主编. 大学基础化学实验. 北京：化学工业出版社，2005.

[3]　庄继华等修订. 物理化学实验. 北京：高等教育出版社，2004.

[4]　夏海涛编. 物理化学实验. 南京：南京大学出版社，2006.

[5]　罗澄源，向明礼编. 物理化学实验. 北京：高等教育出版社，2004.

[6]　北京大学化学学院物理化学实验教学组. 物理化学实验. 第4版. 北京：北京大学出版社，2002.

[7]　邱金恒，孙尔康，吴强编. 物理化学实验. 北京：高等教育出版社，2010.

[8]　武汉大学化学与分子科学学院实验中心编. 物理化学实验. 第2版. 武汉：武汉大学出版社，2012.

[9]　J G Speight. Lange′s Handbook of Chemistry. 16th ed. New York：McGraw-Hill，2004.

[10]　D V Lide. CRC Handbook of Chemistry and Physics. 90th ed. CRC Press，2009～2010.